普通高等学校"十三五"规划教材

互换性与技术测量

主　编　李丽君　黄小娣
副主编　陈义明

中国铁道出版社有限公司
CHINA RAILWAY PUBLISHING HOUSE CO., LTD.

内 容 简 介

本书从控制机械产品质量的要求出发,系统地介绍了几何量公差的选用和检测的基本知识,介绍和分析了我国公差和配合方面的新标准,阐述了技术测量的基本原理。全书共 11 章,主要内容包括绪论、技术测量基础、孔轴极限与配合、几何公差与误差检测、表面粗糙度、光滑极限量规、滚动轴承的公差与配合、键和花键的公差与配合、螺纹公差、圆锥的公差与配合,渐开线圆柱齿轮的公差与配合等。每章内容图文并茂,便于读者阅读和复习巩固。

本书可作为高等学校机械类各专业"互换性与技术测量基础"课程教材,也可供机械制造工程技术人员及计量、检验人员参考。

图书在版编目(CIP)数据

互换性与技术测量/李丽君,黄小娣主编. —2 版. —北京:
中国铁道出版社有限公司,2020.9(2022.1重印)
普通高等学校"十三五"规划教材
ISBN 978-7-113-27144-2

Ⅰ.①互… Ⅱ.①李… ②黄… Ⅲ.①零部件-互换性-高等
学校-教材②零部件-测量-技术-高等学校-教材 Ⅳ.①TG801

中国版本图书馆 CIP 数据核字(2020)第 142455 号

书　　名:互换性与技术测量
作　　者:李丽君　黄小娣

策　　划:何红艳　　　　　　　　　　　编辑部电话:(010)63560043
责任编辑:何红艳
封面设计:付　巍
封面制作:刘　颖
责任校对:张玉华
责任印制:樊启鹏

出版发行:中国铁道出版社有限公司(100054,北京市西城区右安门西街 8 号)
网　　址:http://www.tdpress.com/51eds/
印　　刷:国铁印务有限公司
版　　次:2016 年 8 月第 1 版　2020 年 9 月第 2 版　2022 年 1 月第 2 次印刷
开　　本:787 mm×1 092 mm 1/16　印张:14.5　字数:364 千
书　　号:ISBN 978-7-113-27144-2
定　　价:39.00 元

版权所有　侵权必究

凡购买铁道版图书,如有印制质量问题,请与本社教材图书营销部联系调换。电话:(010)63550836
打击盗版举报电话:(010)63549461

第二版前言

"互换性与技术测量"是高等学校机械类专业的专业基础课，起着承上启下的作用。它使机械制图标注更加细化、系统、规范；只有学好它，才能更好地学习后面的机械制造工艺、机床、刀具等专业课。作为实用性很强的课程，"互换性与技术测量"在生产一线中得到了广泛的应用。

《互换性与技术测量》第一版在教学一线经过四年多的使用，得到广大学生和任课教师的认可，但由于教材内容依据的相关国家标准进行了修改，为了让学生学到最新的国家标准及其相关知识，非常有必要依据最新的国家标准对原教材进行修订。本书第2版在内容处理上进行了精选、改写、调整和补充，修订了部分例题和习题中的参数使其更符合国家标准，增加了一些在实践中应用较多的实例和练习。同时，本书更新了《GB/T 1958—2017 产品几何技术规范（GPS）几何公差 检测与验证》等11个国家标准，使本书全部采用了当前的最新国标。

本书由李丽君、黄小娣任主编，陈义明任副主编。编写和修订具体分工如下：李丽君（第3章、第4章、第7章、第8章、第9章）；黄小娣（第6章、第10章、第11章）；陈义明（第1章、第2章、第5章）。

本书编写得到了有关人士的大力支持和帮助，在此表示衷心感谢！

由于编者的水平、时间有限，书中难免存在错误和不当之处，恳请广大读者批评指正。

编　者
2020 年 5 月

第一版前言

"互换性与技术测量"是高等学校机械类各专业的重要技术基础课。它包含几何量公差选用和误差检测两方面的内容，与机械设计、机械制造及其质量控制密切相关，是机械工程技术人员和管理人员必须掌握的一门综合性应用技术基础课程。在专业教学体系中，本课程有联系设计类课程与制造工艺类课程的纽带作用，也有从基础课及其他技术基础课教学过渡到专业课教学的桥梁作用。通过课程学习，应该达到以下目的：

（1）建立互换性的基本概念，了解公差配合标准及其应用。理解和掌握互换性方面的基本术语，熟悉圆柱面公差与配合制的结构、特征及基本内容，了解圆锥面结合、滚动轴承、键连接、齿轮等其他公差的特点与内容，掌握公差与配合的选择原则与方法，会使用公差相关表格，能进行正确的图样标注。

（2）建立技术测量的基本概念，了解技术测量的原理与方法。掌握一般技术测量的基本知识，了解生产中常用测量方法与测量器具的使用方法，有初步的测量操作技能，了解分析测量误差与处理测量结果的方法，会设计、检验圆柱面工件的量规。

本书针对课程学习目的编写，内容主要由"公差配合及其选用"与"技术测量"两部分组成，这两部分有一定的联系，但又自成体系。其中"公差配合及其选用"属标准化范畴，而"技术测量"属计量学范畴，是独立的两个体系。而互换性与技术测量课程正是将公差标准与计量技术有机地结合在一起的一门技术基础学科。本学科的基本理论是误差理论，基本教学研究方法是数量统计，研究的中心是机器使用要求与制造要求的矛盾，解决方法是规定公差，并用计量测试手段保证其贯彻实施。

编者参考了许多同类教材，采用目前颁布的最新国家标准，把几何量的误差、公差标准及其应用、检测方法密切结合起来，力求内容精练、重点突出、深入浅出、学用结合。本书的主要特点如下：

（1）适用于应用型本科院校的机械类或近机械类专业，授课学时40学时左右，教师可根据需要对课时进行调整。

（2）根据课程教学大纲的基本要求，减少了一些理论性较强的内容，增加了一些更实用的例题，特别是最基础、最重要的章节（如孔轴极限与配合及几何公差等）。每章后分别附有思考题与练习题，逐步加强理论理解与实际应用。

（3）理论联系实际，在应用性较强的章节（如滚动轴承的公差与配合、键和花键的公差与配合等），均有零件精度设计的综合实例，对公差与配合的设计选择、图样标注等应用问题进行综合训练。

由于公差配合及其选用一方面受标准的制约，另一方面又有较大的灵活性，所以学完本课程后，还需要通过后续课程的教学和课程设计、毕业设计等环节以及今后的工作过程来巩固，才能更好地掌握公差选用的技能。技术测量有很强的实践性，在学习本课程中，除了课堂教学以外，还应通过实验、现场教学等方法来学习。

本书由李丽君、陈义明任主编，胡郑重任副主编。第 1 章、第 2 章、第 5 章由陈义明编写；第 3 章、第 4 章、第 7 章、第 8 章、第 9 章、第 11 章由李丽君编写；第 6 章、第 10 章为胡郑重编写。全书由李丽君统稿和定稿。

本书编写得到了有关人士的大力支持和帮助，在此表示衷心感谢！

由于编者的水平、时间有限，书中难免存在疏漏和不当之处，恳请广大读者批评指正。

编　者

2016 年 5 月

目　录

第 **1** 章　绪　论

1.1　互换性的意义和作用

1.1.1　互换性的含义

在进行机械零件几何精度设计的过程中,应遵循互换性原则、经济性原则、匹配性原则和最优化原则。其中,互换性是现代化生产中的一个重要技术经济原则,普遍应用于机械设备和各种机电产品的生产中。随着现代化生产的发展,专业化、协作化生产模式的不断扩大,互换性原则的应用范围也越来越大。

什么叫互换性?关于互换性的实例,人们在日常生活和工作中经常遇到。例如,机器或仪器上掉了一个螺钉按相同的规格买一个装上就行了;灯泡坏了,买一个安装上即可;汽车、拖拉机,乃至自行车、缝纫机、手表中某个零部件磨损了,可以迅速换上一个新的,并且在更换和装配后,能很好地满足使用要求。之所以能这样方便,就是因为这些零件都具有互换性。

互换性是某一产品(包括零件、部件、构件)与另一产品在尺寸、功能上能够彼此互相替换的性能。简言之,互换性是指在同一规格的一批零件或部件中,任取一件,无需经过任何选择、修配或调整,就能装配在整机上,并能满足使用性能要求的特性。

显然,具备互换性应该同时满足以下三个条件:①无需经过任何选择;②无需辅助加工或修配便能装配;③装配(或更换)后的整机能满足规定的功能要求。

由此可见,要使产品满足互换性要求,不仅要使产品的几何参数(包括尺寸、宏观几何形状、微观几何形状)充分的近似,而且要使产品的机械性能、理化性能以及其他功能参数充分的近似。

当前,互换性是许多工业部门产品设计和制造中应遵循的重要原则。它不仅涉及产品制造中零、部件的可装配性,而且还涉及机械设计、生产及其使用的重大技术和经济问题。互换性已经在生产资料和生活资料的各部门被普遍、广泛采用。

1.1.2　互换性的分类

1. 按零、部件互换性程度分类

在生产中,按零、部件互换性的程度可分为完全互换(绝对互换)与不完全互换(有限互换)。

完全互换又称绝对互换,即零件在装配或更换时,不需要经过任何挑选、辅助加工、调整与修配等辅助处理,在功能上便具有彼此互相替换的性能。

从实用要求出发,人们总希望零件都能完全互换,实际上大部分零件也能做到,但有时由于受限于加工零件的设备精度、经济效益等因素,要做到完全互换就显得比较困难了,同时也不够经济,故而产生了不完全互换方法。

不完全互换又称有限互换,是指零件在装配更换前需要经过挑选、调整或者修配等辅助处

理,方能使其在功能上具有彼此互相替换的性能。当装配精度要求较高时,采用完全互换将使零件制造公差很小,加工困难,成本很高,甚至无法加工。这时,可以采用其他技术手段(如不完全互换)来满足装配要求。不完全互换按实现方法的不同可分为以下几种:

(1)分组互换就是将零件的制造公差适当放大,使之便于加工,而在零件加工后装配前,用测量器具将这些零件按实际尺寸的大小分为若干组,使每组零件间实际尺寸的差别减小,按相应组进行装配(即大孔与大轴相配,小孔与小轴相配)。这样,既可保证装配精度和使用要求,又能减少加工难度、降低成本。此时,仅仅同组的零件可以互换,组与组之间的则不可互换。例如,有些滚动轴承内、外圈滚道与滚动体的结合,活塞销与活塞销孔的结合,都是分组互换的。

(2)调整互换指在装配时要用调整的方法改变零、部件在其他部件、机构中的尺寸或位置方能满足功能要求。圆锥齿轮在装配时,要调整两组调整垫片,以保证圆锥齿轮转动时,假想中的分度圆锥在作纯滚动;燕尾导轨中的调整镶条在装配时要沿导轨移动方向调整它的位置,方可满足间隙要求。

(3)修配互换指在装配时要用去除材料的方法改变其某一尺寸的大小方能满足功能上的要求。例如车床尾座部件中的垫板在装配时要对其厚度进行修磨,方能满足车床头、尾顶尖中心的等高要求。

2. 按标准部件或机构分类

对标准部件或机构来说,互换性又可分为外互换与内互换。

外互换是指部件或机构与其相配件间的互换性。例如,滚动轴承内圈内径与轴的配合,外圈外径与机座孔的配合。

内互换是指部件或机构内部组成零件间的互换性。例如,滚动轴承内、外圈滚道直径与滚珠(滚柱)直径的配合。

为使用方便起见,滚动轴承的外互换采用完全互换,而其内互换则因其组成零件的精度要求高,加工困难,故采用分组装配,为不完全互换。一般地说,不完全互换只用于部件或机构的制造厂内部的装配。至于厂外协作,即使产量不大,往往也要求完全互换。究竟是采用完全互换,还是不完全互换或者部分地采用修配调整,要由产品精度要求与复杂程度、产量大小(生产规模)、生产设备、技术水平等一系列因素决定。

3. 按参数特性或使用要求分类

按参数特性或使用要求分类,互换性可分为几何互换性和功能互换性。

几何互换性为狭义互换性,是指按规定几何参数的公差来保证成品的理论几何参数与实际几何参数充分近似达到的互换性。通常所讲的互换性,有时也局限于指保证零件尺寸配合要求的互换性。

功能互换性指按照规定功能参数的公差所制造的产品达到的互换性。其中功能参数不仅包括几何参数,还包括材料机械性能参数及化学、光学、电学及力学参数等。也可理解为广义互换性,注重保证尺寸配合要求以外的其他功能要求。例如,内燃机中铝活塞环不能代替铸铁活塞环。

应该指出,保证零件具有互换性,绝不仅仅取决于它们几何参数的一致性,还取决于它们的物理性能、化学性能、机械性能等参数的一致性。因此,按决定参数或使用要求,互换性可分为几何参数互换性与功能互换性,本课程主要研究的是零件几何参数的互换性。

1.1.3 互换性在机械制造中的作用

互换性在机械制造中有很重要的作用。

从使用方面看,如果一台机器的某零件具有互换性,则当该零件损坏后,可以很快使用另一备件来代替,从而使机器维修方便,保证了机器工作的连续性和持久性,延长了机器的使用寿命,提高了机器的使用价值。在某些情况下,互换性所起的作用是难以用价值来衡量的。例如,发电厂要及时排除发电设备的故障保证继续供电;在战场上要及时排除武器装备的故障,保证继续战斗。在这些场合,实现零件的互换,显然是极为重要的。

从制造方面看,互换性是提高生产水平和进行文明生产的有力手段。装配时,由于零件(部件)具有互换性,不需要辅助加工和修配,可以减轻装配工的劳动量,因而缩短了装配周期。而且,还可使装配工作按流水作业方式进行,以至实现自动化装配,这就使装配生产效率显著提高。加工时,由于按标准规定的公差加工,同一部机器上的各个零件可以分别由各专业厂同时制造。各专业厂产品单一,产品数量多,分工细,所以有条件采用高效率的专用设备,乃至采用计算机辅助制造(CAM)技术,从而使产品的数量和质量明显提高,成本也必然显著降低。

从设计方面看,产品中采用了具有互换性的零部件,尤其是采用了较多的标准零件和部件(如螺钉、销钉、滚动轴承等),这就使许多零部件不必重新设计,从而大大减轻了计算与绘图的工作量,简化了设计程序,缩短了设计周期。尤其是还可以应用计算机进行辅助设计(CAD)技术,这对发展系列产品和促进产品结构、性能的不断改善,都有很大作用。例如,目前我国手表生产采用具有互换性的统一机芯,许多新建手表厂就不用重新设计手表机芯,因而缩短了生产准备周期,而且也为不断改进和提高产品质量创造了一个极好的条件。

综上所述,在机械制造中组织互换性生产,大量应用具有互换性的零部件,不仅能够显著提高劳动生产率,而且还能够有效地保证产品质量和降低成本。互换性原则已成为现代制造业中的一个普遍遵守的基本原则。互换性生产对我国现代化生产具有十分重要的意义,但互换性也不是在任何情况下都适用,有时也只有采用单个配制才符合经济原则,这时零件虽不能互换,但同样也有公差和检测方面的要求。

1.2 标准化与优先数系

要想在制造业实现互换性,就要严格按照统一的标准进行设计、制造、装配、检验等。现代制造业分工细,生产规模大,协作工厂多,互换性要求高,因此必须严格按标准协调各个生产环节,才能使分散、局部生产部门和生产环节保持技术统一,使之成为一个有机的生产系统,以实现互换性生产。

1.2.1 标准化

1. 标准化

标准化是为了在既定范围内获得最佳秩序,促进共同效益,对现实问题或潜在问题确立共同使用和重复使用的条款以及编制、发布和应用文件的活动。标准化是社会化生产的重要手段,是联系设计、生产和使用方面的纽带,是科学管理的重要组成部分。标准化对于改进产品、过程和服务的适用性,防止贸易壁垒,促进技术合作方面具有特别重要的意义。通过对标准化的实施,以获得最佳的社会经济效益。

标准化工作包括制定标准、发布标准、组织实施标准和对标准的实施进行监督的全部活动过程。这个过程是从探索标准化对象开始,经调查、实验和分析,进而起草、制定和贯彻标准,而后修订标准。因此,标准化是一个不断循环又不断提高其水平的过程。

随着科技和经济的发展,我国的标准化水平日益提高,在发展产品种类,组织现代化生产,确保互换性,提高产品质量,实现专业化协作生产,加强企业科学管理和产品售后服务等方面发挥了积极的作用,推动了技术、经济和社会的发展。现代工业都是建立在互换性原则基础上的。为了保证机器零件几何参数的互换性,就必须制定和执行统一的互换性公差标准,其中包括公差与配合、几何公差、表面粗糙度,以及各种典型连接件和传动件的公差与配合标准等。这类标准是以保证一定的制造公差办法来保证零件的互换性和使用性能的,所以公差标准是机械制造中最重要的基础技术标准。

2. 标准

标准是指通过标准化活动,按照规定的程序经协商一致制定,为各种活动或其结果提供规则、指南或特性,供共同使用和重复使用的文件。标准对于改进产品质量,缩短产品生产制造周期,开发新产品和协作配套,提高社会经济效益,发展社会主义市场经济和对外贸易等有很重要的意义。

标准也可以说是对重复性事物或概念所做的统一规定。例如,对纸而言,有 8 开、16 开、32 开;对图纸而言,有 A0、A1、A2、A3、A4、A5。这都是大家公认的标准。

3. 标准的管理体制

标准可按不同的级别颁布。从世界范围看,有国际标准与区域性标准。

(1) 国际标准

为了便于国际间的物流,扩大文化、科学技术和经济上的合作、在世界范围内促进标准化的发展,1947 年 2 月 23 日,国际上成立了国际标准化组织(International Organization for Standardization,ISO) ,其主要职责是负责制定国际标准,协调世界范围内的标准化工作并传播交流信息,与其他国际组织合作,共同研究相关问题。国际标准的制定工作由 ISO 各技术委员会进行。每个成员组织对某一主题的技术委员会感兴趣,就有权参加该委员会的工作,其他与 ISO 协作的政府间或者非政府间的国际组织也可以参加工作。由于国际标准集中反映了众多国家或地区的现代科技水平,因此考虑到国际技术交流和贸易的需要,我国于 1979 年恢复参加了 ISO 组织,并提出坚持与国际标准统一协调,坚持结合国情,坚持高标准、严要求、促进技术进步的三大原则,在国际标准的基础上修订或制定了各项国家标准。

目前我国已加入世界贸易组织(World Trade Organization,WTO) ,因此在技术、经济上采用国际标准会有明显的发展,其结果必将有力地促进我国科学技术的进步,进一步扩大改革开放,开拓国际市场,增强国际市场的竞争力。

(2) 区域性标准

区域性标准主要是指欧洲及北美标准。例如,美国和加拿大两国制定的统一螺纹标准为北美标准。

我国的技术标准分为国家标准、行业标准(原部颁标准或专业标准)、地方标准和企业标准四个层次。

① 国家标准(GB)

GB 表示国家强制标准,GB/T 表示国家推荐标准。国家标准是对全国技术、经济发展有重大意义又必须制定的全国范围内统一的标准。例如,在全国范围内统一的名词术语,基础标准,基本原材料,重要产品标准,基础互换性标准,通用零、部件和通用产品的标准等。

② 行业标准(原部颁标准或专业标准)

行业标准主要指全国性的各专业范围内统一的标准,如原石油工业部的石油标准(SY)、原机械工业部的机械标准(JB)、原轻工业部的轻工标准(QB)等。

③地方标准

地方标准指省、直辖市、自治区、特别行政区制定的各种技术经济规定。例如,"沪 Q"代表上海的地方标准,"京 Q"代表北京的地方标准。

④企业标准

通常未制定国标、部标的产品应制定企业标准。通常鼓励企业标准严于国家标准或行业标准,以提高企业的产品质量。

1.2.2　优先数系和优先数

为了保证互换性,必须合理确定零件的公差,而公差数值标准化的理论基础即为优先数系和优先数。优先数系是一种无量纲的分级数值,它是十进制等比数列,适用于各种量值的分级。数系中的每个数都为优先数。

任何产品的参数数值不仅与自身的技术特性有关,而且还直接、间接地影响到与其有配套关系的一系列产品的参数值。例如,螺栓的尺寸一旦确定,将会影响螺母的尺寸、丝锥板牙的尺寸、螺栓孔的尺寸以及加工螺栓孔钻头的尺寸等。不仅如此,为了满足多样化的要求,产品必然会出现不同规格。如螺栓的参数还要从大到小取不同的值,从而形成不同规格的螺栓系列。这个系列确定合理与否,与所取数值如何分级有关,并直接影响经济效益,而且每种产品所涉及的不止一种参数,而每种参数又具有一系列数值,这样形成的数值更加繁多,牵动着很多部门和领域。在现代工业生产中,专业化程度高,国民经济各部门需要协调和密切配合,技术参数的选择非常重要,因此,必须建立一种共同遵守而又能满足各种需要的科学数值分级制度,作为数值的统一标准。

实践证明,优先数系是一种科学的数值制度,适用于各种量值分级,不仅对数值的协调、简化起重要作用,而且是制定其他标准的依据。

工程技术上的主要参数,若按几何级数分级,经过数值传播后,与其相关的其他量值也有可能按同样的数学规律分级,因此,几何级数变化规律是建立优先数系的依据。而优先数系就是一种十进几何级数,所谓十进,即级数的各项数值中,包括 $1,10,100,\cdots,10^n$ 和 $0.1,0.01,\cdots,1/10^n$ 这些数,其中指数 n 是整数。按 $1\sim10,10\sim100,\cdots$ 和 $1\sim0.1,0.1\sim0.01,\cdots$ 划分区间,即为十进段。几何级数的特点是任意相邻两项之比为一常数(公比),所以,该数列为等比数列。十进等比数系是一种较理想的数系,故可以作为优先数。

国家标准 GB/T 321—2005《优先数和优先数系》规定十进等比数列为优先数系,并规定了 5 个系列。分别用系列符号 R5、R10、R20、R40 和 R80 表示,称为 Rr 系列,优先数系的公比为 $q_r = \sqrt[r]{10}$。其中前 4 个系列是常用的基本系列,而 R80 则作为补充系列,仅用于分级很细的特殊场合。所有小于 1 和大于 10 的任意优先数。各系列的公比如下:

R5 的公比:$q_5 = \sqrt[5]{10} \approx 1.6$

R10 的公比:$q_{10} = \sqrt[10]{10} \approx 1.25$

R20 的公比:$q_{20} = \sqrt[20]{10} \approx 1.12$

R40 的公比:$q_{40} = \sqrt[40]{10} \approx 1.06$

R80 的公比：$q_{80} = \sqrt[80]{10} \approx 1.03$

优先数系的基本系列(优先数的常用值)见表 1-1。

表 1-1　优先数系基本系列的常用值(摘自 GB/T 321—2005)

基本系列	1~10 的常用值										
R5	1.00		1.60		2.50		4.00		6.30		10.00
R10	1.00	1.25	1.60	2.00	2.50	3.15	4.00	5.00	6.30	8.00	10.00
R20	1.0　1.12　1.25　1.40　1.60　1.80　2.00　2.24　2.50　2.80 3.15　3.55　4.00　4.50　5.00　5.60　6.30　7.10　8.00　9.00　10.00										
R40	1.00　1.06　1.12　1.18　1.25　1.32　1.40　1.50　1.60　1.70　1.80 1.90　2.00　2.12　2.24　2.36　2.50　2.65　2.80　3.00　3.15　3.35 3.55　3.75　4.00　4.25　4.50　4.75　5.00　5.30　5.60　6.00　6.30 6.70　7.10　7.50　8.00　8.50　9.00　9.50　10.00										

优先数系主要有以下特点：

(1)任意相邻两项间的相对差近似不变(按理论值则相对差为恒定值)。如 R5 系列约为 60%，R10 系列约为 25%，R20 系列约为 12%，R40 系列约为 6%。由表 1-1 可以明显地看出这一点。

(2)任意两项的理论值经计算后仍为一个优先数的理论值。计算包括任意两项理论值的积或商，任意一项理论值的正、负整数乘方等。

(3)优先数系具有相关性。

优先数系的相关性表现为：

在上一级优先数系中隔项取值，就得到下一系列的优先数系；反之，在下一系列中插入比例中项，就得到上一系列。如在 R40 系列中隔项取值，就得到 R20 系列，在 R10 系列中隔项取值，就得到 R5 系列；又如在 R5 系列中插入比例中项，就得到 R10 系列，在 R20 系列中插入比例中项，就得到 R40 系列。这种相关性也可以说成 R5 系列中的项值包含在 R10 系列中，R10 系列中的项值包含在 R20 系列中，R20 系列中的项值包含在 R40 系列中，R40 系列中的项值包含在 R80 系列中。

优先数相邻两项的相对差均匀，疏密适中，而且运算方便、简单、易记，在同一系列中，优先数(理论值)的积、商、整数的乘方等仍为优先数。因此，优先数系成为国际上统一的数值制，得到广泛应用。例如，GB/T 1800.1—2009《产品几何技术规范(GPS)　极限与配合　第 1 部分：公差、偏差和配合的基础》中的标准公差值主要是按 R5 系列确定的。

1.3　技术测量及其发展

几何量的检测是实现互换性必不可少的重要措施。按照公差标准进行正确的精度设计，只是实现互换性的前提条件。要想把设计要求转换为现实，除了选用合适的加工设备和加工方法外，还必须进行测量和检验，要按照公差标准和检测技术要求对零部件的几何量进行检测，使那些不符合公差要求的产品作为不合格品而被淘汰，才能保证零部件的互换性。所以，检测工作是组织互换生产必不可少和非常重要的环节。没有检测，互换性生产就得不到保证，公差要求也变成了空洞的设想。实际上，任何一项公差要求都要有相应的检测手段相配合。即规定公差和进行检测,是保证机械产品质量和实现互换性生产的两个必不可少的条件。

当然检测的目的不仅在于判断产品合格与否,还可以根据检测的结果,分析产生废品的原因,以便采取措施积极预防,减少和防止产生废品,提高经济效益。

几何量检测在我国悠久的历史上,很早就有记载。早在商朝,我国就有了象牙制成的尺,秦朝就已经统一了度量衡制度,西汉已有了铜制卡尺。但由于长期的封建统治,使得科学技术未能进一步发展,检测技术和计量器具一直处于落后状态。新中国成立后,政府十分重视检测技术的发展。大力建设和加强计量制度,1959年成立了国家计量局,先后颁布了《中华人民共和国计量管理条例》《中华人民共和国计量法》等。健全了统一的量值传递系统,保证了全国计量单位的统一,也促进了产品质量的提高。同时,在计量科学研究和计量管理方面,国家投入大量的人力和物力,成立了完整的计量研究、制造、管理、鉴定、测量体系,并取得了令人瞩目的成绩。

我国的计量器具制造业也有了较大的发展。随着科技和工业生产的发展,现在我国已拥有了一批骨干量仪制造厂家,生产了许多品种的计量仪器应用于几何量的测量工作,如万能工具显微镜、干涉显微镜、三坐标测量仪、齿轮单啮仪、电动轮廓仪、接触式干涉仪、双管显微镜、立式光学比较仪等仪器。经过几十年的努力,我国生产研制的部分计量仪器已达到世界先进水平,如激光光电比长仪、激光丝杠动态检查仪、三坐标测量仪、无导轨大长度测量仪等。测量和检测技术的发展不仅促进了机械制造业的发展,也更好地促进了我国社会主义现代化建设和科学技术的发展。

1.4 本课程的性质与任务

“互换性与技术测量”是机械类各专业的一门专业基础课,起着连接专业基础课、专业课和实践教学课之间的桥梁作用,同时也起着联系设计类课程和制造类课程的纽带作用。本课程的主要研究对象是通过对几何参数进行精度设计,即通过有关的国家标准,合理解决产品使用要求与制造工艺之间的矛盾,并能灵活运用质量控制方法和测量技术手段,即根据不同零件选用适当的计量器具进行测量,初步建立测量误差与尺寸链的概念以及相应的计算方法,保证有关国家标准的贯彻执行,以确保产品的质量,为正确理解和绘制设计图样和正确表达设计思想打下基础。几何参数精度设计是从事产品设计、制造、测量等工作的工程技术人员所必须具备的能力。

设计任何一台机器,除了进行运动分析、结构设计、强度和刚度计算之外,还必须进行精度设计。这是因为机器的精度直接影响到机器的工作性能、振动、噪声和寿命等,而且科技越发达,机械工业生产规模越大,协作生产越广泛,对机械精度的要求就越高,对互换性的要求也越高,机械加工就越困难,这就要求必须处理好机械的使用要求与制造工艺之间的矛盾。因此,随着机械工业的发展,本课程的重要性越来越显得突出。

为了掌握产品精度设计和质量保证的基本理论、知识和技能,同时也为了进一步应用国家标准和控制产品质量奠定基础,本课程教学要求如下:

(1)掌握互换性和标准化的基本概念;正确理解图样上所标注的各种公差配合代号的计算含义;掌握公差配合、几何公差和表面粗糙度的国家标准及其应用;

(2)掌握几何量精度设计的基本理论和方法;熟悉常用量具和量仪的基本结构、工作原理、各组成部分的作用及使用调整知识,熟悉多种精密量仪的结构、原理和各组成部分的作用;

(3)能根据使用要求正确选用国家标准极限与配合,并熟悉常用典型结合的公差配合和检测方法;

(4)掌握几种典型几何量的检测方法,并会使用常用的计量工具,能正确、熟练地选择和使用生产现场的量具、量仪对零部件的几何量进行准确检测和综合处理检测数据;

(5)能读懂图中的每个要素,同时能正确使用国家标准来标注。

简言之,本课程的任务是能使读者掌握机械工程师必须掌握的机械精度设计和检测方面的基本知识和基本技能,而牢固掌握和熟练运用本课程的知识,则有待于后续课程的学习及毕业后实际工作的锻炼。

思考题及练习题

一、思考题

1-1 简述互换性的含义及作用,并列举互换性的应用实例。

1-2 什么是标准、标准化? 它们与互换性生产有何联系?

1-3 为什么说技术测量是实现互换性的重要手段?

二、练习题

1-4 填空题。

(1)按互换的范围,可以将互换性分为_____和_____。对于标准部件或机构来讲,互换性又可分为_____和_____。

(2)实现互换性的条件有_____和_____。

1-5 判断题。

(1)满足不需要挑选、不经修配或调整便可进行装配这个条件即可判定为互换性。 (   )

(2)互换性对产品的设计、制造、使用和维修等方面都带来极大方便,所以它只适用于大批量生产。 (   )

(3)为了实现互换性,零件的公差应规定的越小越好。 (   )

(4)企业标准比国家标准层次低,在标准要求上可稍低于国家标准。 (   )

1-6 选择题。

(1)螺纹公差的等级自 3 级起,其公差等级系数为 0.50,0.63,1.00,1.25,1.60,2.00,它们属于(   )优先数的系列。

   (A)R5   (B)R10   (C)R20   (D)R40

(2)R5 数系的公比为 $\sqrt[5]{10} \approx 1.6$,每逢 5 项,数值增大到(   )倍。

   (A)2.5 倍   (B)5 倍   (C)10 倍   (D)20 倍

(3)设首项为 100,按 R10 系列确定后 5 项优先数为(   )。

   (A)106,112,118,125,132

   (B)112,125,140,160,180

   (C)125,160,200,250,315

   (D)160,250,400,630,1 000

第②章 技术测量基础

2.1 测量与检验的概念

测量是人类认识和改造客观世界的重要手段之一,通过测量,人们对客观事物获得了数量上的概念,做到了"心中有数"。在生产和科学实验中,经常需要对各种量进行测量。所谓测量,就是把被测量与复现计量单位的标准量进行比较,从而确定被测量量值的过程。

假设 L 为被测几何量值,E 为采用的计量单位,那么它们的比值为:

$$q = L/E$$

式中 q——比值;

L——被测几何量值;

E——计量单位。

从上式可知,在被测几何量值 L 一定时,比值 q 的大小完全决定于所采用的计量单位 E,且成反比关系。同时,计量单位的选择取决于被测几何量值所要求的精确程度,这样经比较而确定的被测几何量值为:

$$L = qE \tag{2-1}$$

式(2-1)称为基本测量方程式。

式(2-1)表明,任何被测几何量值都由其被测量的数值和所采用的计量单位两部分组成。例如,一被测几何量值 $L = 80$ mm。这里 mm 是计量单位,数值 80 则是以毫米为计量单位时该被测量的数值。

由基本测量方程式可知,任何一个测量过程必须有明确的被测对象和所采用的计量单位,有与被测对象相适应的测量方法,测量结果应该达到必需的测量精度。因此,测量过程包括被测对象、测量单位、测量方法及测量精确度四个要素。

1. 被测对象

我们研究的被测对象是几何量,即长度、角度、形状、位置、表面粗糙度以及螺纹、齿轮等零件的几何参数。

2. 测量单位

在采用国际单位制的基础上,规定我国计量单位一律采用《中华人民共和国法定计量单位》。在几何量测量中,长度的计量单位为米(m),在机械零件制造中,常用的长度计量单位是毫米(mm),在几何量精密测量中,常用的长度计量单位是微米(μm),在超精密测量中,常用的长度计量单位是纳米(nm);常用的角度计量单位是弧度(rad)、微弧度(μrad)和度(°)、分(′)、秒(″),其中 1 μrad $= 10^{-6}$ rad,$1° = 0.017\,453\,3$ rad。

3. 测量方法

测量方法是指测量时所采用的测量原理、测量器具和测量条件的总和。根据被测对象的特点,如精度、大小、轻重、材质、数量等来确定所用的计量器具,分析研究被测对象的特点和它与其他参数的关系,确定最合适的测量方法以及测量的主客观条件。

4. 测量精度

测量结果与被测量真值的一致程度。测量结果与真值之间总是存在着差异,因此,任何测量过程不可避免地会出现测量误差。测量误差小,测量精确度就高;相反,测量误差大,测量精确度就低。

精密测量要将误差控制在允许的范围内,以保证测量精度。为此,除了合理地选择测量器具和测量方法,还应正确估计测量误差的性质和大小,以便保证测量结果具有较高的置信度。

在机械制造业中,为了保证机械产品的互换性和精度,需要对加工后的零件,进行几何量的测量或检验,以判断它们是否符合技术要求。在测量或检验过程中,如何保证计量单位的统一和测量数据的准确是测量中的一个十分重要的问题。为获得被测几何量的可靠测量结果,还应正确选择测量方法和测量器具,研究测量误差和测量数据的处理方法。

在机械制造业中所说的技术测量或精密测量主要是指几何量的测量,即长度、角度、表面粗糙度和形位误差等的测量。测量结果的精确与否直接影响机械零部件的互换性,因此,测量在互换性生产中十分重要,它是保证机械零部件具有互换性必不可少的重要措施和手段。

2.2　基准与量值传递

2.2.1　长度基准与量值传递

为了保证工业生产中长度测量的精度,首先要建立国际统一、稳定可靠的长度基准。我国在采用先进的国际单位制的基础上,进一步统一了我国的计量单位,并规定法定计量单位制中,长度的基本单位为米(m)。作为长度基准,按 1983 年第十七届国际计量大会的决议规定米的定义为:"米是光在真空中于 1/299 792 458 s 时间间隔内行程的长度。"

采用辐射线的波长作为长度基准具有极好的稳定性和复现性。1985 年,我国用自己研制的碘吸收稳定的 0.633 μm 氦氖激光辐射作为波长标准来复现"米"定义。显然这个长度基准无法直接用于实际生产中的尺寸测量。为了将基准的量值传递到实体计量器具和产品工件上去,就需要有一个统一的量值传递系统,即将米的定义长度一级一级地传递到生产中使用的各种计量器具上,再用其测量工件尺寸,从而保证量值的准确一致。为了保证零件在国内、国际上具有互换性,必须把长度基准的量值准确地传递到生产中应用的计量器具和被测工件上,以保证量值的准确一致,如图 2-1 所示。

2.2.2　量块

从波长标准到生产中应用的测量器具和机械零件的量值传递,是依靠量块来实现的。量块又称块规,是由两个相互平行的侧面之间的距离来确定其工作长度的高精度量具,在机械制造和计量部门中应用较多。量块除了作为长度基准的传递媒介外,还可有以下的作用:

(1)生产中被用来检定和校准测量工具或量仪。

(2)相对测量时用来调整量具或量仪的零位。

(3)有时量块还可以直接用于精密测量、精密划线和精密机床的调整。

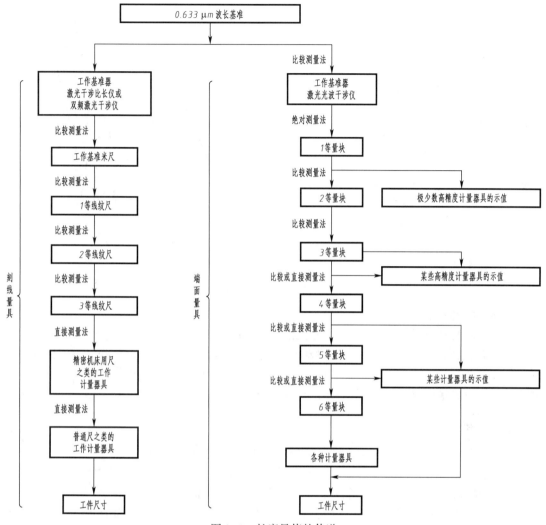

图 2-1　长度量值的传递

1. 量块的形状与特点

量块是没有刻度、截面为矩形的平面平行端面量具,采用特殊合金钢(一般用铬锰钢)或能被精加工成可研合表面的其他材料制成。量块的形状有长方体和圆柱体两种,常用的是长方形六面体,如图 2-2 所示。它有两个相对且平行的研磨十分光滑的平面,具有线胀系数小、不易变形、耐磨性能好、工作表面粗糙度值小、研合性好等特点。

2. 量块的构成

量块用铬锰钢等特殊合金钢或线胀系数小、性质稳定、耐磨以及不易变形的其他材料制成。

常用的量块是长方体,它有两个平行的测量面和四个非测量面。测量面极为光滑、平整,其表面粗糙度为 $Ra = 0.008 \sim 0.012\ \mu m$。两测量面之间的距离即为量块的工作长度,称为标称长度(公称尺寸)。标称长度到 5.5 mm 的量块,其标称长度值刻印在上测量面上;标称长度大于 5.5 mm 的量块,其标称长度值刻印在上测量面的左侧平面上。标称长度到 10 mm 的量块,其截面尺寸为 30 mm×9 mm;标称长度为 10~1 000 mm 的量块,其截面尺寸为 35 mm×9 mm,如图 2-3 所示。

11

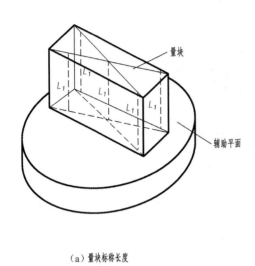

（a）量块标称长度

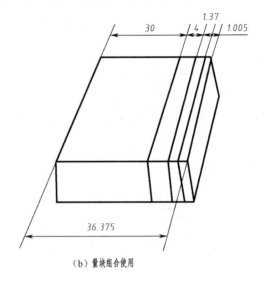

（b）量块组合使用

图 2-2　量块（单位 mm）

3. 量块的黏合性

由于量块的两个测量面精度高,十分光滑平整,如将一量块的工作表面沿着另一量块的工作表面滑动时,用手稍加压力,两量块便能黏合在一起。由于量块具有这样的黏合性,因此,可以用多个量块组成量块组,而构成所需的尺寸,这样就为量块的成套生产创造了条件。

4. 量块的精度

按国标 GB/T 6093—2001《几何量技术规范(GPS)长度标准量块》的规定,量块按制造精度分为 6 级,即 00、0、1、2、3 和 K 级。其中 00 级精度最高,3 级精度最低,K 级为校准级。级主要是根

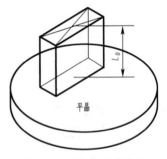

图 2-3　量块的长度定义

据量块长度极限偏差、量块长度变动量允许值、测量面的平面度、量块测量面的表面粗糙度及量块的研合性等指标来划分的。

量块长度是指量块上测量面上任意一点到与此量块下测量面相研合的辅助体(如平晶)表面之间的垂直距离。量块的中心长度是指量块一个测量面上中心点到与其相对的另一测量面的垂直距离,如图 2-3 中的 L_0。量块长度的极限偏差是指量块中心长度与标称长度之间允许的最大误差;量块长度变动量是指量块的最大量块长度与最小量块长度之差。

各级量块长度的极限偏差和量块长度变动量允许值如表 2-1 所示。

制造高精度量块的工艺要求高、成本也高,而且即使制造成高精度量块,在使用一段时间后,也会因磨损而引起尺寸减小。所以按"级"使用量块(即以标称长度为准),必然要引入量块本身的制造误差和磨损引起的误差。因此,需要定期检定出全套量块的实际尺寸,再按检定的实际尺寸来使用量块,这样比按标称尺寸使用量块的准确度高。按照 JJG 146—2011《量块》的规定,量块按其检定精度分为五等,即 1、2、3、4、5 等,其中 1 等精度最高,5 等精度最低。等主要是根据量块测量的不确定度的允许值、量块长度变动量 v 的允许值 t_v 和量块测量面的平面度公差 t_d 来划分的,如表 2-2 和表 2-3 所示。

表 2-1 各级量块的精度指标（摘自 GB/T 6093—2001）

标称长度 /mm		00 级		0 级		1 级		2 级		3 级		校准级 K	
大于	至	量块长度的极限偏差	长度变动量允许值	量块长度的极限偏差	长度变动量允许值	量块长度的极限偏差	长度变动量允许值	量块长度的极限偏差	长度变动量允许值	量块长度的极限偏差	长度变动量允许值	量块长度的极限偏差	长度变动量允许值
大于	至	（μm）											
—	10	±0.06	0.05	±0.12	0.10	±0.20	0.16	±0.45	0.30	±1.0	0.50	±0.20	0.05
10	25	±0.07	0.05	±0.14	0.10	±0.30	0.16	±0.60	0.30	±1.2	0.50	±0.30	0.05
25	50	±0.10	0.06	±0.20	0.10	±0.40	0.18	±0.80	0.30	±1.6	0.55	±0.40	0.06
50	75	±0.12	0.06	±0.25	0.12	±0.50	0.18	±1.00	0.35	±2.0	0.55	±0.50	0.06
75	100	±0.14	0.07	±0.30	0.12	±0.60	0.20	±1.20	0.35	±2.5	0.60	±0.60	0.07
100	150	±0.20	0.08	±0.40	0.14	±0.80	0.20	±1.60	0.40	±3.0	0.65	±0.80	0.08

注：1. 根据特殊订货要求，对 00 级、0 级和 K 级量块可以供给成套量块中心长度的实测值。

2. 对 K 级和 3 级，根据订货供应。

3. 表中所列偏差为保证值。

4. 据测量面边缘 0.5 mm 范围内不计。

表 2-2 各等量块的精度指标（摘自 JJG 146—2011）

标称长度 /mm		1 等		2 等		3 等		4 等		5 等	
大于	至	测量不确定度的允许值	长度变动量 v 的允许值 t_v	测量不确定度的允许值	长度变动量 v 的允许值 t_v	测量不确定度的允许值	长度变动量 v 的允许值 t_v	测量不确定度的允许值	长度变动量 v 的允许值 t_v	测量不确定度的允许值	长度变动量 v 的允许值 t_v
大于	至	（μm）									
—	10	0.022	0.05	0.06	0.10	0.11	0.16	0.22	0.30	0.6	0.5
10	25	0.025	0.05	0.07	0.10	0.12	0.16	0.25	0.30	0.6	0.5
25	50	0.030	0.06	0.08	0.10	0.15	0.18	0.30	0.30	0.8	0.55
50	75	0.035	0.06	0.09	0.12	0.18	0.18	0.35	0.35	0.9	0.55
75	100	0.040	0.07	0.10	0.12	0.20	0.20	0.40	0.35	1.0	0.60
100	150	0.05	0.08	0.12	0.14	0.20	0.20	0.50	0.40	1.2	0.65
150	200	0.06	0.09	0.15	0.16	0.25	0.25	0.6	0.40	1.5	0.70
200	250	0.07	0.10	0.18	0.16	0.25	0.25	0.7	0.45	1.8	0.75

注：距离量块测量面边缘 0.8 mm 范围内不计。

表2-3　各个精度等级的量块的平面度公差（摘自 JJG 146—2011）

标称长度 /mm		精 度 等 级							
大于	至	1 等	K 级	2 等	0 级	3 等,4 等	1 级	5 等	2 级,3 级
		平面度公差 t_d/μm							
0.5	150	0.05		0.10		0.15		0.25	
150	250	0.10		0.15		0.18		0.25	

注:1. 距离量块测量面边缘 0.8 mm 范围内不计。

　　2. 距离量块测量面边缘 0.8 mm 范围内的表面不得高于测量面的平面。

量块按"级"使用时,是以标记在量块上的标称尺寸作为工作尺寸,该尺寸包含了量块实际制造误差。按"等"使用时,则是以量块检定后给出的实测中心长度作为工作尺寸,该尺寸不包含制造误差,但包含了量块检定时的测量误差。一般来说,检定时的测量误差要比制造误差小得多。所以量块按"等"使用时其精度比按"级"使用要高。

量块的"级"和"等"是表达精度的两种方式。我国进行长度尺寸传递时用"等",许多工厂在精密测量中也常按"等"使用量块,因为除可提高精度外,还能延长量块的使用寿命(磨损超过极限的量块经修复和检定后仍可作同"等"使用)。

5. 量块的选用

量块是定尺寸量具,一个量块只有一个尺寸。为了满足一定尺寸范围的不同要求,量块可以利用黏合性组合使用。根据国际 GB/T 6093—2001 规定,我国成套生产的量块共有 17 种套别,每套的块数为 91、83、46、12、10、8、6、5 等。表 2-4 所示为 83 块和 91 块一套的量块尺寸系列。

表2-4　成套量块尺寸表（摘自 GB/T 6093—2001）

套别	总块数	级别	尺寸系列/ mm	间隔/mm	块数
1	91	0,1	0.5		1
			1		1
			1.001,1.002,……,1.009	0.001	9
			1.01,1.02,……,1.49	0.01	49
			1.5,1.6,……,1.9	0.1	5
			2.0,2.5,……,9.5	0.5	16
			10,20,……,100	10	10
2	83	0,1,2	0.5		1
			1		1
			1.005		1
			1.01,1.02,……,1.49	0.01	49
			1.5,1.6,……,1.9	0.1	5
			2.0,2.5,……,9.5	0.5	16
			10,20,……,100	10	10

量块的组合原则:

①使用量块时,为了减少量块的组合误差,应尽量减少量块的组合块数,一般不超过 4 块。

②选用量块时,应从消去所需尺寸最小尾数开始,逐一选取,每选一块,至少使尺寸的位数减少一位。

【例2-1】　从 91 块一套的量块中组合尺寸为 68.589 mm 的量块组,所组量块的竖式和横式如下：

$$
\begin{array}{ll}
68.589 & \text{需要组合出的量块尺寸} \\
-)1.009 & \text{选用第一块量块尺寸 } 1.009 \text{ mm} \\
\hline
67.58 & \text{剩余尺寸} \\
-)1.08 & \text{选用第二块量块尺寸 } 1.08 \text{ mm} \\
\hline
66.5 & \text{剩余尺寸} \\
-)6.5 & \text{选用第三块量块尺寸 } 6.5 \text{ mm} \\
\hline
60 & \text{剩余尺寸} \\
-)60 & \text{选用第四块量块尺寸 } 60 \text{ mm} \\
\hline
0 &
\end{array}
$$

$$1.009+1.08+6.5+60=68.589 \text{ mm}$$

2.3　计量器具和测量方法

2.3.1　计量器具的分类

计量器具是测量仪器和测量工具的总称。通常把没有传动放大系统的计量器具称为量具，如游标卡尺、90°角尺和量规等；把具有传动放大系统的计量器具称为量仪，如机械比较仪、测长仪和投影仪等。

计量器具可按其测量原理、结构特点及用途等分为以下四类。

1. 标准量具

以固定形式复现量值的计量器具称为标准量具。通常用来校对和调整其他计量器具，或作为标准量与被测工件进行比较，如量块、直角尺、各种曲线样板及标准量规等。

2. 通用计量器具

通用计量器具通用性强，可测量某一范围内的任一尺寸（或其他几何量），并能获得具体读数值。按其结构又可分为以下几种：

①固定刻线量具。它是指具有一定刻线，在一定范围内能直接读出被测量数值的量具，如钢直尺、卷尺等。

②游标量具。它是指直接移动测头实现几何量测量的量具。这类量具有游标卡尺、深度游标卡尺、游标高度卡尺以及游标量角器等。

③微动螺旋方式量仪。它是指螺旋方式移动测头来实现几何量测量的量仪，如外径千分尺、内径千分尺、深度千分尺等。

④机械式量仪。它是指用机械方法来实现被测量的变换和放大，以实现几何量测量的量仪，如百分表、杠杆百分表、杠杆齿轮比较仪、扭簧比较仪等。

⑤光学式量仪。它是指用光学原理来实现被测量的变换和放大，以实现几何量测量的量仪，如光学计、测长仪、投影仪、干涉仪等。

⑥气动式量仪。它是指以压缩气体为介质，将被测量转换为气动系统状态（流量或压力）的变换，以实现几何量测量的量仪，如水柱式气动量仪、浮标式气动量仪等。

⑦电动式量仪。它是指将被测量变换为电量，然后通过对电量的测量来实现几何量测量的量仪，如电感式量仪、电容式量仪、电接触式量仪、电动轮廓仪等。

⑧光电式量仪。它是指利用光学方法放大或瞄准,通过光电元件再转换为电量进行检测,以实现几何量测量的量仪,如光电显微镜、光栅测长机、光纤传感器、激光准直仪、激光干涉仪等。

3. 专用计量器具

它是指专门用来测量某种特定参数的计量器具,如圆度仪、渐开线检查仪、丝杠检查仪、极限量规等。

极限量规是一种没有刻度的专用检验工具,用以检验零件尺寸、形状或相互位置。用这种工具不能得出被检验工件的具体尺寸,但能确定被检验工件是否合格。

4. 检验夹具

它是指量具、量仪和定位元件等组合的一种专用的检验工具。当配合各种比较仪时,能用来检验更多和更复杂的参数。

2.3.2 计量器具的基本度量指标

度量指标是选择和使用计量器具、研究和判断测量方法正确性的依据,是表征计量器具的性能和功能的指标。基本度量指标主要有以下几项:

①刻度间距 c。计量器具标尺或刻度盘上两相邻刻线中心线间的距离。通常是等距刻线。为了适于人眼观察和读数,刻线间距一般为 $0.75 \sim 2.5$ mm。

②分度值(刻度值)i。计量器具标尺上每一刻线间距所代表的量值即分度值。一般长度量仪中的分度值有 0.1 mm、0.01 mm、0.001 mm、0.0005 mm 等。图 2-4 所示的计量器具 $i=1$ μm。有些计量器具(如数字式量仪)没有刻度尺,就不称分度值而称分辨率。分辨率是指量仪显示的最末一位数所代表的量值。例如,F604 坐标测量机的分辨率为 1 μm,奥普通(OPTON)光栅测长仪的分辨率为 0.2 μm。

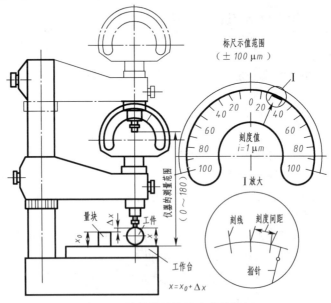

图 2-4　计量器具的基本度量指标

③测量范围。计量器具所能测量的被测量最小值到最大值的范围称为测量范围。图 2-4 所示计量器具的测量范围为 $0 \sim 180$ mm。测量范围的最大、最小值称为测量范围的"上限值""下限值"。

④示值范围。由计量器具所显示或指示的最小值到最大值的范围。图 2-4 所示的示值范围为 ±100 μm。

⑤灵敏度 S。计量器具反映被测几何量微小变化的能力。如果被测参数的变化量为 ΔL，引起计量器具的示值变化量为 Δx，则灵敏度 $S = \Delta x / \Delta L$。当分子分母是同一类量时，灵敏度又称放大比 K。对于均匀刻度的量仪，放大比 $K = c/i$。此式说明，当刻度间距 c 一定时，放大比 K 越大，分度值 i 越小，可以获得更精确的读数。

⑥示值误差。计量器具显示的数值与被测量的真值之差为示值误差。它主要由仪器误差和仪器调整误差引起。一般可用量块作为真值来检定计量器具的示值误差。

⑦校正值(修正值)。为消除计量器具系统测量误差，用代数法加到测量结果上的值称为校正值。它与计量器具的系统测量误差的绝对值相等而符号相反。

⑧回程误差。在相同的测量条件下，当被测量不变时，计量器具沿正、反行程在同一点上测量结果之差的绝对值称为回程误差。回程误差是由计量器具中测量系统的间隙、变形和摩擦等原因引起的。测量时，为了减少回程误差的影响，应按一个方向进行测量。

⑨重复精度。在相同的测量条件下，对同一被测参数进行多次重复测量时，其结果的最大差异称为重复精度。差异值越小，重复性就越好，计量器具精度也就越高。

⑩测量力。在接触式测量过程中，计量器具测头与被测工件之间的接触压力。测量力太小影响接触的可靠性；测量力太大会引起弹性变形，从而影响测量精度。

⑪灵敏阀(灵敏限)。它是指引起计量器具示值可觉察变化的被测量值的最小变化量。或者说，是不致引起量仪示值可觉察变化的被测量值的最大变动量。它表示量仪对被测量值微小变动的不敏感程度。灵敏阀可能与噪声、摩擦、阻尼、惯性、量子化有关。

⑫允许误差。技术规范、规程等对给定计量器具所允许的误差的极限值称为允许误差。

⑬稳定度。在规定工作条件下，计量器具保持其计量特性恒定不变的程度称为稳定度。

⑭分辨力。它是计量器具指示装置可以有效辨别所指示的紧密相邻量值的能力的定量表示。一般认为模拟式指示装置其分辨力为标尺间距的一半，数字式指示装置其分辨力为最后一位数的一个字。

⑮仪器不确定度。指在规定条件下，由于测量误差的存在，被测量值不能肯定的程度。一般用误差限来表征被测量所处的量值范围。仪器不确定度也是仪器的重要精度指标。仪器的示值误差与仪器不确定度都是表征在规定条件下测量结果不能肯定的程度。

2.3.3　测量方法的分类

广义的测量方法是指测量时所采用的测量原理、计量器具和测量条件的总和。但是在实际工作中，往往单纯从获得测量结果的方式来理解测量方法，它可按不同特征分类。

1. 按所测得的量(参数)是否为欲测之量分类

(1)直接测量。直接测量是无需对被测量与其他实测量进行一定函数关系的辅助计算，而直接从计量器具的读数装置上得到欲测之量的数值或对标准值的偏差的测量方法。例如，用游标卡尺、千分尺测量外圆直径，用比较仪测量欲测尺寸。

(2)间接测量。间接测量是指欲测量的几何量的量值由几个实测几何量的量值按一定的函数关系式运算后获得。例如，在测量大的圆柱形零件的直径 D 时，可以先量出其圆周长 L，然后通过 $D = L/\pi$ 计算零件的直径 D。

直接测量的测量过程简单，其测量精度只与这一测量过程有关。而间接测量的测量精度不仅取决于有关参数的测量精度，还与所依据的计算公式及计算的精度有关。因此，间接测量通常用于直接测量不易测准，或由于被测件结构限制，或由于计量器具限制而无法直接测量的场合（例如对某些圆弧样板的曲率半径只能用间接测量）。

2. 按测量结果的读数值不同分类

（1）绝对测量。在仪器刻度尺上读出被测参数的整个量值的测量方法称为绝对测量。例如，用游标卡尺、千分尺测量零件的直径。

（2）相对测量。相对测量是由仪器刻度尺指示的值指示被测量参数对标准参数的偏差的测量方法。由于标准值是已知的，因此，被测参数的整个量值等于仪器所指偏差与标准量的代数和。例如用量块调整标准比较仪测量直径。

相对测量时，仪器的零位或起始读数常用已知的标准量（量块、调整棒等的尺寸）来调整，仪器读数装置仅指示出被测量对标准量的偏差值，因而仪器的示值范围大大缩小，有利于简化仪器结构，提高仪器示值的放大比和测量精度。在绝对测量中，温度偏离标准温度（20 ℃）以及测量力的影响可能会引起较大的测量误差。而在相对测量中，由于是在相同条件下将被测量对标准量进行比较，故可大大缩小由于温度、测量力的变化造成的误差。一般而言，相对测量易于获得较高的测量精度，尤其是在量块出现后，为相对测量提供了有利条件，所以在生产中得到广泛应用。

3. 按被测工件表面与计量器具测头是否有机械接触分类

（1）接触测量。接触测量指仪器的测量头与工件被测表面直接接触，并有机械作用的测量力存在，如用千分尺、游标卡尺测量工件。接触测量对零件表面油污、切削液、灰尘等不敏感，为了保证接触的可靠性，测量力是必要的，但由于有测量力的存在，可能会引起零件表面、测头以及计量仪器传动系统的弹性变形，从而造成测量误差。尤其是在绝对测量时，对于软金属或薄结构易变形工件，接触测量可能因变形造成较大的测量误差或划伤工件表面。

（2）非接触测量。计量器具的敏感元件与被测工件表面不直接接触，没有机械作用的测量力。此时可利用光、气、电、磁等物理量关系使测量装置的敏感元件与被测工件表面联系。例如，用光学投影测量、干涉显微镜、磁力测厚仪、气动量仪等的测量。

非接触测量没有测量力引起的测量误差，因此特别适用于薄结构易变形工件的测量。但这种测量方法对工件形状有一定要求，同时要求工件定位可靠，没有颤动，并且表面清洁。

4. 按测量在工艺过程中所起作用分类

（1）主动测量。主动测量指零件在加工过程中进行的测量。此时，测量结果直接用来控制零件的加工过程，决定是否需要继续加工或判断工艺过程是否正常、是否需要进行调整或采取其他措施，故能及时防止与消灭废品，所以主动测量又称为积极测量。主动测量的推广应用将使技术测量和加工工艺紧密地结合起来，从根本上改变技术测量的被动局面。一般自动化程度高的机床具有主动测量的功能，如数控机床、加工中心等先进设备。

（2）被动测量。被动测量指零件加工完成后进行的测量。其结果仅用于发现并剔除废品，所以被动测量又称为消极测量。

5. 按零件上同时被测参数的多少分类

（1）单项测量。单项测量是指单个地、彼此没有联系地测量工件或测量零件的单项参数。例如，测量圆柱体零件某一剖面的直径，分别测量螺纹的螺距或者半角等。这种方法一般用于量规的检定、工序间的测量，或者为了工艺分析、调整机床等目的。分析加工过程中造成次品的原因时,多采用单项测量。

(2)综合测量。测量零件几个相关参数的综合效应或综合参数,从而综合判断零件的合格性。其目的是限制被测工件在规定的极限轮廓内,测量效率高,以保证互换性的要求,特别用于成批或大量生产中。例如,用极限量规检验工件,用花键塞规检验花键孔等。

6. 按被测工件在测量时所处状态分类

(1)静态测量。测量时被测零件表面与计量器具的测头处于相对静止状态。例如,用千分尺测量零件直径,用齿距仪测量齿轮齿距,用工具显微镜测量丝杠螺距等。

(2)动态测量。测量时被测零件表面与计量器具的测头处于相对运动状态,或测量过程是模拟零件在工作或加工时的运动状态,它能反映生产过程中被测参数的变化过程。例如,用激光比长仪测量精密线纹尺,用电动轮廓仪测量表面粗糙度等。

在动态测量中,往往有振动等现象,故对测量仪器有其特殊要求。例如,要消除振动对测量结果的影响,测头与被测零件表面的接触要安全、可靠、耐磨,对测量信号的反应要灵敏等。动态测量也是技术测量的发展方向之一,它能较大地提高测量效率并能保证测量精度,因此,在静态测量中使用情况良好的仪器,在动态测量中,不一定能得到满意结果,有时往往不能应用。

7. 按测量中测量因素是否变化分类

(1)等精度测量。即在测量过程中,决定测量精度的全部因素或条件不变。例如,由同一个人,用同一台仪器,在同样条件下,以同样的方法,仔细测量同一个量,求测量结果平均值时所依据的测量次数也相同。因而可以认为每一测量结果的可靠性和精确程度都是相同的。在一般情况下,为了简化测量结果的处理,大都采用等精度测量。实际上,绝对的等精度测量是做不到的。

(2)不等精度测量。即在测量过程中,决定测量精度的全部因素或条件可能完全改变或部分改变。例如,用不同的测量方法,不同的计量器具,在不同的条件下,由不同的人员,对同一被测量进行不同次数的测量。显然,其测量结果的可靠性与精确程度各不相同。由于不等精度测量的数据处理比较麻烦,因此一般用于重要的科研实验中的高精度测量。另外,当测量的过程和时间很长,测量条件变化较大时,也应按不等精度测量对待。

以上测量方法分类是从不同角度考虑的。对于一个具体的测量过程可能兼有几种测量方法的特征。例如,在内圆磨床上用两点式测头进行检测,属于主动测量、直接测量、接触测量和相对测量等。测量方法的选择应考虑零件结构特点、精度要求、生产批量、技术条件及经济效果等。

2.4 测量误差及数据处理

2.4.1 测量误差的基本概念

测量中,不管使用多么精确的计量器具,采用多么可靠的测量方法,进行多么仔细的测量,但在测量所获得的数值中不可避免地存在或大或小的测量误差,这种误差包括计量器具本身的误差和测量条件的误差。因此,在任何测量过程中都不能获得被测几何量的真值,而只能是在一定程度上近似于被测几何量真值。这种实际测量结果偏离真值的程度在数值上称为测量误差。测量误差可由绝对误差和相对误差来表示。

如果被测量的真值为 L,被测量的测得值为 l,则测量误差 δ 为:

$$\delta = l - L \tag{2-2}$$

式(2-2)表达的测量误差又称绝对误差,可用来评定大小相同的被测几何量的测量精确度。

在实际测量中,虽然真值不能得到,但往往要求分析或估算测量误差的范围,即求出真值 L 必落在测得值 l 附近的最小范围,称为测量极限误差 δ_{lim},它应满足

$$l - | \delta_{lim} | \leq L \leq l + | \delta_{lim} | \qquad (2-3)$$

由于 l 可大于或小于 L,因此 δ 可能是正值或负值,即

$$L = l \pm | \delta | \qquad (2-4)$$

绝对误差 δ 的大小反映了测得值 l 与真值 L 的偏离程度,决定了测量的精确度。$|\delta|$ 愈小,l 偏离 L 愈小,测量精度愈高;反之测量精度愈低。因此要权衡测量的精确度,只有从各个方面寻找有效措施来减少测量误差。

对同一尺寸测量,可以通过绝对误差 δ 的大小来判断测量精度的高低。但对不同尺寸测量,就要用测量误差的另一种表示方法,即相对误差的大小来判断测量精度。

相对误差 δ_r 是指测量的绝对误差 δ 与被测量真值 L 之比,通常用百分数表示,即

$$\delta_r = \frac{(l - L)}{L} = \frac{\delta}{L} \times 100\% \approx \frac{\delta}{l} \times 100\% \qquad (2-5)$$

从式(2-5)中可以看出,δ_r 是无量纲的量。

绝对误差和相对误差都可用来判断计量器具的精确度,因此,测量误差是评定计量器具和测量方法在测量精确度方面的定量指标,每种计量器具都有这种指标。

在实际生产中,为了提高测量精度,就应该减小测量误差。要减小测量误差,就必须了解误差产生的原因、变化规律及误差的处理方法。

2.4.2　测量误差的来源

测量误差产生的原因主要有以下几个方面。

1. 计量器具误差

计量器具误差是指计量器具本身在设计、制造、装配和使用过程中造成的各项误差。这些误差的综合反映可用计量器具的示值精度或不确定度来表示。

设计计量器具时,因结构不符合理论要求会产生误差,如用均匀刻度的刻度尺近似地代替理论上要求非均匀刻度的刻度尺所产生的误差;制造和装配计量器具时也会产生误差,如刻度尺的刻线不准确,分度盘安装偏心,计量器具调整不善所产生的误差。

使用计量器具的过程中也会产生误差,如计量器具中零件的变形、滑动表面的磨损,以及接触测量的机械测量力所产生的误差。

2. 标准件误差

标准件误差是指作为标准的标准件本身的制造误差和检定误差。例如,量块的制造误差、线纹尺的刻线误差等,如果用量块作为标准件调整计量器的零位时,量块的误差会直接影响测得值。因此,为了保证一定的测量精度,必须选择足够高精度的标准件。

3. 测量方法误差

测量方法误差是指由于测量方法不完善(包括计算公式不精确,测量方法不当,工件安装不合理)所引起的误差。例如,接触测量中测量力引起的计量器具和零件表面变形误差、间接测量中计算公式的不精确,测量过程中工件安装定位不合理等。

4. 测量环境误差

测量环境误差是指测量时的环境条件不符合标准条件所引起的误差。测量的环境条件包括温度、湿度、气压、振动及灰尘等。其中温度对测量结果的影响最大。图样上标注的各种尺寸、公

差和极限偏差都是以标准温度 20 ℃ 为依据的。在测量时,当实际温度偏离标准温度时,温度变化引起的测量误差为

$$\delta = L\big[\alpha_1(t_1 - 20) - \alpha_2(t_2 - 20)\big] \tag{2-6}$$

式中　δ——温度引起的测量误差;

　　　L——被测尺寸(常用基本尺寸代替);

　　α_1, α_2——计量器具和被测工件的线胀系数;

　　t_1, t_2——计量器具和被测工件的温度(℃)。

因此,高精度测量应在恒温、恒湿、无尘的条件下进行。

5. 人为误差

人为误差是指测量人员的主观因素所引起的误差。例如,测量人员技术不熟练、视觉偏差、估读判断错误等引起的误差。

总之,产生误差的因素很多,有些误差是不可避免的,但有些是可以避免的。因此,测量者应对一些可能产生测量误差的原因进行分析,掌握其影响规律,设法消除或减小其对测量结果的影响,以保证测量精度。

2.4.3　测量误差分类

根据测量误差的性质、出现规律和特点,可将其分为三大类,即系统误差、随机误差和粗大误差。

1. 系统误差

在同一条件下,多次测量同一量值时,误差的绝对值和符号保持恒定;或者当条件改变时,其值按某一确定的规律变化的误差称为系统误差。所谓规律是指这种误差可以归结为某一个因素或某几个因素的函数,这种函数一般可用解析公式、曲线或数表来表示。系统误差按其出现的规律又可分为常值系统误差和变值系统误差。

(1) 常值系统误差(即定值系统误差)。在相同测量条件下,多次测量同一量值时,其大小和方向均不变的误差。例如,基准件误差、仪器的原理误差和制造误差等。

(2) 变值系统误差(即变动系统误差)。在相同测量条件下,多次测量同一量值时,其大小和方向按一定规律变化的误差。例如,温度均匀变化引起的测量误差(按线性变化),刻度盘偏心引起的角度测量误差(按正弦规律变化)等。

当测量条件一定时,系统误差就获得一个客观上的定值,采用多次测量的平均是不能减弱它的影响的。

从理论上讲,系统误差是可以消除的,特别是对常值系统误差,易于发现并能够消除或减小。但在实际测量中,系统误差不一定能完全消除,且消除系统误差也没有统一的方法,特别是对变值系统误差,只能针对具体情况采用不同的处理方法。对于那些未能消除的系统误差,在规定允许的测量误差时应予以考虑。有关系统误差的处理将在后面介绍。

2. 随机误差(偶然误差)

在相同的测量条件下,多次测量同一量值时,其绝对值大小和符号均以不可预知的方式变化着的误差,称为随机误差。所谓随机,是指它的存在以及它的大小和方向不受人的支配与控制,即单次测量之间无确定的规律,不能用前一次的误差来推断后一次误差。但是对多次重复测量的随机误差,按概率与统计方法进行统计分析发现,它们是有一定规律的。随机误差主要是由一些随机因素,如计量器具的变形、测量力的不稳定、温度的波动、仪器中油膜的变化以及读数不正

确等所引起的。

3. 粗大误差

它是指由于测量不正确等原因引起的明显歪曲测量结果的误差或大大超出规定条件下预期的误差。粗大误差主要是由于测量操作方法不正确和测量人员的主观因素造成的。例如,工作上的疏忽、经验不足、过度疲劳、外界条件的大幅度突变(如冲击振动、电压突降)等引起的误差。如读错数值、记录错误、计量器具测头残缺等。一个正确的测量,不应包含粗大误差,所以在进行误差分析时,主要分析系统误差和随机误差,并应剔除粗大误差。

系统误差和随机误差也不是绝对的,它们在一定条件下可以互相转化。例如,线纹尺的刻度误差,对线纹尺制造厂来说是随机误差,但如果以某一根线纹尺为基准去成批地测量别的工件时,则该线纹尺的刻度误差成为被测零件的系统误差。

2.4.4　测量精度

精度和误差是相对的概念。误差是不准确、不精确的意思,即指测量结果偏离真值的程度。由于误差分系统误差和随机误差,因此笼统的精度概念已不能反映上述误差的差异,需要引出如下概念。

1. 精密度

精密度表示测量结果中随机误差大小的程度,表明测量结果随机分散的特性,是指在多次测量中所得到的数值重复一致的程度,是用于评定随机误差的精度指标。它说明在一个测量过程中,在同一测量条件下进行多次重复测量时,所得结果彼此之间的相符合程度。随机误差愈小,则精密度愈高。

2. 正确度

正确度表示测量结果中系统误差大小的程度,理论上可用修正值来消除。它是用于评定系统误差的精度指标。系统误差愈小,则正确度愈高。

3. 精确度(准确度)

精确度表示测量结果中随机误差和系统误差综合影响的程度,说明测量结果与真值的一致程度。

一般来说,精密度高而正确度不一定高;反之亦然。但精确度高则精密度和正确度都高。如图 2-5 所示,以射击打靶为例,图 2-5(a)表示随机误差小而系统误差大,即精密度高而正确度低;图 2-5(b)表示系统误差小而随机误差大,即正确度高而精密度低;图 2-5(c)表示随机误差和系统误差都小,即精确度高。

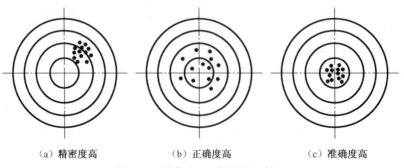

(a) 精密度高　　　　　　(b) 正确度高　　　　　　(c) 准确度高

图 2-5　精密度、正确度和准确度

2.4.5　随机误差的特征及其评定

1. 随机误差的分布及其特征

前面提到,随机误差就其整体来说是有其内在规律的。例如,在相同测量条件下对一个工件的某一部位用同一方法进行 150 次重复测量,测得 150 个不同的读数(这一系列的测得值,常称为测量列),然后找出其中的最大测得值和最小测得值,用最大值减去最小值得到测得值的分散范围为 7.131~7.141 mm,以每隔 0.001 mm 为一组分成 11 组,统计出每一组出现的次数 n_i,计算每一组频率(次数 n_i 与测量总次数 N 之比),如表 2-5 所示。

表 2-5　重复测量实验统计表

组别	测量值范围/mm	测量中值 x_i/mm	出现次数 n_i	相对出现次数 n_i/N(%)
1	7.130 5~7.131 5	$x_1 = 7.131$	$n_1 = 1$	0.007
2	7.131 5~7.132 5	$x_2 = 7.132$	$n_2 = 3$	0.020
3	7.132 5~7.133 5	$x_3 = 7.133$	$n_3 = 8$	0.054
4	7.133 5~7.134 5	$x_4 = 7.134$	$n_4 = 18$	0.120
5	7.134 5~7.135 5	$x_5 = 7.135$	$n_5 = 28$	0.187
6	7.135 5~7.136 5	$x_6 = 7.136$	$n_6 = 34$	0.227
7	7.136 5~7.137 5	$x_7 = 7.137$	$n_7 = 29$	0.193
8	7.137 5~7.138 5	$x_8 = 7.138$	$n_8 = 17$	0.113
9	7.138 5~7.139 5	$x_9 = 7.139$	$n_9 = 9$	0.060
10	7.139 5~7.140 5	$x_{10} = 7.140$	$n_{10} = 2$	0.013
11	7.140 5~7.141 5	$x_{11} = 7.141$	$n_{11} = 1$	0.007

以测得值 x_i 为横坐标,频率 n_i/N 为纵坐标,将表 2-5 中的数据以每组的区间与相应的频率为边长画成直方图,即频率直方图,如图 2-6(a)所示。如连接每个小方图的上部中点(每组区间的中值),得到一折线,称为实际分布曲线。由作图步骤可知,此图形的高矮受分组间隔 Δx 的影响,当间隔 Δx 大时,图形变高;而 Δx 小时,图形变矮。为了使图形不受 Δx 的影响,可用 $n_i/(N\Delta x)$ 代替纵坐标 n_i/N,此时图形高矮不再受 Δx 取值的影响,$n_i/(N\Delta x)$ 即为概率论中所知的概率密度。如果将测量次数 N 无限增大($N\to\infty$),间隔 Δx 取得很小($\Delta x\to 0$),且用误差 δ 来代替尺寸 x,则得图 2-6(b)所示光滑曲线,即随机误差的理论正态分布曲线。根据概率论原理,正态分布曲线方程为

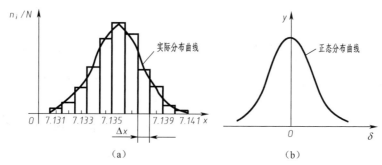

图 2-6　随机误差的正态分布曲线

$$y = \frac{1}{\sigma\sqrt{2\pi}}e^{-\frac{(l-L)^2}{2\sigma^2}} = \frac{1}{\sigma\sqrt{2\pi}}e^{-\frac{\delta^2}{2\sigma^2}} \tag{2-7}$$

式中　y——随机误差的概率分布密度;

　　　δ——随机误差;

　　　σ——标准偏差(后面介绍);

　　　e——自然对数的底($e=2.71828$)。

从式(2-7)、图2-6可以看出,随机误差通常服从正态分布规律,具有如下四个基本特性:

(1)单峰性。绝对值小的误差比绝对值大的误差出现的次数多。

(2)对称性。绝对值相等,符号相反的误差出现的次数大致相等。

(3)有界性。在一定测量条件下,随机误差绝对值不会超过一定的界限。

(4)抵偿性。对同一量在同一条件下进行重复测量,其随机误差的算术平均值随测量次数的增加而趋于零。

2. 随机误差的评定指标

评定随机误差时,通常以正态分布曲线的两个参数,即算术平均值 $\bar{L}$ 和标准偏差 σ 作为评定指标。

(1)算术平均值 $\bar{L}$

对同一尺寸进行一系列等精度测量,得到 l_1、l_2、$\cdots$、l_N 一系列不同的测量值,则

$$\bar{L} = \frac{l_1 + l_2 + \cdots + l_N}{N} = \frac{\sum\limits_{i=1}^{N} l_i}{N} \tag{2-8}$$

由式(2-2)可知

$$\delta_1 = l_1 - L$$
$$\delta_2 = l_2 - L$$
$$\cdots$$
$$\delta_N = l_N - L$$

各式相加得
$$\sum_{i=1}^{N} \delta_i = \sum_{i=1}^{N} l_i - NL$$

将等式两边同除以 N 得

$$L = \bar{L} - \frac{\sum\limits_{i=1}^{N} \delta_i}{N} \tag{2-9}$$

由随机误差特性(抵偿性)可知,当 $N \to \infty$ 时,即 $\dfrac{\sum\limits_{i=1}^{N} \delta_i}{N} \to 0$,所以 $L = \bar{L}$。由此可知,当测量次数 N 增大时,算术平均值 $\bar{L}$ 越趋近于真值,因此用算术平均值 $\bar{L}$ 作为最后测量结果是可靠的、合理的。

算术平均值 $\bar{L}$ 作为测量的最后结果,则测量中各测得值与算术平均值的代数差称为残余误差 ν_i,即 $\nu_i = l_i - \bar{L}$。残余误差是由随机误差引申出来的。当测量次数 $N \to \infty$ 时,有

$$\lim_{N \to \infty} \sum_{i=1}^{N} \nu_i = 0$$

(2)标准偏差 σ

用算术平均值表示测量结果是可靠的,但它不能反映测得值的精度。例如,有两组测得值:

第一组:12.005,11.996,12.003,11.994,12.002;

第二组:11.90,12.10,11.95,12.05,12.00。

可以算出 $\overline{L_1} = \overline{L_2} = 12$。但从两组数据看出,第一组测得值比较集中,第二组比较分散,即说明第一组每一测得值比第二组的更接近于算术平均值 $\overline{L}$(即真值),也就是第一组测得值精密度比第二组高,故通常用标准偏差 σ 反映测量精度的高低。

①测量列中任一测得值的标准偏差 σ。根据误差理论,等精度测量列中单次测量(任一测量值)的标准偏差 σ 可用下式计算

$$\sigma = \sqrt{\frac{\delta_1^2 + \delta_2^2 + \cdots + \delta_N^2}{N}} = \sqrt{\frac{1}{N}\sum_{i=1}^{N}\delta_i^2} \tag{2-10}$$

式中　N——测量次数;

　　　δ_i——随机误差,即各次测得值与其真值之差。

由式(2-7)可知,概率密度 y 与随机误差 δ 及标准偏差 σ 有关,当 $\delta = 0$ 时,y 最大,即 $y_{max} = \frac{1}{\sigma\sqrt{2\pi}}$。不同的 σ 对应不同形状的正态分布曲线,σ 愈小,y_{max} 值愈大,曲线愈陡,随机误差分布愈集中,即测得值分布愈集中,测量的精密度愈高。反之,σ 愈大,曲线愈平坦,随机误差分布愈分散,即测得值分布愈分散,测量的精密度愈低。如图 2-7 所示,图中 $\sigma_1 < \sigma_2 < \sigma_3$,而 $y_{1max} > y_{2max} > y_{3max}$。因此,$\sigma$ 可作为随机误差评定指标来评定测得值的精密度。

由概率论可知,随机误差正态分布曲线下所包含的面积等于其相应区间确定的概率,如果误差落在区间 $(-\infty, +\infty)$ 之内,其概率为

$$P = \int_{-\infty}^{+\infty} y\mathrm{d}\delta = \int_{-\infty}^{+\infty}\frac{1}{\sigma\sqrt{2\pi}}e^{-\frac{\delta^2}{2\sigma^2}}\mathrm{d}\delta = 1$$

理论上,随机误差的分布范围应在正、负无穷大之间,但这在生产实践中是不切实际的。一般随机误差主要分布在 $\delta = \pm 3\sigma$ 范围之内,因为 $P = \int_{-3\sigma}^{+3\sigma} y\mathrm{d}\delta = 0.9973 = 99.73\%$,也就是说 δ 落在 $\pm 3\sigma$ 范围内出现的概率为 99.73%,超出 3σ 之外概率仅为 $1 - 0.9973 = 0.0027 = 0.27\%$,属于小概率事件,也就是说随机误差分布在 $\pm 3\sigma$ 之外的可能性很小,几乎不可能出现。所以可以把 $\delta = \pm 3\sigma$ 看作随机误差的极限值,记作 $\delta_{lim} = \pm 3\sigma$。很显然,$\delta_{lim}$ 也是测量列中任一测得值的测量极限误差,所以极限误差是单次测量标准偏差的 ± 3 倍,或称为概率为 99.73% 的随机不确定度。随机误差绝对值不会超出的限度如图 2-8 所示。

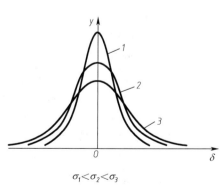

图 2-7　用随机误差来评定精密度

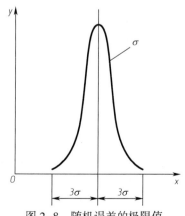

图 2-8　随机误差的极限值

②标准偏差的估计值 σ'。由式(2-10)计算 σ 值必须具备三个条件:真值 L 必须已知;测量次数要无限次($N \rightarrow \infty$);无系统误差。但在实际测量中要达到这三个条件是不可能的。因为真值 L 无法得知,则 $\delta_i = l_i - L$ 也就无法得知;测量次数也是有限量。所以在实际测量中常采用残余误差 ν_i 代替 δ_i 来估算标准偏差。标准偏差的估算值 σ' 为

$$\sigma' = \sqrt{\frac{1}{N-1}\sum_{i=1}^{N}\nu_i^2} \qquad (2-11)$$

③测量列算术平均值的标准偏差 $\sigma_{\bar{L}}$。标准偏差代表一组测量值中任一测得值的精密度。但在系列测量中,是以测得值的算术平均值作为测量结果的。因此,更重要的是要知道算术平均值的精密度,即算术平均值的标准偏差。

根据误差理论,测量列算术平均值的标准偏差 $\sigma_{\bar{L}}$ 与测量列中任一测得值的标准偏差 σ 存在如下关系

$$\sigma_{\bar{L}} = \frac{\sigma}{\sqrt{N}} \qquad (2-12)$$

其估计值 $\sigma'_{\bar{L}}$ 为

$$\sigma'_{\bar{L}} = \frac{\sigma'}{\sqrt{N}} = \sqrt{\frac{1}{N(N-1)}\sum_{i=1}^{N}\nu_i^2} \qquad (2-13)$$

式中　N——总的测量次数。

2.4.6　各类测量误差的处理

由于测量误差的存在,测量结果不可能绝对精确地等于真值,因此,应根据要求对测量结果进行处理和评定。

1. 系统误差的处理

在实际测量中,系统误差对测量结果的影响往往是不容忽视的,而这种影响并非无规律,因此揭示系统误差出现的规律性,并且消除其对测量结果的影响,是提高测量精度的有效措施。

(1)发现系统误差的方法

在测量过程中产生系统误差的因素很复杂,人们还难以查明所有的系统误差,也不可能全部消除系统误差的影响。发现系统误差必须根据具体测量过程和计量器具进行全面而仔细的分析,但这是一件困难而又复杂的工作,目前还没有能够适用于已发现的各种系统误差的普遍方法,下面只介绍适用于已发现的某些系统误差的两种常用方法。

①实验对比法。实验对比法是指改变产生系统误差的测量条件而进行不同测量条件下的测量,以发现系统误差,这种方法适用于发现定值系统误差。例如,量块按标称尺寸使用时,在被测几何量的测量结果中就存在由于量块的尺寸偏差而产生的大小和符号均不变的定值系统误差,重复测量也不能发现这一误差,只有用另一块等级更高的量块进行测量对比时才能发现它。

②残差观察法。残差观察法是指根据测量列的各个残差大小和符号的变化规律,直接由残差数据或残差曲线图形来判断有无系统误差,这种方法主要适用于发现大小和符号按一定规律变化的变值系统误差。根据测量先后次序,将测量列的残差作图,观察残差的变化规律。若各残差大体上正、负相间,又没有显著变化,如图 2-9(a)所示,则不存在变值系统误差。若各残差按近似的线性规律递增或递减,如图 2-9(b)所示,则可判断存在线性系统误差。若各残差的大小和符号有规律地周期变化,如图 2-9(c)所示,则可判断存在周期性系统误差。

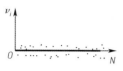

（a）不存在变值系统误差

（b）存在线性系统误差

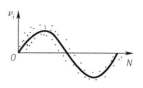

（c）存在周期性系统误差

图 2-9　系统误差的发现

（2）消除系统误差的方法

①从产生误差根源上消除系统误差。这要求测量人员仔细分析测量过程中可能产生系统误差的各个环节，并在测量前就将系统误差从产生根源上加以消除。例如，为了防止测量过程中仪器示值零位的变动，测量开始和结束时都需检查示值零位。

②用修正法消除系统误差。这种方法是预先将计量器具的系统误差检定或计算出来，做出误差表或误差曲线，然后取与系统误差数值相同而符号相反的值作为修正值，将测得值加上相应的修正值，即可得到不包含系统误差的测量结果。

③用抵消法消除定值系统误差。这种方法要求在对称位置上分别测量一次，以使这两次测量中测得的数据出现的系统误差大小相等，符号相反，取这两次测量中数据的平均值作为测得值，即可消除定值系统误差。例如，在工具显微镜上测量螺纹螺距时，为了消除螺纹轴线与量仪工作台移动方向倾斜而引起的系统误差，可分别测取螺纹左、右牙侧的螺距，然后取它们的平均值作为螺距测得值。

④用半周期法消除周期性系统误差。对周期性系统误差，可以每相隔半个周期进行一次测量，以相邻两次测量数据的平均值作为一个测得值，即可有效消除周期性系统误差。

消除和减小系统误差的关键是找出误差产生的根源和规律。实际上，系统误差不可能完全消除，但一般来说，系统误差若能减小到使其影响相当于随机误差的程度，则可认为已被消除。

2. 随机误差的处理

随机误差不可能被消除，它可应用概率与数理统计方法，通过对测量列的数据处理，评定其对测量结果的影响。

在具有随机误差的测量列中，常以算术平均值 $\bar{L}$ 表征最可靠的测量结果，以标准偏差表征随机误差。其处理方法如下：

①计算测量列算术平均值 $\bar{L}$。

②计算测量列中任一测得值的标准偏差的估计值 σ'。

③计算测量列算术平均值的标准偏差的估计值 σ'_L。

④确定测量结果。

多次测量结果可表示为

$$L = \bar{L} \pm 3\sigma'_L \qquad\qquad (2-14)$$

3. 粗大误差的处理

粗大误差的数值（绝对值）相当大，在测量中应尽可能避免。如果粗大误差已经产生，则应根据判断粗大误差的准则予以剔除，通常用拉依达准则来判断。

拉依达准则又称 3σ 准则。该准则认为，当测量列服从正态分布时，残差落在 $\pm 3\sigma$ 外的概率仅有 0.27%，即在连续 370 次测量中只有一次测量的残差超出 $\pm 3\sigma$，而实际上连续测量的次数绝不会超过 370 次，测量列中就不应该有超出 $\pm 3\sigma$ 的残差。因此，当测量列中出现绝对值大于 3σ

的残差时,即

$$|v_i| > 3\sigma \tag{2-15}$$

则认为该残差对应的测得值含有粗大误差,应予以剔除。

测量次数小于或等于 10 时,不能使用拉依达准则。

2.4.7 测量不确定度

在国民经济、国防建设、科学技术各个领域,为了认识事物,无处不涉及测量,并且大量的存在,而测量数据是测量的产物,有的数据是为定量用的,有的则是供定性用的,它们都与不确定度密切相关。为明确量用数据的水平和准确性,其最后结果的表示必须给出不确定度,否则,所述结果的准确性和可靠性不明,数据便没有使用价值和意义。

有了不确定度的说明,便可知测量结果的水平如何。不确定度愈小,测量的水平愈高,数据的质量愈高,其使用价值也愈高;不确定度愈大,测量的水平愈低,数据质量愈低,其使用价值也愈低。

不确定度与计量科学技术密切相关,它用于说明基准标定、测试检定的水平,在 ISO/IEC 导则 25"校准实验室和测试实验室能力的通用要求"中指明,实验室的每个证书或报告,均必须包含有关评定校准或测试结果不确定度的说明。在质量管理与质量保证中,对不确定度极为重视。ISO 9001 规定:在检验、计量和试验设备使用时,应保证所用设备的测量不确定度已知,且测量能力满足要求。

1. 相关术语定义

(1)不确定度

用以表征合理赋予被测量的值的分散性而在测量结果中含有的一个参数。测量不确定度与测量误差紧密相连但却有区别:在实际工作中,由于不知道被测量值的真值才去进行测量,误差的影响必然使测量结果出现一定程度上的不真实,故必须同时表达其准确程度。现要求用测量不确定度来描述,它是对测得值的分散性的估计,是用以表示测量结果分散区间的量值,但不是指具体的、确切的误差值,虽可以通过统计分析方法进行估计,却不能用于修正、补偿量值。过去,我们通过对随机误差的统计分析求出描述分散性的标准偏差后,以特定的概率用极限误差值来描述,实际上,大多就是今天所要描述的测量不确定度。

(2)标准不确定度

以标准差表示的测量结果不确定度。标准不确定度的评定方法有两种:A 类评定和 B 类评定。由观测列统计分析所做的不确定度评定称为不确定度的 A 类评定,相应的标准不确定度称为统计不确定度分量或"A 类不确定度分量";由不同于观测列统计分析所做的不确定度评定,称为不确定度的 B 类评定,相应的标准不确定度称为非统计不确定度分量或"B 类不确定度分量"。将标准不确定度区分为 A 类和 B 类的目的,是使标准不确定度可通过直接或间接的方法获得,两种方法只是计算方法的不同,并非本质上存在差异,两种方法均基于概率分布。

(3)合成标准不确定度

测量结果由其他量值得来时,按其他量的方差或协方差算出的测量结果的标准不确定度。如被测量 y 和其他量 X_i 有关系 $y = f(X_i)$,测量结果 y 的合成标准不确定度记为 $u_c(y)$,也可以简写为 u_c 或 $u(y)$,它等于各项分量标准不确定度,即 $u(X_i)$ 平方之和的平方根。

(4)伸展不确定度

确定测量结果区间的量,合理赋予被测量值一个分布区间,希望绝大部分实际值含于该区间,又称范围不确定度,即被测量的值以某一可能性(概率)落入该区间中。伸展不确定度记为 U,一般是该区间的半宽。

(5)包含因子

为获得伸展(范围)不确定度,对合成标准不确定度所乘的数值,又称范围因子,也就是说,它是伸展不确定度与合成标准不确定度的比值,包含因子记为 k。

(6)自由度

求不确定度所用总和中的项数与总和的限制条件之差。自由度记为 v。

(7)置信水准

伸展不确定度确定的测量结果区间包括合理赋予被测量值的分布的概率,又称包含概率。置信水准记为 p。

2. 测量不确定度的来源

①对被测量的定义不完善。

②被测量定义复现的不理想。

③被测量的样本不能代表定义的被测量。

④环境条件对测量过程的影响考虑不周,或环境条件的测量不完善。

⑤模拟仪表读数时人为的偏差。

⑥仪器分辨力或鉴别力不够。

⑦赋予测量标准或标准物质的值不准。

⑧从外部来源获得并用以数据计算的常数及其他参数不准。

⑨测量方法和测量过程中引入的近似值及假设。

⑩在相同条件下重复观测中测得量值的变化。

2.4.8　等精度测量列的数据处理

等精度测量是指在测量条件(包括量仪、测量人员、测量方法及环境条件等)不变的情况下,对某一被测几何量进行的连续多次测量。在一般情况下,为了简化对测量数据的处理,大多采用等精度测量。

1. 直接测量列的数据处理

为了从直接测量列中得到正确的测量结果,应按以下步骤进行数据处理。

首先判断测量列中是否存在系统误差。如果存在系统误差,则应采取措施(如在测得值中加入修正值)加以消除,然后计算测量列的算术平均值、残差和单次测量值的标准偏差。再判断是否存在粗大误差。若存在粗大误差,则应剔除含有粗大误差的测得值,并重新组成测量列,重复上述计算,直到将所有含有粗大误差的测得值剔除为止。之后,计算消除系统误差和剔除粗大误差后的测量列的算术平均值、它的标准偏差和测量极限误差。最后,在此基础上确定测量结果。

【例 2-2】　对同一量按等精度测量 10 次,按测量顺序将各测得值依次列于表 2-6 中,试求测量结果。

表 2-6　数据处理计算表

测量序号	测得值 l_i	残差 ν_i	残差的平方 ν_i^2
1	30.049	−4	16
2	30.047	+1	1

测量序号	测得值 l_i	残差 ν_i	残差的平方 ν_i^2
3	30.048	−2	4
4	30.046	0	0
5	30.050	+3	9
6	30.051	−1	1
7	30.043	+2	4
8	30.052	−1	1
9	30.045	+2	4
10	30.049	0	0
	$\overline{L} = \dfrac{1}{N}\sum\limits_{i=1}^{N} l_i = 30.048$	$\sum\limits_{i=1}^{N}\nu_i = 0$	$\sum\limits_{i=1}^{N}\nu_i^2 = 40\ \mu m^2$

解：

①判断定值系统误差。根据发现系统误差的有关方法判断，可认为测量列中不存在定值系统误差。

②求测量列算术平均值 $\overline{L}$：

$$\overline{L} = \frac{1}{N}\sum_{i=1}^{N} l_i = 30.048$$

③计算残差 ν_i：

$$\nu_i = l_i - \overline{L}$$

采用"残差观察法"，这些残差的符号大体上正负相间，因此可以认为测量列中不存在变值系统误差。

④测量列算术平均值的标准偏差为：

$$\sigma' = \sqrt{\frac{1}{N-1}\sum_{i=1}^{N}\nu_i^2} = \sqrt{\frac{40}{10-1}} \approx 2.11\ \mu m$$

⑤用拉依达准则判断粗大误差，因测量列中没有出现绝对值大于 $3\sigma = 3 \times 2.11\ \mu m = 6.33\ \mu m$ 的残差，因此判断测量列中不存在粗大误差。

⑥算术平均值的标准偏差为：

$$\sigma'_{\overline{L}} = \frac{\sigma}{\sqrt{N}} = \frac{2.11}{\sqrt{10}} \approx 0.67\ \mu m$$

⑦测量结果为：

$$L = \overline{L} \pm 3\sigma'_{\overline{L}} = (30.048 \pm 0.002)\ mm$$

即该工件的测量结果为 30.048，其误差在 ±0.002 范围内的可能性达 99.73%。

2. 间接测量列的数据处理

在有些情况下，由于某些被测对象的特点，不能进行直接测量，这时需要采用间接测量。间接测量是指通过测量与被测几何量有一定关系的其他几何量，按照已知的函数关系式计算出被测几何量的量值。因此间接测量的被测几何量是测量所得到的各个实测几何量的函数，而间接测量的测量误差则是各个实测几何量测量误差的函数，故称这种误差为函数误差。

（1）函数误差的基本计算公式

间接测量中，被测几何量通常是实测几何量的多元函数，它表示为

$$y = f(x_1, x_2, \cdots, x_N) \tag{2-16}$$

式中　y——间接测量求出的量值；

　　　x_i——各个直接测量值。

该函数的增量可近似地用函数的全微分来表示，即

$$\mathrm{d}y = \sum_{i=1}^{N} \frac{\partial f}{\partial x_i} \mathrm{d}x_i \tag{2-17}$$

式中　$\mathrm{d}y$——间接测量的被测几何量的测量误差；

　　　$\mathrm{d}x_i$——各个直接测量的实测几何量的测量误差；

　　　$\dfrac{\partial f}{\partial x_i}$——函数对各独立量值的偏导数，即各个实测几何量的测量误差的传递系数。

式（2-17）即为函数误差的基本计算公式。

（2）函数系统误差的计算

如果各个实测几何量 x_i 的测得值中存在着系统误差 Δx_i，那么被测几何量 y 也存在着系统误差 Δy。以 Δx_i 代替式（2-17）中的 $\mathrm{d}x_i$，则可近似得到函数系统误差的计算式

$$\Delta y = \sum_{i=1}^{N} \frac{\partial f}{\partial x_i} \Delta x_i \tag{2-18}$$

式（2-18）即为间接测量中系统误差的计算公式。

（3）函数随机误差的计算

由于各个实测几何量 x_i 的测得值中存在着随机误差，因此被测几何量 y 也存在着随机误差。根据误差理论，函数的标准偏差 σ_y 与各个实测几何量的标准偏差 σ_{x_i} 的关系为

$$\sigma_y = \sqrt{\sum_{i=1}^{N} \left(\frac{\partial f}{\partial x_i} \right)^2 \sigma_{x_i}^2} \tag{2-19}$$

如果各个实测几何量的随机误差均服从正态分布，则由式（2-19）可推导出函数的测量极限误差的计算公式

$$\delta_{\lim(y)} = \pm \sqrt{\sum_{i=1}^{N} \left(\frac{\partial f}{\partial x_i} \right)^2 \delta_{\lim(x_i)}^2} \tag{2-20}$$

式中　$\delta_{\lim(y)}$——被测几何量的测量极限误差；

　　　$\delta_{\lim(x_i)}$——各个直接测量的实测几何量的测量极限误差。

（4）间接测量列的数据处理步骤

首先，确定间接测量的被测几何量与各个实际测量的拟实测几何量的函数关系及其表达式。然后把各个实测几何量的测得值代入该表达式，求出被测几何量值。之后，按式（2-18）和式（2-20）分别计算被测几何量的系统误差 Δy 和测量极限误差 $\delta_{\lim(y)}$。最后，在此基础上确定测量结果 y_e。

$$y_e = (y - \Delta y) \pm \delta_{\lim(y)} \tag{2-21}$$

2.5　计量器具的选择

2.5.1　计量器具的选择原则

制造业中计量器具的选择主要取决于计量器具的技术指标和经济指标。在综合考虑这些指标时，主要有以下两点要求：

①根据被测工件的部位、外形及尺寸选择计量器具,使所选择的计量器具的测量范围能满足工件的要求。

②根据被测工件的公差选择计量器具。考虑到计量器具的误差将会带入到工件的测量结果中,因此选择的计量器具所允许的极限误差应当小一些。单计量器具的极限误差愈小,其价格就愈高,对使用时的环境条件和操作者的要求也愈高。因此,选择计量器具时,应将技术指标和经济指标统一起来考虑。

通常计量器具的选择可根据标准进行。对于没有标准的用于工件检测的计量器具,应使所选用的计量器具的极限误差占被测工件的 1/10~1/3,其中,对低精度的工件采用 1/10,对高精度的工件采用 1/3 甚至 1/2。由于工件精度愈高,对计量器具的精度要求也愈高,而高精度的计量器具制造困难,因此,使其极限误差占工件公差的比例增大是合理的。

2.5.2 光滑工件尺寸的检验

GB/T 3177—2009《产品几何技术规范(GPS)   光滑工件尺寸的检验》用普通计量器具进行光滑工件尺寸的检验,该标准适用于车间的计量器具(如游标卡尺、千分尺和比较仪等)。其主要内容包括:如何根据工件的基本尺寸和公差等级确定工件的验收极限;如何根据工件公差等级选择计量器具。

1. 内缩方式

内缩方式规定验收极限分别从工件的最大实体尺寸和最小实体尺寸向公差带内缩一个安全裕度 A,这种验收方式用于单一要素包容原则和公差等级较高的场合。

2. 不内缩方式

不内缩方式规定验收极限等于工件的最大实体尺寸和最小实体尺寸,即安全裕度 $A=0$,这种验收方式常用于非配合和一般公差的尺寸。

另外,当工艺能力指数 C_p 大于或等于 1 时,其验收极限可按不内缩方式确定;但当采用包容原则时,在最大实体尺寸一侧仍应按内缩方式确定验收极限。当工件提取组成要素的局部尺寸服从偏态分布时,可以只对尺寸偏向的一侧采用内缩方式确定验收极限。安全裕度 A 的大小由工件公差等级确定。安全裕度 A 是为了避免在测量工件时,由于测量误差的存在将尺寸已超出公差带的零件误判为合格(误收)而设置的。

思考题及练习题

一、思考题

2-1 测量的实质是什么?一个测量过程包括哪些要素?我国长度测量的基本单位及其定义是什么?

2-2 量块的主要用途有哪些?其结构上有何特点?量块的"等"和"级"有何区别?并说明按"等"和"级"使用时,各自的测量精度如何?

2-3 测量方法有哪些分类?各有何特点?

2-4 什么叫测量误差?其主要来源有哪些?

2-5 简述测量误差的种类及处理原则。

二、练习题

2-6 试从 83 块一套的量块中,同时组合下列尺寸:46.53 mm、25.385 mm 和 40.79 mm。

2-7　某一测量范围为 0~25 mm 的外径千分尺,当活动测杆与测砧可靠接触时,其读数为 +0.02 mm。若用此千分尺测量工件尺寸时,读数是 19.95 mm,试求其系统误差的值和修正后的测量结果。

2-8　仪器读数在 30 mm 处的示值误差为 -0.002 mm,当用它测量工件时,读数正好为 30 mm,问工件的提取组成要素的局部尺寸是多少?

2-9　用两种方法分别测量两个尺寸,设它们的真值分别为 $L_1 = 50$ mm,$L_2 = 80$ mm,若测得值分别为 50.004 mm 和 80.006 mm,评定哪种测量方法精度较高。

2-10　已知某一次的测量极限误差 $\delta_{lim} = \pm 3\sigma = \pm 0.000\ 4$ mm,用该仪器测量工件:

(1)如果测量一次,测得值为 10.365 mm,写出测量结果。

(2)如果重复测量 4 次,测得值分别为 10.367 mm、10.368 mm、10.367 mm、10.366 mm,写出测量结果。

(3)使测量结果极限误差不超过 ±0.001 mm,应重复测量多少次?

第 3 章 孔轴极限与配合

由孔与轴构成的圆柱体结合是机械中应用最为广泛的一种结合形式，一般用作相对转动或移动副、固定连接或可拆定心连接副。圆柱体的结合有直径和长度两个参数，从使用要求来看，直径参数通常更为重要，是圆柱体结合主要应该考虑的参数。

从现代机械工业发展的趋势来看，对机械零件的互换性要求越来越高，为了使零件具有互换性，就必须保证零件的尺寸、几何形状和相互位置以及零件的表面质量等的一致性。就尺寸而言，互换性要求尺寸的一致性，是指要求尺寸在某一合理的范围内，这个范围既要保证相互结合的尺寸之间形成一定的关系，以满足不同的使用要求，又要满足在制造上的经济性与合理性，因此就形成了"极限与配合"的概念。"极限"用于协调机械零件的使用要求与制造经济性之间的矛盾，而"配合"则反映零件在组合时的相互关系。

为了便于机器的设计、制造、使用和维修，保证机械零件的精度、使用性能和寿命，与机器精度有直接联系的孔、轴的极限与配合应该标准化。本章介绍孔、轴的极限与配合相关国家标准的基本概念、主要内容及其应用。

3.1 基本术语及定义

3.1.1 有关孔、轴的定义

1. 孔

孔通常指工件的圆柱形内表面，也包括非圆柱形的内表面（由两平行平面或切面形成的包容面）。孔的直径用大写字母 D 表示。

2. 轴

轴通常指工件的圆柱形外表面，也包括非圆柱形的外表面（由两平行平面或切面形成的被包容面）。轴的直径用小写字母 d 表示。

这里的孔和轴是广义的，它包括圆柱形的和非圆柱形的孔和轴。例如，图 3-1 中标注的 D_1、D_2、D_3 皆为孔的尺寸，d_1、d_2、d_3、d_4、d_5 皆为轴的尺寸。

在装配关系中，孔和轴的关系表现为包容和被包容的关系，即孔是包容面，轴是被包容面。从加工过程看，随着余量的切除，孔的尺寸由小变大，轴的尺寸则由大变小。

3.1.2 有关尺寸的定义

1. 尺寸

尺寸是以特定单位表示线性尺寸值的数值。线性尺寸是指两点之间的距离，尺寸表示长度的大小，它由数字和长度单位（如 mm）组成。在技术文件中，若已注明共同单位，则尺寸只写数字，不写单位。

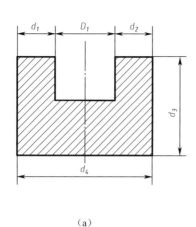
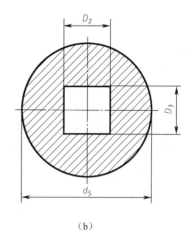

（a）　　　　　　　　　　　　　　　　　（b）

图 3-1　孔和轴的定义

2. 公称尺寸（孔 D、轴 d）

公称尺寸是由图样规范确定的理想形状要素的尺寸。孔和轴的公称尺寸分别用符号 D 和 d 表示。它是根据零件的使用要求进行计算或根据实验和经验确定的，一般应符合标准尺寸系列，以减少定值刀具、量具的规格和数量。

3. 提取组成要素的局部尺寸（孔 D_a、轴 d_a）

一切提取组成要素上两对应点之间的距离，可以简称为提取要素的局部尺寸。孔和轴的提取要素局部尺寸分别用符号 D_a 和 d_a 表示。它是通过测量所得的尺寸，由于被测表面存在形状误差，所以被测表面不同部位的尺寸不尽相同，如图 3-2 所示。

4. 极限尺寸（孔 D_{max}、D_{min} 轴 d_{max}、d_{min}）

极限尺寸是允许尺寸变化的两个界限值。两个界限值中较大的一个称为上极限尺寸，用符号 D_{max}、d_{max} 表示；较小的一个称为下极限尺寸，用符号 D_{min}、d_{min} 表示，如图 3-3 所示。

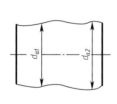

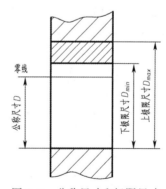

图 3-2　提取组成要素的局部尺寸　　　　　图 3-3　公称尺寸和极限尺寸

各种尺寸之间的关系如下：公称尺寸是设计时首先给定的，然后以公称尺寸为基数来确定极限尺寸，最后用极限尺寸来控制提取要素局部尺寸的变动范围。用关系式表示孔和轴提取要素局部尺寸的合格条件分别为：

$$D_{min} \leqslant D_a \leqslant D_{max}$$
$$d_{min} \leqslant d_a \leqslant d_{max}$$

3.1.3 有关公差与偏差的术语及定义

1. 尺寸偏差
某一尺寸减其公称尺寸所得的代数差即为尺寸偏差,简称偏差。

2. 极限偏差
极限尺寸减公称尺寸所得的代数差即为极限偏差,包括上极限偏差和下极限偏差。上极限尺寸减公称尺寸所得的代数差称为上极限偏差;下极限尺寸减公称尺寸所得的代数差称为下极限偏差。孔和轴的上极限偏差分别用 ES 和 es 表示,孔和轴的下极限偏差分别用 EI 和 ei 表示,如图 3-4 所示。极限偏差可用下列公式计算:

$$ES = D_{max} - D$$
$$EI = D_{min} - D$$
$$es = d_{max} - d$$
$$ei = d_{min} - d \tag{3-1}$$

3. 尺寸公差
尺寸公差(简称公差)是指尺寸的允许变动量。孔和轴的尺寸公差分别用 T_h 和 T_s 表示。公差等于上极限尺寸与下极限尺寸的代数差,也等于上极限偏差与下极限偏差的代数差,即

$$T_h = D_{max} - D_{min} = ES - EI$$
$$T_s = d_{max} - d_{min} = es - ei \tag{3-2}$$

尺寸公差用于控制加工误差,工件的加工误差在公差范围内,则合格;超出了公差范围,则不合格。

在分析孔、轴的尺寸、偏差和公差的关系时,可以采用公差带图解的形式,即尺寸公差示意图。如图 3-4 所示为尺寸公差带示意图,图中有一条零线和相应的尺寸公差带。

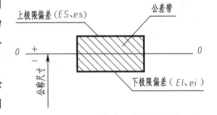

图 3-4 尺寸公差带图示例

①零线:在极限与配合图解中,表示基本尺寸的一条线,以其为基准确定偏差和公差。通常,零线沿水平方向绘制,零线以上的偏差为正偏差,零线以下的偏差为负偏差,位于零线上的偏差为零。

②尺寸公差带(公差带):在公差带图中,由表示上极限偏差和下极限偏差的两条直线所限定的一个区域。公差带在零线垂直方向上的宽度代表公差值,沿零线方向的长度可适当选取。

在公差带示意图中,基本尺寸的单位用 mm 表示,极限偏差和公差的单位一般用 μm 表示,也可用 mm 表示。

公差带由"公差带大小"和"公差带位置"两个基本要素构成。公差带的大小由标准公差值确定,在公差带图上由公差带在零线垂直方向上的宽度表示;公差带的位置由基本偏差确定。为了使公差带标准化,国家标准将公差值和极限偏差都进行了标准化。

4. 标准公差(IT)
标准公差是国家标准中所规定的公差值。

5. 基本偏差
基本偏差是国家标准所规定的用于确定公差带相对零线位置的偏差,一般以靠近零线的极限偏差作为基本偏差。对跨在零线上并对称分布的公差带,其上、下偏差均可作为基本偏差,如图 3-5 所示。

【例 3-1】　已知公称尺寸为 25 的孔和轴,孔的上极限尺寸为 ϕ25.021 mm,孔的下极限尺寸为 ϕ25 mm;轴的上极限尺寸为 ϕ24.980 mm,轴的下极限尺寸为 ϕ24.967 mm。求孔、轴的极限偏差及公差,并画出公差带图。

解: 孔的极限偏差

$$\text{ES} = D_{\max} - D = 25.021 - 25 = +0.021 \,(\text{mm})$$
$$\text{EI} = D_{\min} - D = 25 - 25 = 0 \,(\text{mm})$$

孔的公差　　　　　　$T_\text{h} = \text{ES} - \text{EI} = (+0.021) - 0 = 0.021 \,(\text{mm})$

轴的极限偏差

$$\text{es} = d_{\max} - d = 24.980 - 25 = -0.020 \,(\text{mm})$$
$$\text{ei} = d_{\min} - d = 24.967 - 25 = -0.033 \,(\text{mm})$$

轴的公差　　　　　　$T_\text{s} = \text{es} - \text{ei} = (-0.020) - (-0.033) = 0.013 \,(\text{mm})$

公差带图如图 3-6 所示。

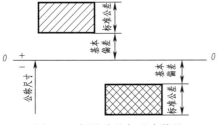
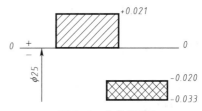

图 3-5　标准公差与基本偏差　　　　　　　　　图 3-6　公差带图

3.1.4　有关配合的术语及定义

1. 配合

公称尺寸相同、相互结合的孔和轴公差带之间的关系称为配合。根据孔、轴公差带之间的不同关系,配合可分为间隙配合、过盈配合和过渡配合三大类。

2. 间隙与过盈

间隙或过盈指的是孔的尺寸减去相配合的轴的尺寸所得的代数差。此差值为正值时是间隙,用符号 X 表示;为负值时是过盈,用符号 Y 表示。

3. 间隙配合

间隙配合是指具有间隙的配合(包括最小间隙等于零的配合)。此时,孔公差带在轴公差带的上方,如图 3-7 所示,孔的尺寸减去相配合的轴的尺寸所得的代数差为正值。

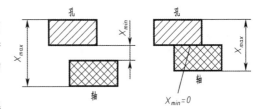

图 3-7　间隙配合示意图

孔的上极限尺寸减去轴的下极限尺寸所得的代数差称为最大间隙,用符号 $X_{\max}$ 表示,即

$$X_{\max} = D_{\max} - d_{\min} = \text{ES} - \text{ei} \tag{3-3}$$

孔的下极限尺寸减去轴的上极限尺寸所得的代数差称为最小间隙,用符号 $X_{\min}$ 表示,即

$$X_{\min} = D_{\min} - d_{\max} = \text{EI} - \text{es} \tag{3-4}$$

当孔的下极限尺寸与相配合轴的上极限尺寸相等时,则最小间隙为零。

最大间隙与最小间隙的平均值称为平均间隙,实际设计中经常会用到。间隙配合中的平均

间隙用符号 X_{av} 表示,即

$$X_{av} = (X_{max} + X_{min})/2 \qquad (3-5)$$

间隙数值的前面必须冠以正号。

4. 过盈配合

过盈配合是指具有过盈的配合(包括最小过盈等于零的配合)。此时,孔公差带在轴公差带的下方,如图3-8所示,孔的尺寸减去相配合的轴的尺寸所得的代数差为负值。

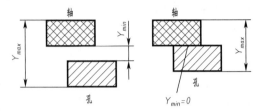

图3-8 过盈配合示意图

孔的上极限尺寸减去轴的下极限尺寸所得的代数差称为最小过盈,用符号 Y_{min} 表示,即

$$Y_{min} = D_{max} - d_{min} = ES - ei \qquad (3-6)$$

孔的下极限尺寸减去轴的上极限尺寸所得的代数差称为最大过盈,用符号 X_{min} 表示,即

$$Y_{max} = D_{min} - d_{max} = EI - es \qquad (3-7)$$

当孔的上极限尺寸与相配合轴的下极限尺寸相等时,则最小过盈为零。

最大过盈与最小过盈的平均值称为平均过盈,实际设计中经常会用到。过盈配合中的平均过盈用符号 Y_{av} 表示,即

$$Y_{av} = (Y_{max} + Y_{min})/2 \qquad (3-8)$$

过盈数值的前面必须冠以负号。

5. 过渡配合

过渡配合是指可能具有间隙或过盈的配合。此时,孔公差带与轴公差带相互交叠,如图3-9所示。过渡配合中,孔的上极限尺寸减去轴的下极限尺寸所得的代数差称为最大间隙,其计算公式与式(3-3)相同。孔的下极限尺寸减去轴的上极限尺寸所得的代数差称为最大过盈,其计算公式与式(3-7)相同。

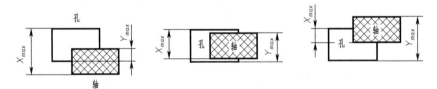

图3-9 过渡配合示意图

过渡配合中的平均间隙或平均过盈为

$$X_{av}(\text{或 } Y_{av}) = (X_{max} + Y_{max})/2 \qquad (3-9)$$

计算结果为正时为平均间隙;计算结果为负时为平均过盈。

6. 配合公差

配合公差是组成配合的孔与轴的公差之和,它是允许间隙或过盈的变动量。通常是根据配合部位使用性能要求对配合松紧变动的程度给定的允许值。配合公差越大,配合精度越低;配合公差越小,配合精度越高。

配合公差用符号 T_f 表示,它与尺寸公差一样,只能为正值。

间隙配合中:

$$T_f = |X_{max} - X_{min}| = T_h + T_s \qquad (3-10)$$

过盈配合中:

$$T_f = |Y_{min} - Y_{max}| = T_h + T_s \tag{3-11}$$

过渡配合中：

$$T_f = |X_{max} - Y_{max}| = T_h + T_s \tag{3-12}$$

由此可见,配合精度的高低是由相互配合的孔和轴精度所决定的。配合公差反映了孔和轴的配合精度,配合种类反映孔和轴的配合性质。

【例 3-2】 计算下列三组孔、轴配合的极限间隙或过盈,平均间隙或过盈及配合公差,并画出配合公差带图。

① 孔 $\phi25^{+0.021}_{0}$ mm 与轴 $\phi25^{-0.020}_{-0.033}$ mm 相配合。

② 孔 $\phi25^{+0.021}_{0}$ mm 与轴 $\phi25^{+0.041}_{+0.028}$ mm 相配合。

③ 孔 $\phi25^{+0.021}_{0}$ mm 与轴 $\phi25^{+0.015}_{+0.002}$ mm 相配合。

解：

① 极限间隙　$X_{max} = D_{max} - d_{min} = 25.021 - 24.967 = +0.054$（mm）

$X_{min} = D_{min} - d_{max} = 25.000 - 24.980 = +0.020$（mm）

平均间隙　$X_{av} = (X_{max} + X_{min})/2 = [(+0.054) + (+0.020)]/2 = +0.037$（mm）

配合公差　$T_f = X_{max} - X_{min} = 0.054 - 0.020 = +0.034$（mm）

② 极限过盈　$Y_{max} = D_{min} - d_{max} = 25.000 - 25.041 = -0.041$（mm）

$Y_{min} = D_{max} - d_{min} = 25.021 - 25.028 = -0.007$（mm）

平均过盈　$Y_{av} = (Y_{max} + Y_{min})/2 = [(-0.041) + (-0.007)]/2 = -0.024$（mm）

配合公差　$T_f = Y_{min} - Y_{max} = -0.007 - (-0.041) = +0.034$（mm）

③ 最大间隙　$X_{max} = D_{max} - d_{min} = 25.021 - 25.002 = +0.019$（mm）

最大过盈　$Y_{max} = D_{min} - d_{max} = 25.000 - 25.015 = -0.015$（mm）

平均间隙或平均过盈 X_{av}（或 Y_{av}）$= (X_{max} + Y_{max})/2 = [(+0.019) + (-0.015)]/2 = +0.002$（mm）

可知为平均间隙,即 $X_{av} = +0.002$（mm）

配合公差　$T_f = X_{max} - Y_{max} = +0.019 - (-0.015) = +0.034$（mm）

上述三种配合的配合公差带图如图 3-10 所示。

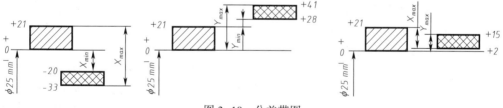

图 3-10　公差带图

7. 配合制

在机械产品中,有各种不同的配合要求,这就需要各种不同的孔、轴公差带来实现。为了设计和制造上的经济性,把其中孔公差带（或轴公差带）的位置固定,而改变轴公差带（或孔公差带）的位置,来实现所需要的各种配合。这种制度称为配合制,包括基孔制和基轴制。

（1）基孔制

基孔制是基本偏差为一定的孔的公差带,与不同基本偏差的轴的公差带形成各种配合的一种制度。基孔制的孔为基准孔,孔的最小极限尺寸与基本尺寸相等,即孔的下偏差为零（见图 3-11）。

（2）基轴制

基轴制是基本偏差为一定的轴的公差带,与不同基本偏差的孔的公差带形成各种配合的一种制度。基轴制的轴为基准轴,轴的最大极限尺寸与基本尺寸相等,即轴的上偏差为零(见图3-12)。

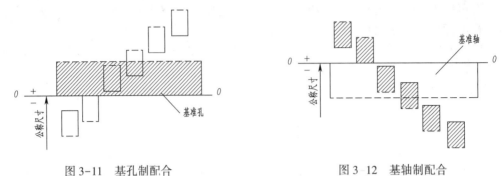

图 3-11 基孔制配合　　　　　　　　　图 3 12 基轴制配合

配合制是规定配合系列的基础。按照孔、轴公差带相对位置的不同,基孔制和基轴制都有间隙配合、过渡配合和过盈配合三种类型。

从以上术语及定义中可以看出,各种配合是由孔、轴公差带之间的关系决定的,而公差带的大小和位置又分别由标准公差和基本偏差决定,下一节将详细介绍国家标准对标准公差和基本偏差的各种规定及其应用。

3.2　极限与配合国家标准

极限与配合国家标准是由 GB/T 1800.2—2009《产品几何技术规范(GPS)　极限与配合　第2部分:标准公差等级和孔、轴极限偏差表》规定的一系列标准化公差和基本偏差组成的。这些标准适用于圆柱和非圆柱形光滑工件的尺寸公差、尺寸的检验以及由它们组成的配合。

3.2.1　标准公差系列

标准公差指极限与配合标准表中所列的任一公差,用来确定公差带的大小。标准公差由标准公差等级和数值构成,标准公差的数值又由标准公差因子、公差等级系数和基本尺寸分段确定。

1. 标准公差等级及其代号

GB/T 1800.2—2009 将标准公差分为 20 个等级,它们用符号 IT 和阿拉伯数字组成的代号表示为 IT01、IT0、IT1、IT2、…、IT18。其中 IT01 精度最高,从 IT01 到 IT18 精度依次降低,相应的标准公差值依次增大。国家标准对公差等级的规定和划分,简化和统一了在设计和制造中对精度的要求。

2. 标准公差数值

在基本尺寸和公差等级确定的情况下,按国家标准规定的标准公差计算式可算出并经过圆整得到相应的标准公差数值。

对于基本尺寸小于或等于 500 mm,IT5～IT18 的标准公差计算公式如下:

$$T = a \cdot i \qquad\qquad (3-13)$$

式中　T——标准公差数值(μm);

　　　a——等级系数,其数值见表3-1;

　　i——标准公差因子(μm)。

表 3-1　标准公差数值的计算公式

标准公差等级	公　式	标准公差等级	公　式	标准公差等级	公　式
IT01	$0.3+0.008D$	IT6	$10i$	IT13	$250i$
IT0	$0.5+0.012D$	IT7	$16i$	IT14	$400i$
IT1	$0.8+0.020D$	IT8	$25i$	IT15	$640i$
IT2	$(IT1)(IT5/IT1)^{1/4}$	IT9	$40i$	IT16	$100i$
IT3	$(IT1)(IT5/IT1)^{2/4}$	IT10	$64i$	IT17	$1\,600i$
IT4	$(IT1)(IT5/IT1)^{3/4}$	IT11	$100i$	IT18	$2\,500i$
IT5	$7i$	IT12	$160i$		

　　对于基本尺寸小于或等于 500 mm 的公差因子的计算公式如下：

$$i = 0.45D^{1/3} + 0.000\,1D \tag{3-14}$$

式中　D——孔或轴的基本尺寸(mm)。

　　公式(3-13)表明：标准公差的数值是由反映公差等级的等级系数 a 和与基本尺寸大小相关的标准公差因子 i 两者的乘积。

　　由于标准公差因子是基本尺寸的函数，对于不同的基本尺寸就会有不同的公差数值与之对应，如果按照标准公差计算公式计算标准公差数值，这样编制的公差表格就会特别庞大，也会给生产带来不便。同时，当基本尺寸相差不是太大时，计算得到的标准公差也比较接近。为了统一公差数值，简化公差表格，减少公差数值，便于使用，国家标准将基本尺寸进行分段，将小于 500 mm 的基本尺寸分为 13 个尺寸段。

　　尺寸分段后，对于同一尺寸分段内不同的基本尺寸采用同一尺寸来计算公差值，计算时按首尾两个基本尺寸 D_1、D_2 的几何平均值作为 D_j 值 [$D = (D_1 \times D_2)^{1/2}$] 代入式(3-13)和式(3-14)进行计算。

　　按照上述方法计算各尺寸段和各公差等级的公差值便得到表 3-2，在实际应用中，标准公差数值可以直接查表无需计算。

表 3-2　标准公差值(摘自 GB/T 1800.3—1998)

公差等级	IT01	IT0	IT1	IT2	IT3	IT4	IT5	IT6	IT7	IT8	IT9	IT10	IT11	IT12	IT13	IT14	IT15	1T16	IT17	IT18
基本尺寸(mm)	μm													mm						
≤3	0.3	0.5	0.8	1.2	2	3	4	6	10	14	25	40	60	0.10	0.14	0.25	0.4	0.6	1	1.4
>3~6	0.4	0.6	1	1.5	2.5	4	5	8	12	18	30	48	75	0.12	0.18	0.3	0.48	0.75	1.2	1.8
>6~10	0.4	0.6	1	1.5	2.5	4	6	9	15	22	36	28	90	0.15	0.22	0.36	0.58	0.9	1.5	2.2
>10~18	0.5	0.8	1.2	2	3	5	8	11	18	27	43	70	110	0.18	0.27	0.43	0.7	1.1	1.8	2.7
>18~30	0.6	1	1.5	2.5	4	6	9	13	21	33	52	84	130	0.21	0.33	0.52	0.84	1.3	2.1	3.3
>30~50	0.6	1	1.5	2.5	4	7	11	16	25	39	62	100	160	0.25	0.39	0.62	1	1.6	2.5	3.9
>50~80	0.8	1.2	2	3	5	8	13	19	30	46	74	120	190	0.30	0.46	0.74	1.2	1.9	3	4.6
>80~120	1	1.5	2.5	4	6	10	15	22	35	54	87	140	220	0.35	0.54	0.87	1.4	2.2	3.5	5.4
>120~180	1.2	2	3.5	5	8	12	18	25	40	63	100	160	250	0.40	0.63	1	1.6	2.5	4	6.3
>180~250	2	3	4.5	7	10	14	20	29	46	72	115	185	290	0.46	0.72	1.15	1.85	2.9	4.6	7.2

续表

公差等级	IT01	IT0	IT1	IT2	IT3	IT4	IT5	IT6	IT7	IT8	IT9	IT10	IT11	IT12	IT13	IT14	IT15	IT16	IT17	IT18
基本尺寸（mm）	μm													mm						
>250~315	2.5	4	6	8	12	16	23	32	52	81	130	210	320	0.52	0.81	1.3	2.1	3.2	5.2	8.1
>315~400	3	5	7	9	13	18	25	36	57	89	140	230	360	0.57	0.89	1.4	2.3	3.6	5.7	8.9
>400~500	4	6	8	10	15	20	27	40	63	97	155	250	400	0.63	0.97	1.55	2.5	4	6.3	9.7

由表 3-2 可以看出,基本尺寸越大,公差数值也越大。生产实践表明,在相同的加工条件下加工一批零件,基本尺寸不同的孔或轴加工后产生的加工误差范围亦不相同。统计分析发现,加工误差范围与基本尺寸的关系呈立方抛物线关系,如图 3-13 所示。

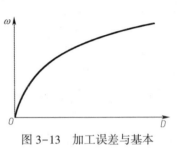

图 3-13　加工误差与基本尺寸的关系

3.2.2　基本偏差系列

基本偏差是指国家标准所规定的上偏差或下偏差,一般为靠近零线的那个极限偏差。当孔或轴的标准公差和基本偏差确定后,就可以利用公式计算另一极限偏差。

1. 基本偏差系列代号及特征

GB/T 1800.2—2009 对孔和轴分别规定了 28 个基本偏差,其代号分别用拉丁字母表示,大写表示孔,小写表示轴。在 26 个拉丁字母中去掉容易与其他含义混淆的 5 个字母:I、L、O、Q、W(i、l、o、q、w),同时增加了 7 个双写字母:CD、EF、FG、JS、ZA、ZB、ZC(cd、ef、fg、js、za、zb、zc),共 28 个基本偏差,图 3-14 为基本偏差系列图。

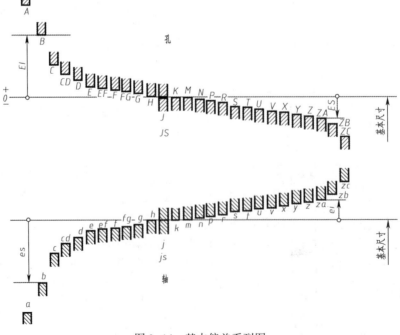

图 3-14　基本偏差系列图

从图 3-14 中可以看出,对所有公差带,当位于零线上方时,基本偏差为下偏差;当位于零线下方时,基本偏差为上偏差。

A~H 的孔基本偏差为下偏差 EI;J~ZC 的孔基本偏差为上偏差 ES。

a~h 的轴基本偏差为上偏差 es;j~zc 的轴基本偏差为下偏差 ei。

从 A~H(a~h) 离零线越来越近,亦即基本偏差的绝对值越来越小;从 K~ZC(k~zc) 离零线越来越远,亦即基本偏差的绝对值越来越大。

H 和 h 的基本偏差数值都为零,H 孔的基本偏差为下偏差,h 轴的基本偏差为上偏差。

JS(js)公差带完全对称地跨在零线上。上、下偏差值为 ±IT/2。上、下偏差均可作为基本偏差。

在图 3-14 中,各公差带只画出基本偏差一端,而另一个极限偏差没有画出,因为另一端表示公差带的延伸方向,其确切位置取决于标准公差数值的大小。

2. 基本偏差数值

(1)轴的基本偏差数值

轴的基本偏差数值是以基孔制为基础,依据各种配合的要求,从生产实践经验和有关统计分析的结果中整理出一系列公式而计算出来的,结果经圆整后即可编制出轴的基本偏差数值表,具体数值见表 3-3。

把孔、轴基本偏差代号和标准公差等级代号中的阿拉伯数字组合,就构成它们的公差带代号。例如,孔公差带代号 H7、R6、K7,轴公差带代号 f6、k5、r6。

(2)孔的基本偏差数值

孔的基本偏差可以由同名的轴的基本偏差换算得到,具体数值见表 3-4。换算原则为:同名配合的配合性质不变,即基孔制的配合(如 ϕ50H7/t6)变成同名基轴制的配合(如 ϕ40T7/h6)时,其配合性质(极限间隙或极限过盈)不变。

一般情况下,对于同一字母表示的孔的基本偏差与轴的基本偏差相对于零线是完全对称的(如 E 与 e),如图 3-14 所示。因此同一字母的孔和轴的基本偏差的绝对值相等,而符号相反,即

$$EI = -es \text{ 或 } ES = -ei \qquad (3-15)$$

在某些特殊情况下,即对于基本尺寸为 3~500 mm,标准公差等级 ≤IT8 的 K~N 的孔和标准公差等级 ≤IT7 的 P~ZC 的孔,由于这些孔的精度高,较难加工,故一般常取低一级的孔与轴相配合,因此其基本偏差可以按下式计算,即

$$ES = -ei + \Delta$$

$$\Delta = IT_n - IT_{n-1} \qquad (3-16)$$

式中　IT_n——某一级孔的标准公差;

　　IT_{n-1}——比某一级孔高一级的轴的标准公差。

当孔的基本偏差确定后,孔的另一个极限偏差可以根据下列公式计算:

$$ES = EI + T_h \text{ 或 } EI = ES - T_h \qquad (3-17)$$

表 3-3　尺寸至 500 mm 轴的基本偏差数值(摘自 GB/T 1800.2—2009)　　　　(μm)

基本偏差	上 偏 差 es											js[2]	下 偏 差				
代号	a[1]	b[1]	c	cd	d	e	ef	f	fg	g	h		j			k	
标准公差等级 基本尺寸 (mm)	所有的标准公差等级												IT5 和 IT6	IT7	IT8	IT4 至 IT7	≤IT3 >IT7
≤3	−270	−140	−60	−34	−20	−14	−10	−6	−4	−2	0		−2	−4	−6	0	0
>3~6	−270	−140	−70	−46	−30	−20	−14	−10	−6	−4	0		−2	−4		+1	0
>6~10	−280	−150	−80	−56	−40	−25	−18	−13	−8	−5	0		−2	−5		+1	0
>10~14	−290	−150	−95		−50	−32		−16		−6	0		−3	−6		+1	0
>14~18	−290	−150	−95		−50	−32		−16		−6	0		−3	−6		+1	0
>18~24	−300	−160	−110		−65	−40		−20		−7	0		−4	−8		+2	0
>24~30	−300	−160	−110		−65	−40		−20		−7	0		−4	−8		+2	0
>30~40	−310	−170	−120		−80	−50		−25		−9	0		−5	−10		+2	0
>40~50	−320	−180	−130		−80	−50		−25		−9	0		−5	−10		+2	0
>50~65	−340	−190	−140		−100	−60		−30		−10	0		−7	−12		+2	0
>65~80	−360	−200	−150		−100	−60		−30		−10	0		−7	−12		+2	0
>80~100	−380	−220	−170		−120	−72		−36		−12	0		−9	−15		+3	0
>100~120	−410	−240	−180		−120	−72		−36		−12	0	±ITn/2	−9	−15		+3	0
>120~140	−460	−260	−200		−145	−85		−43		−14	0		−11	−18		+3	0
>140~160	−520	−280	−210		−145	−85		−43		−14	0		−11	−18		+3	0
>160~180	−580	−310	−230		−145	−85		−43		−14	0		−11	−18		+3	0
>180~200	−660	−340	−240		−170	−100		−50		−15	0		−13	−21		+4	0
>200~225	−740	−380	−260		−170	−100		−50		−15	0		−13	−21		+4	0
>225~250	−820	−420	−280		−170	−100		−50		−15	0		−13	−21		+4	0
>250~280	−920	−480	−300		−190	−110		−56		−17	0		−16	−26		+4	0
>280~315	−1 050	−540	−330		−190	−110		−56		−17	0		−16	−26		+4	0
>315~355	−1 200	−600	−360		−210	−125		−62		−18	0		−18	−28		+4	0
>355~400	−1 350	−680	−400		−210	−125		−62		−18	0		−18	−28		+4	0
>400~450	−1 500	−760	−440		−230	−135		−68		−20	0		−20	−32		+5	0
>450~500	−1 650	−840	−480		−230	−135		−68		−20	0		−20	−32		+5	0

续表

基本偏差	下 偏 差													
代号	m	n	p	r	s	t	u	v	x	y	z	za	zb	zc
标准公差等级　基本尺寸（mm）	所有的标准公差等级													
≤3	+2	+4	+6	+10	+14		+18		+20		+26	+32	+40	+60
>3~6	+4	+8	+12	+15	+19		+23		+28		+35	+42	+50	+80
>6~10	+6	+10	+15	+19	+23		+28		+34		+42	+52	+67	+97
>10~14	+7	+12	+18	+23	+28		+33		+40		+50	+64	+90	+130
>14~18	+7	+12	+18	+23	+28		+33	+39	+45		+60	+77	+108	+150
>18~24	+8	+15	+22	+28	+35		+41	+47	+54	+63	+73	+98	+136	+188
>24~30	+8	+15	+22	+28	+35	+41	+48	+55	+64	+75	+88	+118	+160	+218
>30~40	+9	+17	+26	+34	+43	+48	+60	+68	+80	+94	+112	+148	+200	+274
>40~50	+9	+17	+26	+34	+43	+54	+70	+81	+97	+114	+136	+180	+242	+325
>50~65	+11	+20	+32	+41	+53	+66	+87	+102	+122	+144	+172	+226	+300	+405
>65~80	+11	+20	+32	+43	+59	+75	+102	+120	+146	+174	+210	+274	+360	+480
>80~100	+13	+23	+37	+51	+71	+91	+124	+146	+178	+214	+258	+335	+445	+585
>100~120	+13	+23	+37	+54	+79	+104	+144	+172	+210	+254	+310	+400	+525	+690
>120~140	+15	+27	+43	+63	+92	+122	+170	+202	+248	+300	+365	+470	+620	+800
>140~160	+15	+27	+43	+65	+100	+134	+190	+228	+280	+340	+415	+535	+700	+900
>160~180	+15	+27	+43	+68	+108	+146	+210	+252	+310	+380	+465	+600	+780	+1 000
>180~200	+17	+31	+50	+77	+122	+166	+236	+284	+350	+425	+520	+670	+880	+1 150
>200~225	+17	+31	+50	+80	+130	+180	+258	+310	+385	+470	+575	+740	+960	+1 250
>225~250	+17	+31	+50	+84	+140	+196	+284	+340	+425	+520	+640	+820	+1 050	+1 350
>250~280	+20	+34	+56	+94	+158	+218	+315	+385	+475	+580	+710	+920	+1 200	+1 500
>280~315	+20	+34	+56	+98	+170	+240	+350	+425	+525	+650	+790	+1 000	+1 300	+1 700
>315~355	+21	+37	+62	+108	+190	+268	+390	+475	+590	+730	900	+1 150	+1 500	+1 900
>355~400	+21	+37	+62	+114	+208	+294	+435	+530	+660	+820	+1 000	+1 300	+1 650	+2 100
>400~450	+23	+40	+68	+126	+232	+330	+490	+595	+740	+920	+1 100	+1 450	+1 850	+2 400
>450~500	+23	+40	+68	+132	+252	+360	+540	+660	+820	+1 000	+1 250	+1 600	+2 100	+2 600

注:1. 基本尺寸小于 1 mm 时,各级 a 和 b 均不采用。
　　2. js 的数值中,对 IT7~IT11,若 ITn 的数值为奇数,则取偏差$=\pm(ITn-1)/2$。

表 3-4　尺寸至 500 mm 孔的基本偏差数值（摘自 GB/T 1800.2—2009）　　　（μm）

基本偏差代号中，A~H 为下偏差 EI（适用所有的标准公差等级），JS② 为 ±ITn/2，J~N 为上偏差 ES。J 分 IT6、IT7、IT8；K、M、N 分 ≤IT8、>IT8。

基本尺寸(mm)	A①	B①	C	CD	D	E	EF	F	FG	G	H	JS②	J IT6	J IT7	J IT8	K ≤IT8	K >IT8	M ≤IT8	M >IT8	N ≤IT8	N >IT8
≤3	+270	+140	+60	+34	+20	+14	+10	+6	+4	+2	0		+2	+4	+6	0	0	-2	-2	-4	-4
>3~6	+270	+140	+70	+46	+30	+20	+14	+10	+6	+4	0		+5	+6	+10	-1+Δ		-4+Δ	-4	-8+Δ	-8
>6~10	+280	+150	+80	+56	+40	+25	+16	+13	+8	+5	0		+5	+8	+12	-1+Δ		-6+Δ	-6	-10+Δ	-10
>10~14	+290	+150	+95		+50	+32		+16		+6	0		+6	+10	+15	-1+Δ		-7+Δ	-7	-12+Δ	-12
>14~18																					
>18~24	+300	+160	+110		+65	+40		+20		+7	0		+8	+12	+20	-2+Δ		-8+Δ	-8	-15+Δ	-15
>24~30																					
>30~40	+310	+170	+120		+80	+50		+25		+9	0		+10	+14	+24	-2+Δ		-9+Δ	-9	-17+Δ	-17
>40~50	+320	+180	+130																		
>50~65	+340	+190	+140		+100	+60		+30		+10	0		+13	+18	+28	-2+Δ		-11+Δ	-11	-20+Δ	-20
>65~80	+360	+200	+150																		
>80~100	+380	+220	+170		+120	+72		+36		+12	0	±ITn/2	+16	+22	+34	-3+Δ		-13+Δ	-13	-23+Δ	-23
>100~120	+410	+240	+180																		
>120~140	+460	+260	+200		+145	+85		+43		+14	0		+18	+26	+41	-3+Δ		-15+Δ	-15	-27+Δ	-27
>140~160	+520	+280	+210																		
>160~180	+580	+310	+230																		
>180~200	+660	+340	+240		+170	+100		+50		+15	0		+22	+30	+47	-4+Δ		-17+Δ	-17	-31+Δ	-31
>200~225	+740	+380	+260																		
>225~250	+820	+420	+280																		
>250~280	+920	+480	+300		+190	+110		+56		+17	0		+25	+36	+55	-4+Δ		-20+Δ	-20	-34+Δ	-34
>280~315	+1 050	+540	+330																		
>315~355	+1 200	+600	+360		+210	+125		+62		+18	0		+29	+39	+60	-4+Δ		-21+Δ	-21	-37+Δ	-37
>355~400	+1 350	+680	+400																		
>400~450	+1 500	+760	+440		+230	+135		+68		+20	0		+33	+60	+60	-5+Δ		-23+Δ	-23	-40+Δ	-40
>450~500	+1 650	+840	+480																		

注：1. 基本尺寸小于 1 mm 时，各级 A 和 B 或 >IT8 的 N 均不采用。

2. JS 的数值中，对 IT7~IT11，若 ITn 的数值为奇数，则取偏差 = ±(ITn-1)/2。

3. 标准公差 ≤IT8 级的 K、M、N 及 ≤IT7 级的 P~ZC，从续表的右侧选取 Δ 值。

例如，>18~24 mm 的 P7，Δ=8，因此 ES = -22+8 = -14。

续表

基本偏差 代号	P~ZC	上偏差												$\Delta = \mathrm{IT}n - \mathrm{IT}n-1$ [③]					
代号	P~ZC	P	R	S	T	U	V	X	Y	Z	ZA	ZB	ZC	孔的标准公差等级					
标准公差等级 / 基本尺寸(mm)	≤IT7	>IT7												IT3	IT4	IT5	IT6	IT7	IT8
≤3	在低于7级的相应数值上增加一个Δ值	−6	−10	−14		−18		−20		−26	−32	−40	−60	Δ=0					
>3~6		−12	−15	−19		−23		−28		−35	−42	−50	−80	1	1.5	1	3	4	6
>6~10		−15	−19	−23		−28		−34		−42	−52	−67	−97	1	1.5	2	3	6	7
>10~14		−18	−23	−28		−33		−40		−50	−64	−90	−130	1	2	3	3	7	9
>14~18		−18	−23	−28		−33	−39	−45		−60	−77	−108	−150	1	2	3	3	7	9
>18~24		−22	−28	−35		−41	−47	−54	−63	−73	−98	−136	−188	1.5	2	3	4	8	12
>24~30		−22	−28	−35	−41	−48	−55	−64	−75	−88	−118	−160	−218	1.5	2	3	4	8	12
>30~40		−26	−34	−43	−48	−60	−68	−80	−94	−112	−148	−200	−274	1.5	3	4	5	9	14
>40~50		−26	−34	−43	−54	−70	−81	−97	−114	−136	−180	−242	−325	1.5	3	4	5	9	14
>50~65		−32	−41	−53	−66	−87	−102	−122	−144	−172	−226	−300	−405	2	3	5	6	11	16
>65~80		−32	−43	−59	−75	−102	−120	−146	−174	−210	−274	−360	−480	2	3	5	6	11	16
>80~100		−37	−51	−71	−91	−124	−146	−178	−214	−258	−335	−445	−585	2	4	5	7	13	19
>100~120		−37	−54	−79	−104	−144	−172	−210	−254	−310	−400	−525	−690	2	4	5	7	13	19
>120~140		−43	−63	−92	−122	−170	−202	−248	−300	−365	−470	−620	−800	3	4	6	7	15	23
>140~160		−43	−65	−100	−134	−190	−228	−280	−340	−415	−535	−700	−900	3	4	6	7	15	23
>160~180		−43	−68	−108	−146	−210	−252	−310	−380	−465	−600	−780	−1 000	3	4	6	7	15	23
>180~200		−50	−77	−122	−166	−236	−284	−350	−425	−520	−670	−880	−1 150	3	4	6	9	17	26
>200~225		−50	−80	−130	−180	−258	−310	−385	−470	−575	−740	−960	−1 250	3	4	6	9	17	26
>225~250		−50	−84	−140	−196	−284	−340	−425	−520	−640	−820	−1 050	−1 350	3	4	6	9	17	26
>250~280		−56	−94	−158	−218	−315	−385	−475	−580	−710	−920	−1 200	−1 550	4	4	7	9	20	29
>280~315		−56	−98	−170	−240	−350	−425	−525	−650	−790	−1 000	−1 300	−1 700	4	4	7	9	20	29
>315~355		−62	−108	−190	−268	−390	−475	−590	−730	−900	−1 150	−1 500	−1 900	4	5	7	11	21	32
>355~400		−62	−114	−208	−294	−435	−530	−660	−820	−1 000	−1 300	−1 650	−2 100	4	5	7	11	21	32
>400~450		−68	−126	−232	−330	−490	−595	−740	−920	−1 100	−1 450	−1 850	−2 400	5	5	7	13	23	34
>450~500		−68	−132	−252	−360	−540	−660	−820	−1 000	−1 250	−1 600	−2 100	−2 600	5	5	7	13	23	34

【例3-3】 试用查表法确定基孔制配合 $\phi20H7/p6$、基轴制配合 $\phi20P7/h6$ 孔和轴的极限偏差,计算极限过盈并画出公差带图。

解:

①查表确定孔和轴的标准公差。

查表 3-2 得:IT7 = 21 μm,IT6 = 13 μm。

②查表确定孔和轴的基本偏差。

查表 3-4 得:孔 H 的基本偏差 EI = 0 μm;

孔 P 的基本偏差 ES = -22 μm+Δ = (-22+8) μm = -14 μm。

查表 3-3 得:轴 h 的基本偏差 es = 0,轴 p 的基本偏差 ei = +22 μm。

③确定孔和轴的另一个极限偏差。

孔 H7 的上极限偏差:ES = EI+IT7 = (0+21) μm = +21 μm;

孔 P7 的下极限偏差:EI = ES-IT7 = (-14-21) μm = -35 μm;

轴 h6 的下极限偏差:ei = es-IT6 = (0-13) μm = -13 μm;

轴 p6 的上极限偏差:es = ei+IT6 = (+22+13) μm = +35 μm。

④计算极限过盈。

$\phi20H7/p6$ 的极限过盈:

$$Y_{max} = EI - es = (0 - 35)\ \mu m = -35\ \mu m;$$

$$Y_{min} = ES - ei = (+21 - 22)\ \mu m = -1\ \mu m。$$

$\phi20P7/h6$ 的极限过盈:

$$Y_{max} = EI - es = (-35 - 0)\ \mu m = -35\ \mu m;$$

$$Y_{min} = ES - ei = [-14 - (-13)]\ \mu m = -1\ \mu m。$$

通过计算可知,$\phi20H7/p6$ 和 $\phi20P7/h6$ 的极限过盈相同,因此两者的配合性质相同,其孔和轴的公差带图如图 3-15 所示。

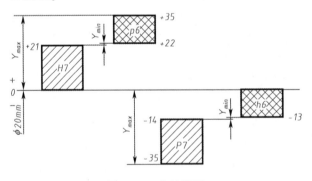

图 3-15 公差带图

3.2.3 国家标准规定的公差带与配合

基本尺寸小于或等于 500 mm,国家标准规定有 20 个公差等级和 28 个基本偏差。它们可以组合成 543 个孔的公差带和 544 个轴的公差带,这些公差带可以相互组成近 30 万种配合。这样形成的公差带与配合的数目非常庞大,实际上这些庞大数目的配合中有许多生产上很少用到,还有很多配合在性质上是相同的。

为了简化公差配合的种类,减少定值刀具、量具和工艺装备的品种及规格,国家标准在尺寸小于或等于 500 mm 的范围内,规定了一般、常用和优先公差带,如图 3-16 和图 3-17 所示。

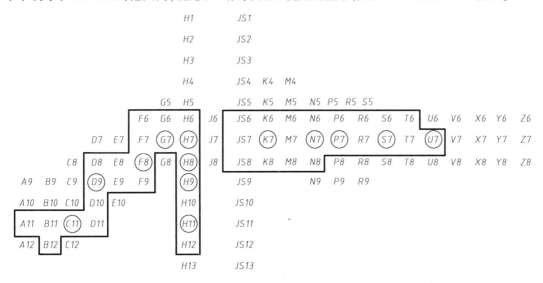

图 3-16 一般、常用和优先孔公差带

图 3-16 列出孔的一般公差带 105 种,其中方框内为常用公差带,共 44 种;圆圈内为优先公差带,共 13 种。选择时,应优先选用优先公差带,其次选用常用公差带,最后选用其他公差带。

图 3-17 列出轴的一般公差带 119 种,其中方框内为常用公差带,共 59 种;圆圈内为优先公差带,共 13 种。

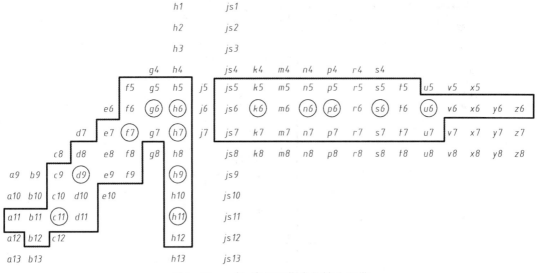

图 3-17 一般、常用和优先的轴公差带

为了使配合的选择比较集中,国家标准还规定了基孔制和基轴制的优先(基孔制、基轴制各 13 种)和常用配合(基孔制 59 种,基轴制 47 种),见表 3-5 和表 3-6。

在设计尺寸公差时,对于基本尺寸小于或等于 500 mm 的配合,应按优先、常用和一般公差带及配合的顺序,选用合适的公差带和配合。为满足某些特殊需要,允许选用无基准件配合,如 G8/n7、M8/f7 等。

表 3-5　基孔制优先、常用配合

基准孔	a	b	c	d	e	f	g	h	js	k	m	n	p	r	s	t	u	v	x	y	z
					间隙配合					过渡配合				过盈配合							
H6						H6/f5	H6/g5	H6/h5	H6/js5	H6/k5	H6/m5	H6/n5	H6/p5	H6/r5	H6/s5	H6/t5					
H7						H7/f6	▼H7/g6	▼H7/h6	H7/js6	▼H7/k6	H7/m6	▼H7/n6	▼H7/p6	H7/r6	▼H7/s6	H7/t6	▼H7/u6	H7/v6	H7/x6	H7/y6	H7/z6
H8					H8/e7	▼H8/f7		▼H8/h7	H8/js7	H8/k7	H8/m7	H8/n7	H8/p7	H8/r7	H8/s7	H8/t7	H8/u7				
				H8/d8	H8/e8	H8/f8		H8/h8													
H9			H9/c8	▼H9/d9	H9/e9	H9/f9		▼H9/h9													
H10			H10/c10	H10/d10				H10/h10													
H11	H11/a11	H11/b11	▼H11/c11	H11/d11				▼H11/h11													
H12		H12/b12						H12/h12													

注：1. H6/n5、H7/p6 在基本尺寸小于或等于 3 mm 和 H8/r7 在基本尺寸小于或等于 100 mm 时，为过渡配合。

　　2. 用黑三角表示的配合为优先配合。

表 3-6　基轴制优先、常用配合

基准轴	A	B	C	D	E	F	G	H	JS	K	M	N	P	R	S	T	U	V	X	Y	Z
					间隙配合					过渡配合				过盈配合							
h5						F6/h5	G6/h5	H6/h5	JS6/h5	K6/h5	M6/h5	N6/h5	P6/h5	R6/h5	S6/h5	T6/h5					
h6						F7/h6	▼G7/h6	▼H7/h6	JS7/h6	▼K7/h6	M7/h6	▼N7/h6	▼P7/h6	R7/h6	▼S7/h6	T7/h6	▼U7/h6				
h7					E8/h7	▼F8/h7		▼H8/h7	JS8/h7	K8/h7	M8/h7	N8/h7									
h8				D8/h8	E8/h8	F8/h8		H8/h8													
h9				▼D9/h9	E9/h9	F9/h9		▼H9/h9													
h10				D10/h10				H10/h10													

基准轴	孔																				
	A	B	C	D	E	F	G	H	JS	K	M	N	P	R	S	T	U	V	X	Y	Z
	间隙配合								过渡配合				过盈配合								
h11	$\dfrac{A11}{h11}$	$\dfrac{B11}{h11}$	▼ $\dfrac{C11}{h11}$	$\dfrac{D11}{h11}$				▼ $\dfrac{H11}{h11}$												
h12		$\dfrac{B12}{h12}$						$\dfrac{H12}{h12}$												

注:用黑三角表示的配合为优先配合。

3.2.4　极限与配合在图样上的标注

在零件图上,孔和轴的尺寸与公差一般有三种标注方法,如图 3-18 所示。

在公称尺寸后面标注孔或轴的公差带代号,如 $\phi30H8$、$\phi30f7$。

在公称尺寸后面标注孔或轴的上、下偏差数值,如孔 $\phi30^{+0.033}_{0}$、轴 $\phi30^{-0.020}_{-0.041}$。

在公称尺寸后面同时标注孔或轴的公差带代号与上、下偏差数值,如 $\phi30H8\left(^{+0.033}_{0}\right)$、$\phi30f7\left(^{-0.020}_{-0.041}\right)$。

零件图上的标注通常采用第一种和第二种标注方法。

装配图上,在公称尺寸后面标注配合代号。标准规定,配合代号由相互配合的孔和轴的公差带以分数的形式组成,分子为孔的公差带,分母为轴的公差带,如 $\phi30H8/f7$,如图 3-19 所示。

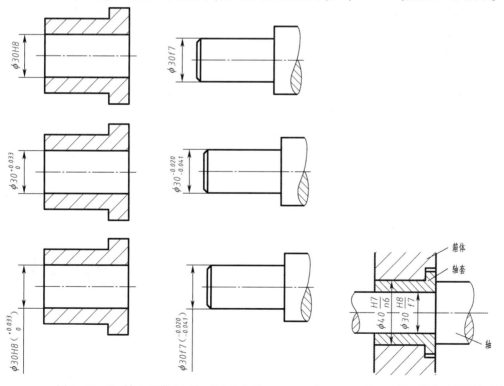

图 3-18　孔、轴公差带在零件图上的标注　　图 3-19　孔、轴公差带在装配图上的标注

3.3 极限与配合的选用

孔、轴极限与配合选用的合理与否直接影响着机械产品的使用性能和制造成本。当配合性质一定时,极限与配合的选择主要包括配合制、公差等级和配合种类的选择三个方面。选择的原则是在满足使用要求的前提下,获得最佳的技术经济效益。

3.3.1 配合制的选择

国家标准规定有两种配合制,即基孔制和基轴制,配合制是规定配合系列的基础。配合制的选择应主要从经济方面考虑,同时兼顾产品结构、工艺条件等方面的要求,设计时一般优先选用基孔制。

从加工工艺的角度来看,对应用最广泛的中小直径尺寸的孔,通常采用定值刀具(如钻头、铰刀、拉刀等)加工和定值量具(如塞规、心轴等)检验。而一种规格的定值刀具和量具,只能满足一种孔公差带的需要。对于轴的加工和检验,一种尺寸的刀具和量具,能方便地对多种轴的公差带进行加工和检验。当某一基本尺寸的孔和轴要求三种配合时,采用基孔制,则三种配合由一种孔公差带和三种轴公差带构成;而采用基轴制,则三种配合由一种轴公差带和三种孔公差带构成。由此可见,对于中小尺寸的配合,采用基孔制配合可以大大减少定值刀具和量具的规格数量,降低生产成本,提高加工经济性。

当孔的尺寸增大到一定程度时,采用定值刀具和量具来制造与检测将变得不方便也不经济,这时孔和轴的制造与检测都采用通用工具,则选择哪种配合制区别不大,但是为了统一,依然优先选用基孔制。

在有些情况下,由于结构和原材料等因素,采用基轴制更为适宜。基轴制一般用于以下情况:

①当配合的公差等级要求不高时,可采用冷拉钢材直接作轴。冷拉圆型材的尺寸公差可达IT7~IT9,这对某些轴类零件的轴颈精度,已能满足性能要求,在这种情况下采用基轴制,可免去轴的加工,只需按照不同的配合性能要求加工孔,就能得到不同性质的配合。

②一轴配多孔,且配合性质要求不同。例如,图3-20(a)所示的活塞连杆机构中,通常是活塞销与活塞的两个销孔的配合要求紧些,用过渡配合,而活塞销与连杆小头孔的配合要求松些,采用最小间隙为零的配合。若采用基孔制,如图3-20(b)所示,则活塞两个销孔和连杆小头孔的公差带相同(H6),而为了满足两种不同的配合要求应该把活塞销按两种公差带(h5、m5)加工成阶梯轴。这种形状的活塞销加工不方便,而且对装配不利,容易将连杆衬套挤坏。但若采用基轴制,如图3-20(c)所示,活塞销按一种公差带加工,制成光轴,则活塞销的加工和装配都很方便。

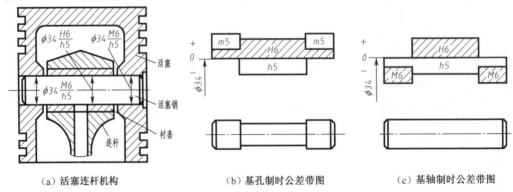

（a）活塞连杆机构   （b）基孔制时公差带图   （c）基轴制时公差带图

图3-20 活塞销与连杆和支承孔的配合

③配合中的轴为标准件。采用标准件时,配合制不能随便采用,要按规定选用。例如,滚动轴承为标准件,它的内圈与轴颈配合无疑应是基孔制,而外圈与外壳孔的配合应是基轴制。

此外,为了满足配合的特殊要求,允许采用任意孔、轴公差带组成的非配合制配合。如图 3-21所示,箱体孔与滚动轴承和轴承端盖的配合。由于滚动轴承是标准件,它与箱体孔的配合选用基轴制配合,箱体孔的公差带已确定为 $\phi80J7$,而与之装配的端盖只要求装拆方便,并且允许配合的间隙较大,因此端盖定位圆柱面的公差带可采用 f9,那么箱体孔与端盖的配合就组成了较大间隙的间隙配合 J7/f9,这样既便于拆卸又能保证轴承的轴向定位,还有利于降低成本。

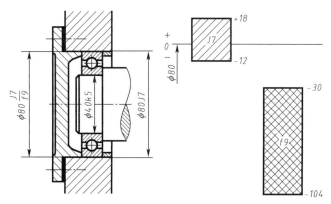

图 3-21　箱体孔与滚动轴承和轴承端盖的配合

3.3.2　公差等级的确定

选择公差等级的基本原则是在满足使用要求的前提下,尽量选用精度较低的公差等级。选择公差等级时,要正确处理使用要求、制造工艺和成本之间的关系。公差等级与生产成本之间的关系如图 3-22所示。在低精度区,精度提高成本增加不多;而在高精度区,精度的小幅度提高,往往伴随着成本的急剧增加。

生产中,经常选用类比法来选择公差等级。类比法就是参考从生产实践中总结出来的经验资料进行对比来选择。用类比法选择公差等级时,首先应熟悉各个公差等级的应用范围。表 3-7 列出了各个标准公差等级的应用范围。

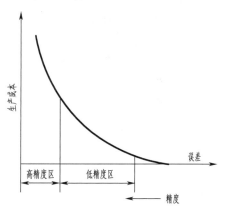

图 3-22　公差等级与生产成本的关系

表 3-7　标准公差等级的应用范围

应　用	公　差　等　级(IT)																		
	01	0	1	2	3	4	5	6	7	8	9	10	11	12	13	14	15	16	17	18
量　块	√	√	√																
量　规			√	√	√	√	√	√	√										
特精密零件				√	√	√	√												
配合尺寸							√	√	√	√	√	√	√	√					

应用	公差等级(IT)																		
	01	0	1	2	3	4	5	6	7	8	9	10	11	12	13	14	15	16	17	18
非配合尺寸														√	√	√	√	√	√	√
原材料										√	√	√	√	√	√					

用类比法选择公差等级时,还应该考虑以下几方面问题:

①工艺等价性。组成配合的孔和轴的加工难易程度应基本相同。对于基本尺寸小于 500 mm 的配合,较高精度(公差等级高于或等于 IT8)的孔与轴组成配合时,孔的公差等级比轴的公差等级低一级,如 H7/m6,H8/f7;标准也推荐了少量 IT8 级公差的孔与 IT8 级公差的轴组成孔、轴同级的配合,如 H8/f8;当公差等级低于 IT8 时,孔、轴采用同级配合。

当基本尺寸大于 500 mm 时,标准推荐孔、轴采用同级配合,并尽量保证孔、轴加工难易程度相同。

②相关件或相配件的结构或精度。如与滚动轴承相配合的轴颈和外壳孔的公差等级取决于与之相配合的滚动轴承的类型和公差等级以及配合尺寸的大小。

③配合性质及加工成本。对于间隙配合,小间隙应选高的公差等级,反之,选低的公差等级;对于过渡、过盈配合公差等级不应低于 8 级。

表 3-8 列出了各种加工方法所能达到的公差等级,表 3-9 列出了各种常用公差等级的应用场合。

表 3-8　各种加工方法可达到的公差等级

加工方法	公差等级(IT)																		
	01	0	1	2	3	4	5	6	7	8	9	10	11	12	13	14	15	16	17	18
研磨	√	√	√	√	√	√	√													
珩磨						√	√	√	√											
磨内外圆							√	√	√											
平面磨							√	√	√											
金刚石车							√	√	√											
金刚镗							√	√	√											
拉削							√	√	√	√										
铰孔								√	√	√										
车削								√	√	√	√	√								
镗削								√	√	√	√	√								
铣削										√	√	√								
刨削、插削												√	√							
钻削												√	√	√	√					
滚压、挤压												√	√							
冲压												√	√	√	√	√				

续表

加工方法	公差等级（IT）																		
	01	0	1	2	3	4	5	6	7	8	9	10	11	12	13	14	15	16	17	18
压　铸													√	√	√	√				
粉末冶金成形							√	√	√											
粉末冶金烧结								√	√	√	√									
砂型铸造、气割																		√	√	√
锻　造																	√	√	√	√

表 3-9　常用配合尺寸 IT5～IT13 级的应用（尺寸小于或等于 500 mm）

公差等级	适用范围	应用举例
IT5	用于仪表、发动机和机床中特别重要的配合，加工要求较高，一般机械制造中较少用。特点是能保证配合性质的稳定性	航空及航海仪器中特别精密的零件；与特别精密的滚动轴承相配的机床主轴和外壳孔，高精度齿轮的基准孔和基准轴
IT6	用于机械制造中精度要求很高的重要配合，特点是能得到均匀的配合性质，使用可靠	与 6 级滚动轴承相配合的孔、轴径；机床丝杠轴径；矩形花键的定心直径；摇臂钻床的立柱等
IT7	广泛用于机械制造中精度要求较高、较重要的配合	联轴器、带轮、凸轮等孔径；机床卡盘座孔；发动机中的连杆孔、活塞孔等
IT8	机械制造中属于中等精度，用于对配合性质要求不太高的次要配合	轴承座衬套沿宽度方向尺寸；IT9～IT12 级齿轮基准孔；IT11～IT12 级齿轮基准轴
IT9～IT10	属于较低精度，只适用于配合性质要求不太高的次要配合	机械制造中轴套外径与孔，操作件与轴，空轴带轮与轴，单键与花键
IT11～IT13	属于低精度，只适用于基本上没有什么配合要求的场合	非配合尺寸及工序间尺寸，滑块与滑移齿轮，冲压加工的配合件，塑料成形尺寸公差

3.3.3　配合种类的选择

选择配合的目的是解决配合零件（孔和轴）在工作时的相互关系，保证机器工作时各个零件之间的协调，以实现预定的工作性质。当孔、轴公差等级确定的情况下，选择配合的主要任务，对基孔制配合，主要是确定轴的基本偏差代号，而对基轴制配合，主要是确定孔的基本偏差代号。

1. 配合代号的选用方法

①计算法：根据配合部位使用性能的要求，在理论分析指导下，通过一定的公式计算出极限间隙或极限过盈量，然后从标准中选定合适的孔和轴的公差带。重要的配合部位才采用。

②类比法：参照同类型机器或机构中经生产实践考验的已用配合，结合新设计对象的具体要求、不同条件和影响因素，来选定配合种类。一般的配合部位采用。

③试验法：在新产品设计过程中，对某些特别重要部位的配合，为了防止计算或类比不准确

而影响产品的使用性能,可通过几种配合的实际试验结果,从中找出最佳的配合方案。用于特别重要的关键性配合。

2. 配合种类的选择

①间隙配合:a~h(或 A~H)11 种基本偏差与基准孔(或基准轴)形成间隙配合。间隙由大→小。

应用场合:有相对运动,有活动结合的部位,要求经常拆卸,某些需要方便装卸的静止连接中(要加紧固件),也可采用间隙配合。

②过渡配合:js、j、k、m、n(或 JS、J、K、M、N)5 种基本偏差与基准孔(基准轴)形成过渡配合。形成的配合松紧程度由大→小。

应用场合:相配件对中性要求高,而又需要经常拆卸的静止结合部位。

③过盈配合:p~zc(或 P~ZC)12 种基本偏差与基准孔(或基准轴)形成过盈配合。过盈由小→大。

应用场合:无相对运动,无辅助连接件(如螺钉、键等)靠过盈传递扭矩,或是虽有辅助连接件,但扭矩大或是有冲击负载时采用过盈配合。

表 3-10 和表 3-11 所列分别为各种基本偏差的应用实例和各种优先配合的使用说明,可供设计时参考。

表 3-10 各种基本偏差的应用实例

配合	基本偏差	各种基本偏差的特点及应用实例
间隙配合	a(A) b(B)	可得到特别大的间隙,应用很少。主要用于工作时温度高,热变形大的零件的配合,如发动机中活塞与缸套的配合为 H9/a9
	c(C)	可得到很大的间隙。一般用于工作条件较差(如农业机械),工作时受力变形大及装配工艺性不好的零件的配合,也适用于高温工作的间隙配合,如内燃机排气阀杆与导管的配合为 H9/c7
	d(D)	与 IT7~IT11 对应,适用于较松的间隙配合(如滑轮、空转的带轮与轴的配合),以及大尺寸滑动轴承与轴颈的配合(如涡轮机、球磨机等的滑动轴承)。活塞环与活塞槽的配合可用 H9/d9
	e(E)	与 IT6~IT9 对应,具有明显的间隙,用于大跨距及多支点的转轴与轴承的配合,以及高速、重载的大尺寸轴颈与轴承的配合,如大型电动机、内燃机的主要轴承处的配合为 H8/e7
	f(F)	多与 IT6~IT8 对应,用于一般的转动配合,受温度影响不大,采用普通润滑油的轴颈与滑动轴承的配合,如齿轮箱、小电动机、泵等的转轴轴颈与滑动轴承的配合为 H7/f6
	g(G)	多与 IT5~IT7 对应,形成配合的间隙较小,用于轻载精密装置中的转动配合,用于插销的定位配合,滑阀、连杆销等处的配合,钻套导向孔多用 G6
	h(H)	多与 IT4~IT11 对应,广泛用于无相对转动的配合,一般的定位配合。若没有温度、变形的影响,也可用于精密滑动轴承,如车床尾座导向孔与滑动套筒的配合为 H6/h5
过渡配合	js(JS)	偏差完全对称(+IT/2),多用于 IT4~IT7 级,平均间隙较小的配合,要求间隙比 h 小,并允许略有过盈的定位配合。如联轴器、齿圈与钢制轮毂可用木锤装配
	k(K)	平均间隙接近于零的配合,适用于 IT4~IT7 级,推荐用于稍有过盈的定位配合。例如,为了消除振动用的定位配合,一般可用木锤装配
	m(M)	平均过盈较小的配合,适用于 IT4~IT7 级,一般可用木锤装配,但在最大过盈时,要求有相当的压入力
	n(N)	平均过盈比 m 级稍大,很少得到间隙,适用于 IT4~IT7 级,用锤或压入机装配

配合	基本偏差	各种基本偏差的特点及应用实例
过盈配合	p(P)	与 H6 和 H7 配合时是过盈配合,与 H8 配合时则为过渡配合。对非铁类零件,为较轻地压入配合,需要时易于拆卸。对钢、铸铁或铜组件形成的配合为标准压入配合
	r(R)	对铁类零件为中等打入配合,对非铁类零件,为轻打入配合,需要时可以拆卸。与 H8 孔配合,直径在 100 m 以上时为过盈配合,直径小时为过渡配合
	s(S)	用于钢和铁制零件的永久性和半永久性装配,可产生相当大的结合力。当用弹性材料,如轻合金时,配合性质与铁类零件的 P 轴相当。例如,套环压装在轴上、阀座等的配合。尺寸较大时,为了避免损伤配合表面,需用热胀或冷缩法装配
	t(T)	过盈较大的配合。对钢和铸铁零件适合作永久性结合,不用键可传递力矩,需要热胀或冷缩法装配,如联轴器与轴的配合
	u(U)	这种配合过盈大,一般应验算在最大过盈时工件材料是否损坏,要用热胀或冷缩法装配,如火车轮毂和轴的配合
	v(V)x(X) y(Y)z(Z)	这些基本偏差所组成配合的过盈量更大,目前使用的经验和资料还很少,须经试验后才应用,一般不推荐

表 3-11　优先配合选用说明

优先配合 基孔制	优先配合 基轴制	说　　　明
$\dfrac{H11}{c11}$	$\dfrac{C11}{h11}$	间隙非常大,用于很松、转动很慢的动配合,或要求装配方便的、很松的配合
$\dfrac{H9}{d9}$	$\dfrac{D9}{h9}$	间隙很大的自由配合,用于精度非主要要求时,或有大的温度变化。高转速或大的轴颈压力时
$\dfrac{H8}{f7}$	$\dfrac{F8}{h7}$	间隙不大的转动配合,用于中等转速与中等轴颈压力的精确转动,也用于装配较容易的中等定位配合
$\dfrac{H7}{g6}$	$\dfrac{G7}{h6}$	间隙很小的滑动配合,用于不希望自由转动,但可自由移动和滑动并精密定位时,也可用于要求明确的定位配合
$\dfrac{H7}{h6}$ $\dfrac{H9}{h9}$	$\dfrac{H8}{h7}$ $\dfrac{H11}{h11}$	间隙定位配合,零件可自由装拆,而工作时,一般相对静止不动,在最大实体条件下的间隙为零,在最小实体条件下的间隙由公差等级决定
$\dfrac{H7}{k6}$	$\dfrac{K7}{h6}$	过渡配合,用于精密定位
$\dfrac{H7}{n6}$	$\dfrac{N7}{h6}$	过渡配合,用于允许有较大过盈的更精密定位
$\dfrac{H7}{p6}$	$\dfrac{P7}{h6}$	小过盈配合,用于定位精度特别重要时,能以最好的定位精度达到部件的刚性及对中性要求
$\dfrac{H7}{s6}$	$\dfrac{S7}{h6}$	中等压入配合,适用于一般钢件,或用于薄壁件的冷缩配合,用于铸铁件可得到最紧的配合
$\dfrac{H7}{u6}$	$\dfrac{U7}{h6}$	压入配合,适用于可以承受高压入力的零件,或不宜承受大压入力的冷缩配合

3. 影响配合种类的因素

①孔、轴间是否有相对运动。相互配合的孔、轴间有相对运动,必须选用间隙配合,无相对运动且传递载荷(转矩、轴向力)时,则用过盈配合,也可选用过渡配合,但必须加键、销等紧固件。

②过盈配合中的受载情况。用过盈配合中的过盈来传递转矩时,需传递的转矩越大,则所选配合的过盈量应越大。

③孔和轴的定心精度要求。孔和轴配合,如果定心精度要求高时,不宜采用间隙配合,通常采用过渡配合或过盈量较小的过盈配合。

④带孔零件和轴的拆装情况。对于需要经常拆装的零件的孔与轴,为了便于拆装,其配合要比不拆装零件的配合松一些。有些零件虽不经常拆装,但一旦要拆装却很困难,也要采用较松的配合。

⑤孔和轴工作时的温度。如果相互配合的孔和轴工作时与装配时的温度差别较大,那么选择配合时要考虑热变形的影响。

⑥装配变形。机械结构中,有时会遇到薄壁套筒装配后变形的问题,如图 3-23 所示结构,套筒外表面与机座孔的配合为过盈配合 $\phi80H7/u6$,套筒内孔与轴的配合为间隙配合 $\phi60H7/f6$。由于套筒外表面与机座孔装配会产生过盈,当套筒压入机座后,套筒内孔会收缩,产生变形使得套筒孔径减小,因此,在选择套筒内孔与轴的配合时应该考虑此变形量的影响。有两种办法,一种是将内孔做大些,比 $\phi60H7$ 稍大点以补偿装配变形;一种是用工艺措施来保证,将套筒压入机座后再按 $\phi60H7$ 加工套筒内孔。

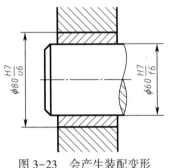

图 3-23　会产生装配变形结构示例

⑦生产类型。选择配合种类时还应该考虑生产类型(批量)的影响。在大批量生产时,多用调整法加工,加工后尺寸的分布通常遵循正态分布。而单件小批量生产时,多用试切法加工,孔加工后尺寸多偏向最小极限尺寸,轴加工后尺寸多偏向最大极限尺寸。如图 3-24 所示,设计时给定孔与轴的配合为 $\phi50H7/js6$,大批大量生产时,孔、轴装配后形成的平均间隙为 $X_{av}=+12.5\ \mu m$。而单件生产时,孔和轴的尺寸中心分别趋向孔的最小极限尺寸和轴的最大极限尺寸,孔、轴装配后形成的平均间隙 X'_{av} 减小,比 $+12.5\ \mu m$ 小得多。也就是说大批量生产时,孔与轴装配后形成的配合要比单件小批量生产时的配合松一些。因此,为了满足相同的使用要求,在单件小批量生产时,应该采用比大批量生产时稍松的配合。

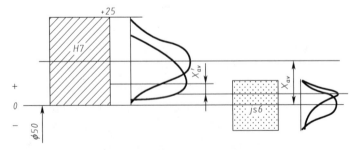

图 3-24　生产类型对配合选择的影响

总之,在选择配合时,应根据零件的工作情况综合考虑以上几方面因素的影响。表 3-12 所示为配合件的生产情况对过盈和间隙的影响,在实际选择时可以参考此表。

表 3-12　配合件的生产情况对过盈和间隙的影响

具体情况	过盈量	间隙量	具体情况	过盈量	间隙量
材料许用力小	减	–	装配时可能歪斜	减	增
要常拆卸	减	–	旋转速度较高	增	增
有冲击负荷	增	减	有轴向运动	–	增
工作时,孔的温度高于轴的温度	增	减	润滑油黏度增大	–	增
工作时,轴的温度高于孔的温度	减	增	表面粗糙度数值大	增	减
配合长度较长	减	增	装配精度较高	减	减
形位误差大	减	增	装配精度较低	增	增

【例 3-4】　有一孔、轴配合的公称尺寸为 $\phi30$ mm,要求配合间隙在 $+0.020 \sim +0.055$ mm 之间,试确定孔和轴的精度等级和配合种类。

解：

①选择配合制。因为没有特殊要求,所以选用基孔制配合。孔的基本偏差代号为 H,EI = 0。

②选择孔、轴公差等级。根据使用要求,其配合公差为：$[T_f] = [X_{max}] - [X_{min}] = +0.055 - (+0.020) = 0.035$（mm）

$$T_f = T_h + T_s \leq [T_f]$$

假设孔、轴同级配合,则 $T_h = T_s = T_f/2 = 17.5$ μm。

查表 3-2 可知,孔和轴公差等级介于 IT6 和 IT7 之间。根据工艺等价原则,在 IT6 和 IT7 的公差等级范围内,孔比轴低一个公差等级,故选孔为 IT7,$T_h = 21$ μm,轴为 IT6,$T_s = 13$ μm。

故配合公差为 $T_f = T_h + T_s =$ IT7+IT6 = 0.021+0.013 = 0.034（mm）< 0.035 mm 满足使用要求。

③选择配合种类。根据使用要求,本例为间隙配合。采用基孔制配合,孔的公差带代号为 H7,孔为 $\phi30$H7,ES = EI+IT7 = +0.021 mm,则有

$$X_{min} \geq [X_{min}]$$
$$X_{max} \leq [X_{max}]$$

即

$$EI - es \geq [X_{min}]$$
$$ES - ei \leq [X_{max}]$$
$$es - IT6 = ei$$

代入数值,即

$$0 - es \geq 0.020$$
$$0.021 - (es - 0.013) \leq 0.055$$
$$-0.021 \leq es \leq -0.020$$

查表 2-3 得轴的基本偏差代号为 f,es = -0.020,即轴公差带代号为 f6。

$$ei = es - IT6 = -0.020 - 0.013 = -0.033（mm）$$

所以轴为 $\phi30$f6(-0.020,-0.033),则配合代号为：$\phi30$H7/f6

④验算设计结果：

$$X_{max} = ES - ei = +0.021 - (-0.033) = +0.054（mm）$$
$$X_{min} = EI - es = 0 - (-0.020) = +0.020（mm）$$

$\phi30$H7/f6 的 $X_{max} = +54$ μm,$X_{min} = +20$ μm,它们分别小于要求的最大间隙（+55 μm）和等于要

求的最小间隙(+20 μm),因此设计结果满足使用要求。

如果验算结果不符合设计要求,可采用更换基本偏差代号或变动孔、轴公差等级的方法来改变极限间隙或极限过盈的大小,直至所选用的配合符合设计要求为止。

3.4 线性尺寸的一般公差

在零件图上,对于车间一般加工条件下可以保证的非配合线性尺寸和倒圆半径、倒角高度尺寸的公差和极限偏差可以不标注,而采用 GB/T 1804—2000《一般公差 未注公差的线性和角度尺寸的公差》所规定的线性尺寸一般公差。采用一般公差标注的尺寸,在该尺寸后不注出极限偏差,并且在正常条件下可不进行检验。这样将有利于简化制图,使图面清晰,突出重要的、有公差要求的尺寸,以便在加工和检验时引起对重要尺寸的重视。

GB/T 1804—2000 对线性尺寸的公差规定了四个等级,即 f(精密级)、m(中等级)、c(粗糙级)、v(最粗级)。每个公差等级都规定了相应的极限偏差,极限偏差全部采用对称偏差值。表 3-13 和表 3-14 分别给出了线性尺寸和倒圆半径与倒角高度尺寸的一般公差等级及其极限偏差数值。在规定图样上线性尺寸未注公差时,应考虑车间的一般加工精度,选取本标准规定的公差等级,在图样上、技术文件或相应的标准(如企业标准、行业标准等)中用标准号和公差等级符号表示。例如,选用中等级时,表示为:"未注公差按 GB/T 1804—2000"。

表 3-13　线性尺寸一般公差等级及其极限偏差数值(摘自 GB/T 1804—2000)　　(mm)

公差等级	尺 寸 分 段							
	0.5~3	>3~6	>6~30	>30~120	>120~400	>400~1 000	>1 000~2 000	>2 000~4 000
f(精密级)	±0.05	±0.05	±0.1	±0.15	±0.2	±0.3	±0.5	—
m(中等级)	±0.1	±0.1	±0.2	±0.3	±0.5	±0.8	±1.2	±2
c(粗糙级)	±0.2	±0.3	±0.5	±0.8	±1.2	±2	±3	±4
v(最粗级)	—	±0.5	±1	±1.5	±2.5	±4	±6	±8

表 3-14　倒圆半径与倒角高度尺寸一般公差等级及其极限偏差数值(摘自 GB/T 1804—2000)

(mm)

公差等级	尺 寸 分 段			
	0.5~3	>3~6	>6~30	>30~120
f(精密级)	±0.2	±0.5	±1	±2
m(中等级)				
c(粗糙级)	±0.4	±1	±2	±4
v(最粗级)				

思考题及练习题

一、思考题

3-1　标准公差、基本偏差、误差、公差这些概念之间有何区别与联系?

3-2　如何区分间隙配合、过渡配合和过盈配合?这三种不同性质的配合各用于什么场合?

3-3 什么是基孔制与基轴制？为什么要规定配合制？广泛应用基孔制的原因是什么？在什么情况下采用基轴制？

3-4 选用标准公差等级的原则是什么？是否公差等级越高越好？

二、练习题

3-5 判断题。

(1)孔的基本偏差即下偏差，轴的基本偏差即上偏差。 ( )

(2)某孔要求尺寸为$\phi 20_{-0.067}^{-0.046}$，今测得其实际尺寸为$\phi 19.962$ mm，可以判断该孔合格。 ( )

(3)基本偏差决定公差带的位置。 ( )

(4)零件的实际尺寸越接近公称尺寸越好。 ( )

(5)孔、轴配合为$\phi 40H9/n9$，可以判断是过渡配合。 ( )

(6)公称尺寸相同的配合 H7/g6 比 H7/s6 紧。 ( )

3-6 试用标准公差、基本偏差数值表查出下列公差带的上、下偏差数值。

(1)轴:①$\phi 30f7$ ②$\phi 18h6$ ③$\phi 60r6$ ④$\phi 85js7$

(2)孔:①$\phi 90D9$ ②$\phi 240M6$ ③$\phi 20K7$ ④$\phi 40R7$

3-7 根据表 3-15 中的已知数据，填写空格内容。

表 3-15 题 3-7 表

序号	公称尺寸	极限尺寸		极限偏差		公差	公差等级
		上极限尺寸	下极限尺寸	上偏差	下偏差		
1	50	50.016	50				
2	$\phi 80$		$\phi 79.964$			0.046	
3	$\phi 35$			+0.009	+0.062		
4	20	20			-0.006		
5	60			-0.06		0.030	
6	45	45.039				0.039	

3-8 根据表 3-16 给出的数据求空格中应有的数据，并填入空格内。

表 3-16 题 3-8 表

基本尺寸	孔			轴			X_{max} 或 Y_{min}	X_{min} 或 Y_{max}	X_{av} 或 Y_{av}	T_f
	ES	EI	T_h	es	ei	T_s				
$\phi 25$		0				0.021	+0.074		+0.057	
$\phi 14$		0				0.011		-0.012	+0.0025	
$\phi 45$		0.025		0				-0.050	-0.0295	

3-9 试查表确定$\phi 80H7/u6$ 和$\phi 80U7/h6$ 的孔、轴极限偏差，画出公差带图，说明其配合类型及其两个配合之间的关系。

3-10 已知某基轴制配合的基本尺寸为$\phi 50$ mm，最大间隙为 +6 μm，最大过盈为 -28 μm，孔的尺寸公差为 21 μm，求孔、轴的极限偏差并画出公差带图。

3-11 某孔、轴配合,已知轴的尺寸为 ϕ10h8,X_{max} = +0.007 mm,Y_{max} = −0.037 mm,试计算孔的尺寸,并说明该配合是什么配合制,什么配合类别。

3-12 有一配合,基本尺寸为 ϕ25 mm,按设计要求:配合的间隙应为+5～+66 μm;应为基轴制。试设计孔、轴的公差等级,按标准选定适当的配合(写出代号)并绘制公差带图。

3-13 如图 3-25 所示,1 为钻模板,2 为钻夹头,3 为定位套,4 为钻套,5 为工件。已知:(1)配合面①和②都有定心要求,需用过盈量不大的固定连接;(2)配合面③有定心要求,在安装和取出定位套时需轴向移动;(3)配合面④有导向要求,且钻头能在转动状态下进入钻套。试选择上述配合面的配合种类,并简述其理由。

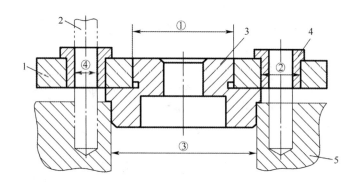

图 3-25 习题 3-13 图
1—钻模板;2—钻头;3—定位套;4—钻套;5—工件

3-14 图 3-26 所示为车床溜板箱手动机构的部分结构。转动手轮 2 通过键带动轴 3 上的小齿轮、轴 4 右端的齿轮 1、轴 4 以及与床身齿条(未画出)啮合的轴 4 左端齿轮,使溜板箱沿导轨做纵向移动。各配合面的公称尺寸为:1ϕ40 mm;2ϕ28 mm;3ϕ28 mm;4ϕ46 mm;5ϕ32 mm;6ϕ32 mm;7ϕ18 mm。试选择它们的配合制、公差等级和配合种类。

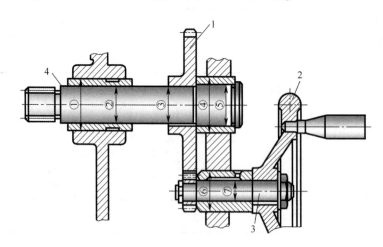

图 3-26 习题 3-14
1—齿轮;2—手轮;3、4—轴

第 **4** 章　几何公差与误差检测

4.1　概　　述

零件在加工过程中由于受各种因素的影响,零件的几何要素不可避免地会产生形状误差和位置误差(简称几何误差),它们对产品的寿命和使用性能有很大影响。如具有形状误差(如圆度误差)的轴和孔的配合,会因间隙不均匀而影响配合性能,并造成局部磨损使寿命降低。几何误差越大,零件的几何参数的精度越低,其质量也越差。为了保证零件的互换性和使用要求,有必要对零件规定几何公差,用以限制几何误差。

为适应经济发展和国际交流的需要,我国根据国际标准"ISO 1101、ISO 2768-2、ISO 8015、ISO 2692、ISO 10578"制定了有关几何公差的新国家标准,主要有:

①GB/T 1182—2018《产品几何技术规范(GPS)几何公差　形状、方向、位置和跳动公差标注》(代替 GB/T 1182—2008);

②GB/T 1184-1996《形状和位置公差　未注公差值》(代替 GB 1184—1980);

③GB/T 4249—2009《产品几何技术规范(GPS)公差原则》(代替 GB 4249—1996);

④GB/T 16671—2018《产品几何技术规范(GPS)几何公差　最大实体要求、最小实体要求和可逆要求》(代替 GB/T 16671—2009);

⑤GB/T 1958—2017《产品几何技术规范(GPS)几何公差　检测与验证》(代替 GB 1958—2004);

⑥GB/T 17773—1999《形状和位置公差　延伸公差带及其表示法》。

此外,作为贯彻上述标准的技术保证还发布了圆度、直线度、平面度检验标准以及位置量规标准等。

4.1.1　几何公差的研究对象

几何公差的研究对象是构成零件几何特征的点、线、面。这些点、线、面统称要素,一般在研究形状公差时,涉及的对象有线和面两类要素,在研究位置公差时,涉及的对象有点、线和面三类要素。几何公差就是研究这些要素在形状及其相互间方向或位置方面的精度问题。

几何要素可从不同角度来分类:

1. 按结构特征分类

①组成要素(轮廓要素)。它是指构成零件外形,为人们直接感觉到的点、线、面。

②导出要素(中心要素)。它是指零件对称中心所表示的点、线、面,是不能为人们直接感觉到的,如中心面、中心线、中心点等,如图4-1所示。

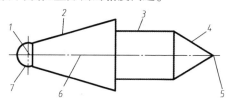

图 4-1　轮廓要素及中心要素
1—球心;2—圆锥面;3—圆柱面;4—素线;
5—锥顶点;6—轴线;7—球面

2. 按存在状态分类

①提取(实际)要素。按规定方法,由提取(实际)要素提取有限数目的点所形成的,是拟合(理想)要素的近似替代。

②拟合(理想)要素。按规定方法,由提取要素形成的并具有理想形状的要素。

3. 按检测关系分类

①被测要素。图样中给出了几何公差要求的要素,是测量的对象,如图 4-2(a)中 $\phi35$ 的轴线。

②基准要素。用来确定被测要素方向和位置的要素。基准要素在图样上都标有基准符号或基准代号,如图 4-2(b)中零件的左平面和下平面。

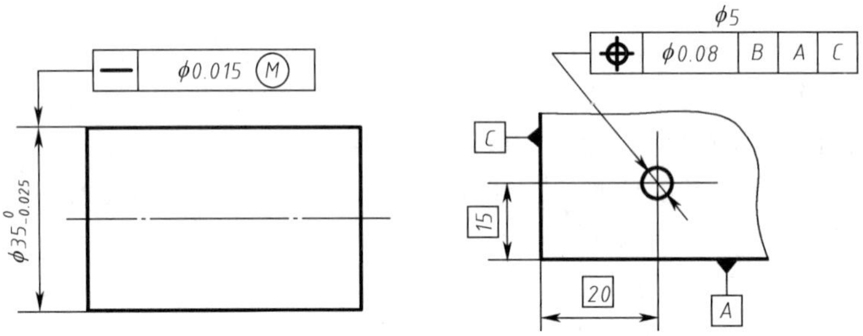

(a) (b)

图 4-2 被测要素和基准要素

4. 按功能关系分类

①单一要素。它是指仅对被测要素本身给出形状公差的要素,如图 4-2(a)中 $\phi35$ 的轴线,仅要求自身满足直线度公差,属单一要素。

②关联要素。即与零件基准要素有功能要求的要素,如图 4-2(b)中 $\phi5$ 孔的轴线,相对于基准 A、B、C 有位置度公差要求,此时 $\phi5$ 的轴线属关联要素。

4.1.2 几何公差的项目及其符号

国家标准将几何公差共分为 19 个项目。其中形状公差为 6 个项目,方向公差为 5 个项目,位置公差为 6 个项目,跳动公差为 2 个项目。几何公差的每一项目都规定了专门的符号,见表 4-1。

表 4-1 几何公差的项目及其符号

公差类型	几何特征	符号	有无基准要求	公差类型	几何特征	符号	有无基准要求
形状公差	直线度	—	无	位置公差	位置度	⌖	有或无
	平面度	▱	无		同心度	◎	有
	圆度	○	无		同轴度	◎	有
	圆柱度	⌭	无		对称度	⌯	有
	线轮廓度	⌒	无		线轮廓度	⌒	有
	面轮廓度	⌓	无		面轮廓度	⌓	有

公差类型	几何特征	符　号	有无基准要求	公差类型	几何特征	符　号	有无基准要求
方向公差	平行度	∥	有	跳动公差	圆跳动	↗	有
	垂直度	⊥	有				
	倾斜度	∠	有		全跳动	↗↗	有
	线轮廓度	⌒	有				
	面轮廓度	⌓	有				

几何公差是指被测提取(实际)要素的允许变动全量。所以,形状公差是指单一提取(实际)要素的形状所允许的变动量,位置公差是指关联提取(实际)要素的位置对基准所允许的变动量。

几何公差的公差带是空间线或面之间的区域,比尺寸公差带即数轴上两点之间的区域要复杂。

4.2　几何公差的标注

4.2.1　几何公差代号

1. 公差框格

如图 4-3 所示,公差框格在图样上一般应水平放置,若有必要,也允许竖直放置。对于水平放置的公差框格,应由左往右依次填写公差项目、公差值及有关符号、基准字母及有关符号,基准可多至三个,但先后有别,基准字母代号前后排列不同将有不同的含义。对于竖直放置的公差框格,应该由下往上填写有关内容。

(a)　　　　　　　　　(b)　　　　　　　　　(c)

图 4-3　公差框格

2. 指引线

公差框格用指引线与被测要素联系起来,指引线由细实线和箭头构成,它从公差框格的一端引出,并保持与公差框格端线垂直,引向被测要素时允许弯折,但不得多于两次。

指引线的箭头应指向公差带的宽度方向或径向,如图 4-4 所示。对于圆度,公差带的宽度是形成两同心圆的半径方向。

3. 基准符号与基准代号

与被测要素相关的基准用一个大写字母表示。字母标注在基准方格内,与一个涂黑或空白的三角形相连以表示基准(见图 4-5);表示基准的字母还应标注在公差框格内。涂黑的和空白的基准三角形含义相同。

以单个要素作基准时,用一个大写字母 $A,B,C,\cdots$ 表示,如图 4-6(a)所示。以两个要素建立公共基准时,用中间加连接字符的两个大写字母表示,如图 4-6(b)所示。以两个或三个基准建立基准体系(即采用多基准)时,表示基准的大写字母按基准的优先顺序从左至右填写在各框格内,如图 4-6(c)所示。例如,在位置度公差中常采用三基面体系来确定要素间的相对位置,应将三个基准按第一基准、第二基准和第三基准的顺序从左至右分别标注在各小格中，而不一定是按 $A,B,C,\cdots$ 字母的顺序排列。三个基准面的先后顺序是根据零件的实际使用情况，按一定的工艺要求确定的。通常第一基准选取最重要的表面，加工或安装时由三点定位，其余依次为第二基准（两点定位）和第三基准（一点定位），基准的多少取决于对被测要素的功能要求。

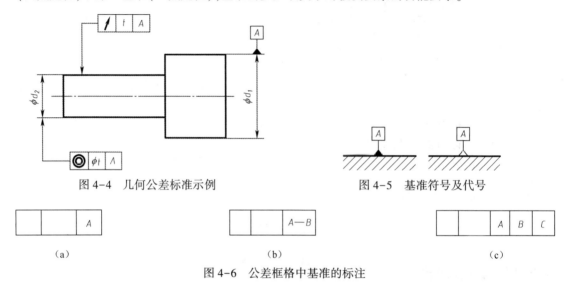

图 4-4　几何公差标准示例　　　　　　　图 4-5　基准符号及代号

（a）　　　　　　　　　　（b）　　　　　　　　　　（c）

图 4-6　公差框格中基准的标注

4.2.2　形状和位置公差的标注方法

1. 被测要素的标注

标注被测要素时，要特别注意公差框格的指引线箭头所指的位置和方向，箭头的位置和方向的不同将有不同的公差要求解释，因此，要严格按国家标准的规定进行标注。

①当被测要素为组成要素时，指示箭头应指在被测表面的可见轮廓线上，也可指在轮廓线的延长线上，且必须与尺寸线明显地错开，如图 4-7 所示。对圆度公差，其指引线箭头应垂直指向回转体的轴线。

②如果对视图中的一个面提出几何公差要求，有时可在该面上用一个小黑点引出参考线，公差框格的指引线箭头则指在参考线上，如图 4-7（c）所示。

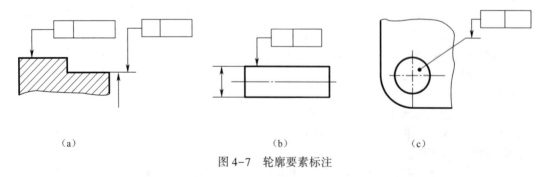

（a）　　　　　　　　　　（b）　　　　　　　　　　（c）

图 4-7　轮廓要素标注

③当被测要素为导出要素时，如中心点、圆心、轴线、中心线、中心平面，指引线的箭头应对准尺寸线，即与尺寸线的延长线相重合。若指引线的箭头与尺寸线的箭头方向一致时，可合并为一个，如图 4-8 所示。

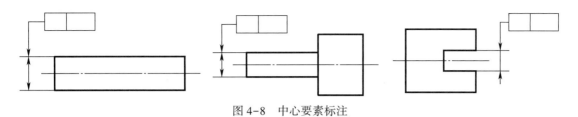

图 4-8　中心要素标注

　　当被测要素是圆锥体轴线时,指引线箭头应与圆锥体的大端或小端的尺寸线对齐。必要时也可在圆锥体上任一部位增加一个空白尺寸线与指引箭头对齐,如图 4-9(a)所示。

　　④当要限定局部部位作为被测要素时,必须用粗点画线示出其部位并加注大小和位置尺寸,如图 4-9(b)所示。

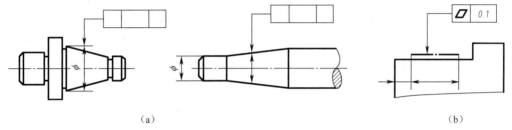

（a）　　　　　　　　　　　　　　　　　　　　　　（b）

图 4-9　锥体和局部要素标注

2. 基准要素的标注

　　①当基准要素是边线、表面等组成要素时,基准三角形应放置在基准要素的轮廓线或轮廓面上,也可放置在轮廓的延长线上,但要与尺寸线明显错开,如图 4-10(a)所示。

　　②当受到图形限制、基准三角形必须注在某个面上时,可在面上画出小黑点,由黑点引出参考线,基准代号则置于参考线上,如图 4-10(b)所示应为环形表面。

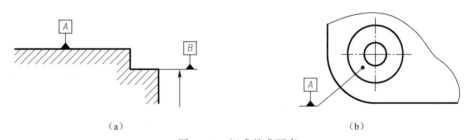

（a）　　　　　　　　　　　　　　　　（b）

图 4-10　组成基准要素

　　③当基准要素是中心点、轴线、中心平面等导出要素时,基准三角形的连线应与该要素的尺寸线对齐,如图 4-11(a)所示。基准三角形也可代替尺寸线的其中一个箭头,如图 4-11(b)所示。

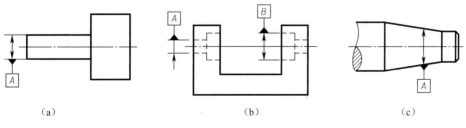

（a）　　　　　　　　　　　　　（b）　　　　　　　　　　　（c）

图 4-11　中心基准要素

④当基准要素为圆锥体轴线时、基准代号上的连线应与基准要素垂直,即应垂直于轴线而不是垂直于圆锥的素线,如图4-11(c)所示。

⑤当以要素的局部范围作为基准时,必须用粗点画线示出其部位,并标注相应的范围和位置尺寸,如图4-12所示。

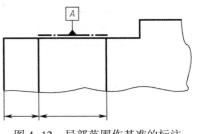

图4-12　局部范围作基准的标注

3. 公差值的标注

①公差值用于表示公差带的宽度或直径,是控制误差量的指标。公差值的大小是几何公差精度高低的直接体现。

②公差值标注在公差框格的第2格中。如是公差带宽度只标注公差值 t ;如是公差带直径则应视要素特征和设计要求,若公差带是圆形或圆柱形的,则在公差值前面加注 ϕ ,若公差带是球形的,则在公差值前面加注 $S\phi$ 。

③对公差值的要求,除数值外,若还有进一步要求,例如,误差值只允许中间凸起不许凹下,或只允许从某一端向另一端减少或增加等,此时,应采用限制符号(见表4-2),标注在公差值的后面。

表 4-2　限制符号表

含　义	符　号	举　例	含　义	符　号	举　例
只允许中间材料内凹下	(−)	▬ $t(-)$	只允许从左至右减小	(▷)	◪ $t(\triangleright)$
只允许中间材料外凸起	(+)	▱ $t(+)$	只允许从右至左减小	(◁)	◪ $t(\triangleleft)$

4. 公差原则的标注

在几何公差标注中,为了进一步表达其他一些设计要求(如公差原则),可以使用标准规定的附加符号,在标注框格中做出相应的表示。

①包容要求符号的标注。对于极少数要素需严格保证其配合性质,并要求由尺寸公差控制其形状公差时,应标注包容要求符号,应加注在该要素尺寸极限偏差或公差带代号的后面,如图4-13所示。

图4-13　包容要求符号的标注

②最大实体要求符号Ⓜ、最小实体要求符号Ⓛ的标注。当被测要素采用最大(最小)实体要求时,符号Ⓜ(Ⓛ)置于公差框格内公差值的后面,如图4-14(a)所示;当基准要素采用最大(小)实体要求时,符号Ⓜ(Ⓛ)置于公差框格内基准名称字母后面,如图4-14(b)所示;当被测要素和基准要素都采用最大实体要求时,符号Ⓜ(Ⓛ)应同时置于公差值和基准名称字母的后面,如图4-14(c)所示。

(a)　　　　　　　　　　　(b)　　　　　　　　　　　(c)

图 4-14　最大实体要求标注

③可逆要求符号®的标注。可逆要求应与最大实体要求或最小实体要求同时使用,其符号
®标注在⑩或①的后面。可逆要求用于最大实体要求时的标注方法如图 4-15(a) 所示。可逆
要求用于最小实体要求时的标注方法如图 4-15(b) 所示。

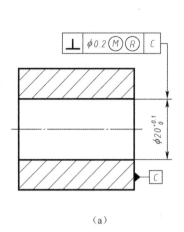

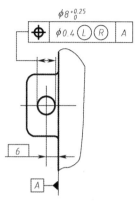

（a）

（b）

图 4-15　可逆要求标注

④延伸公差带符号®的标注。延伸公差带的含义是将被测要素的公差带延伸到工件实体以
外,控制工件外部的公差带,以保证相配零件与该零件配合时能顺利装入。延伸公差带用符号
®表示,并注出其延伸范围,延伸公差带符号®标注在公差框格内的公差值的后面,同时也应加
注在图样中延伸公差带长度数值的前面,如图 4-16 所示。

⑤自由状态条件符号®的标注。对于非刚性被测要素在自由状态时,若允许超出图样上给
定的公差值,可在公差框格内标注出允许的几何公差值,并在公差值后面加注符号®表示被测要
素的几何公差是在自由状态条件下的公差值,未加®则表示的是在受约束力情况下的公差值,如
图 4-17 所示。

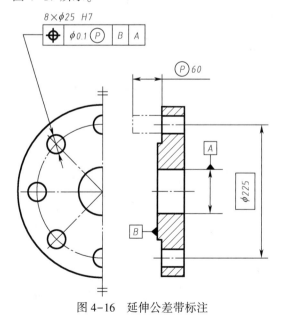

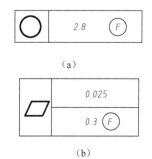

（a）

（b）

图 4-16　延伸公差带标注

图 4-17　自由状态条件符号的标注

5. 特殊规定

除了上述规定外,GB/T 1184—1996 根据 ISO 1101 及我国实际需要,对下述方面做了专门的规定。

(1)部分长度上的公差值标注

由于功能要求,有时不仅需要限制被测要素在整个范围内的几何公差,还需要限制特定长度或特定面积上的几何公差。对部分长度上要求几何公差时的标注方法如图 4-18 所示。图 4-18(a)表示圆柱面素线在任意 100 mm 长度范围内的直线度公差为 0.05 mm。即要求在被测要素的整个范围内的任一个 100 mm 长度均应满足此要求,属于局部限制。如在部分长度内控制几何公差的同时,还需要控制整个范围内的几何公差值,其表示方法如图 4-18(b)所示。此时,两个要求应同时满足,属于进一步限制。

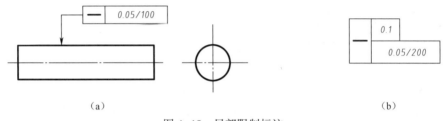

（a）　　　　　　　　　　　　　　　　　　（b）

图 4-18　局部限制标注

(2)公共公差带的标注

当两个或两个以上的要素,同时受一个公差带控制,以保证这些要素共面或共线时,可用一个形位框格表示,但需在框格内公差值的后面注明公共公差带的符号 CZ,如图 4-19 所示。

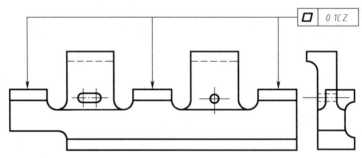

图 4-19　几处用同一公差带时的标注

(3)螺纹、花键、齿轮的标注

在一般情况下,以螺纹轴线作为被测要素或基准要素时均采用中径轴线,表示大径或小径的情况较少。因此规定:如被测要素和基准要素系指中径轴线,则无需另加说明,如指大径轴线,则应在公差框格下部加注大径代号 MD,如图 4-20(a)所示,小径代号则为 LD,如图 4-20(b)所示。对于齿轮和花键轴线,节径轴线用 PD 表示;大径(外齿轮为顶圆、内齿轮为根圆直径)用 MD 表示;小径(外齿轮为根圆、内齿轮为顶圆直径)用 LD 表示。

(4)全周符号的标注

对于所指为横截面周边的所有轮廓线或所有轮廓面的几何公差要求时,可在公差框格指引线的弯折处画一个细实线小圆圈,如图 4-21 所示。图 4-21(a)为线轮廓度要求,图 4-21(b)为面轮廓度要求。

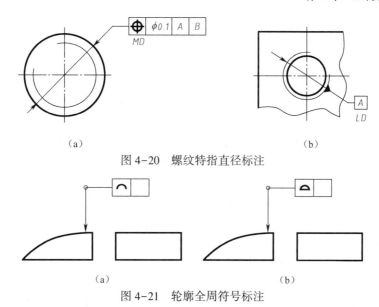

图 4-20　螺纹特指直径标注

（a）　　　　　　　　　　　　　　（b）

图 4-21　轮廓全周符号标注

(5)理论正确尺寸的表示法

对于要素的位置度、轮廓度或倾斜度，其尺寸由不带公差的理论正确位置、轮廓或角度确定，这种尺寸称为理论正确尺寸。理论正确尺寸也用于确定基准体系中各基准之间的方位关系。理论正确尺寸没有公差，标注在一个方框中。零件提取组成要素的局部尺寸仅是由公差框格中位置度、轮廓度或倾斜度公差限定，如图 4-22 所示。

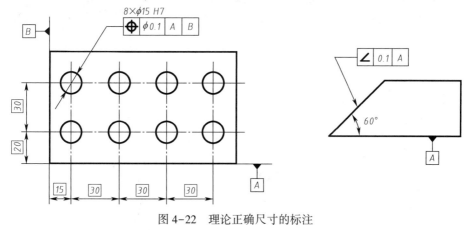

图 4-22　理论正确尺寸的标注

4.3　几　何　公　差

几何公差是用来限制零件本身几何误差的，它是被测提取(实际)要素的允许变动量。几何公差分为形状公差、方向公差、位置公差和跳动公差。如果功能需要，可以规定一种或多种几何特征的公差以限定要素的几何误差。限定要素某种类型几何误差的几何公差，有时也能限制该要素其他类型的几何误差。例如，要素的位置公差可同时控制该要素的位置误差、方向误差和形状误差；要素的方向公差可同时控制该要素的方向误差和形状误差；而要素的形状公差只能控制该要素的形状误差。

4.3.1 几何公差带

1. 几何公差带基本概念

几何公差标注是图样中对几何要素的形状、位置提出精度要求时做出的表示。一旦有了这一标注，也就明确了被控制的对象(要素)是谁，允许它有何种误差，允许的变动量(即公差值)多大及范围在哪里，提取(实际)要素只要做到在这个范围之内就为合格。在此前提下，被测提取(实际)要素可以具有任意形状，也可以占有任何位置。这使几何要素(点、线、面)在整个被测范围内均受其控制。这一用来限制提取(实际)要素变动的区域就是几何公差带。既然是一个区域，则一定具有形状、大小、方向和位置四个特征要素。

为讨论方便，可以用图形来描绘允许提取(实际)要素变动的区域，这就是公差带图，它必须表明形状、大小、方向和位置关系。

2. 几何公差带四要素

几何公差带四要素就是指公差带形状、大小、方向和位置关系。

（1）公差带的形状

公差带的形状是由要素本身的特征和设计要求确定的。常用的公差带有以下11种形状：两平行直线之间的区域、两等距曲线之间的区域、两平行平面之间的区域、两等距曲面间的区域、圆柱面内的区域、两个同心圆之间的区域、圆内的区域、球内的区域、两同轴圆柱面之间的区域、一段圆柱面、一段圆锥面，如图4-23所示。

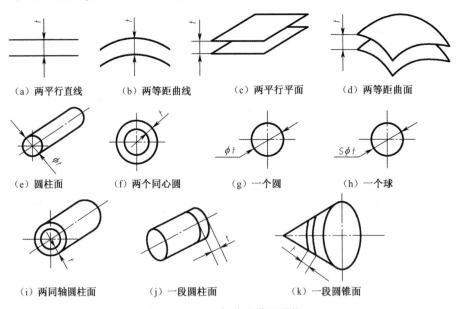

（a）两平行直线　　（b）两等距曲线　　（c）两平行平面　　（d）两等距曲面

（e）圆柱面　　（f）两个同心圆　　（g）一个圆　　（h）一个球

（i）两同轴圆柱面　　（j）一段圆柱面　　（k）一段圆锥面

图4-23　几何公差带的形状

公差带呈何种形状，取决于被测要素的形状特征、公差项目和设计时表达的要求。在某些情况下，被测提取(实际)要素的形状特征就确定了公差带形状。如被测提取(实际)要素是平面，则其公差带只能是两平行平面；被测提取(实际)要素是非圆曲面或曲线，其公差带只能是两等距曲面或两等距曲线。必须指出，被测提取(实际)要素由所检测的公差项目确定，如在平面、圆柱面上要求的是直线度公差项目，则要作一截面得到被测提取(实际)要素，被测提取(实际)要素此时为平面(截面)内的直线。在多数情况下，除被测提取(实际)要素的特征外，设计要求对公差带形状也起着重要的决定作用。如对于轴线,其公差带可以是两平行直线、两平行平面或圆柱面,视设计给出的是给定平面内、给定方向上或是任意方向上的要求而定。有时,几何公差的项目就已决定了几何公差带的形状。如同轴度,由于零件孔或轴的轴线是空间直线,同轴要求必是指任意方向的,其公差带只有圆柱形一种。圆度公差带只可能是两同心圆,而圆柱度公差带则只有两同轴圆柱面一种。

（2）公差带的大小

公差带的大小是指公差标注中公差值的大小,由公差值 t 确定,它是指允许提取（实际）要素变动的全量,它表明形状位置精度的高低。按上述公差带的形状不同,可以是指公差带的宽度或直径等,这取决于被测提取（实际）要素的形状和设计的要求,设计时可在公差值前加或不加符号 ϕ 加以区别。

对于同轴度和任意方向上的轴线直线度、平行度、垂直度、倾斜度和位置度等要求,所给出的公差值应是直径值,公差值前必须加符号 ϕ。对于空间点的位置控制,有时要求任意方向控制,则用到球状公差带,则符号为 $S\phi$。

对于圆度、圆柱度、轮廓度（包括线和面）、平面度、对称度和跳动等公差项目,公差值只可能是宽度值。对于在一个方向上、两个方向上或一个给定平面内的直线度、平行度、垂直度、倾斜度和位置度所给出的一个或两个互相垂直方向的公差值也均为宽度值。

公差带的宽度或直径值是控制零件几何精度的重要指标。一般情况下,应根据 GB/T 1184—1996 来选择标准数值,如有特殊需要,也可另行规定。

（3）公差带的方向

在评定几何误差时,形状公差带和位置公差带的放置方向直接影响到误差评定的正确性。

对于形状公差带,其放置方向应符合最小条件。对于定向位置公差带,由于控制的是正方向,故其放置方向要与基准要素成绝对理想的方向关系,即平行、垂直或理论准确的其他角度关系。

对于定位位置公差,除点的位置度公差外,其他控制位置的公差带都有方向问题,其放置方向由相对于基准的理论正确尺寸来确定。

（4）公差带的位置

对于形状公差带,只是用来限制被测提取（实际）要素的形状误差,本身不做位置要求,如圆度公差带限制被测的截面圆实际轮廓圆度误差,至于该圆轮廓在哪个位置上、直径多大都不属于圆度公差控制之列,它们是由相应的尺寸公差控制的。实际上,只要求形状公差带在尺寸公差带内便可,允许在此范围内任意浮动。

对于定向位置公差带,强调的是相对于基准的方向关系,其对提取（实际）要素的位置是不作控制的,而是由相对于基准的尺寸公差或理论正确尺寸控制。如机床导轨面对床脚底面的平行度要求,它只控制实际导轨面对床脚底面的平行度是否合格,至于导轨面离地面的高度,由其对床脚底面的尺寸公差控制,被测导轨面只要位于尺寸公差内,且不超过给定的平行度公差带,就视为合格。因此,依被测提取（实际）要素离基准的距离不同,平行度公差带可以在尺寸公差带内上或下浮动变化。如果由理论正确尺寸定位,则几何公差带的位置由理论正确尺寸确定,其位置是固定不变的。

对于定位位置公差带,强调的是相对于基准的位置（其必包含方向）关系,公差带的位置由相对于基准的理论正确尺寸确定,公差带是完全固定位置的。其中同轴度、对称度的公差带位置与基准（或其延伸线）位置重合,即理论正确尺寸为 0,而位置度则应在 x、y、z 坐标上分别给出理论正确尺寸。

4.3.2 形状公差

形状公差是单一提取(实际)被测要素对其拟合(理想)要素的允许变动量,形状公差带是单一提取(实际)被测要素允许变动的区域。形状公差有直线度、平面度、圆度、圆柱度四个项目。

直线度公差用于限制平面内或空间直线的形状误差。根据零件的功能要求的不同,可分别提出给定平面内、给定方向上和任意方向的直线度要求。

平面度公差用于限定被测实际平面的形状误差。

圆度公差用于限定回转表面(如圆柱面、圆锥面、球面等)的径向截面轮廓的形状误差。

圆柱度公差用于限定被测实际圆柱面的形状误差。

轮廓度公差包括线轮廓度和面轮廓度。线轮廓度公差用于限制平面曲线(或曲面的截面轮廓)的形状误差,面轮廓度公差是用于限制一般曲面的形状误差。

无基准要求时,轮廓度公差带的形状只由理论正确尺寸(带方框的尺寸)确定,其位置是浮动的;有基准要求时,其公差带的形状和位置由理论正确尺寸和基准确定,公差带的位置是固定的。

典型的形状公差带见表 4-3。

表 4-3 形状公差带定义、标注和解释(摘自 GB/T 1182—2018)

特征	公差带定义	标注和解释
直线度 (符号 —)	公差带为在给定平面内和给定方向上,间距等于公差值 t 的两平行直线所限定的区域 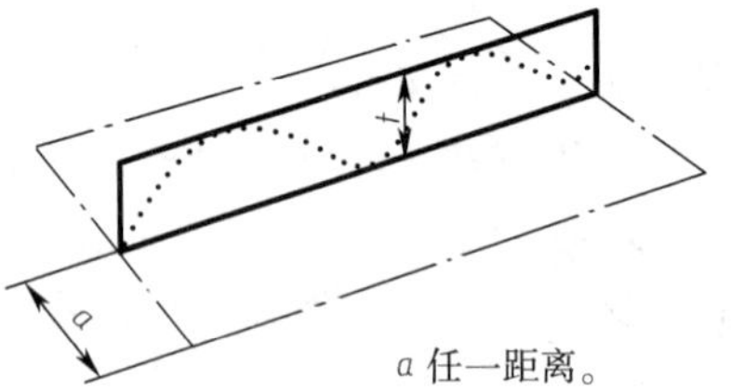 a 任一距离。	在任一平行于图示投影面的平面内,上平面的提取(实际)线应限定在间距等于 0.1 的两平行直线之间 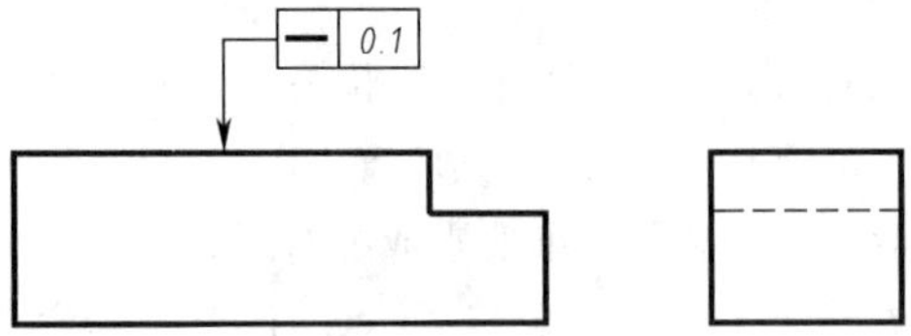
	公差带为间距等于公差值 t 的两平行平面所限定的区域 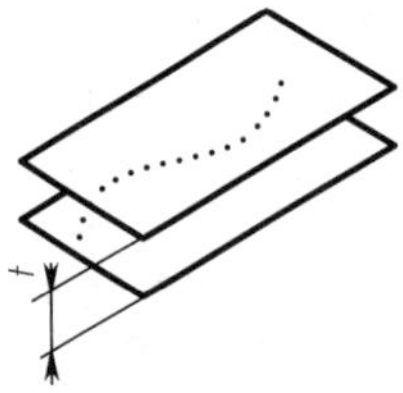	提取(实际)的棱边应限定在间距等于 0.1 的两平行平面之间 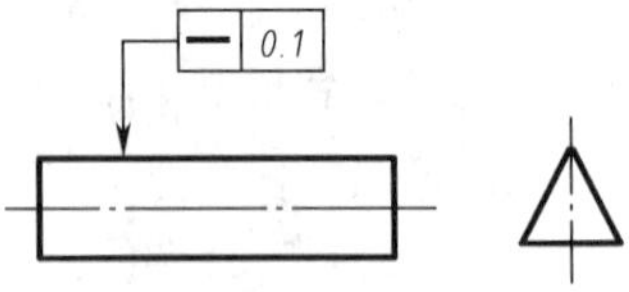
	由于公差值前加注了符号 ϕ,公差带为直径等于公差值 ϕ_t 的圆柱面所限定的区域 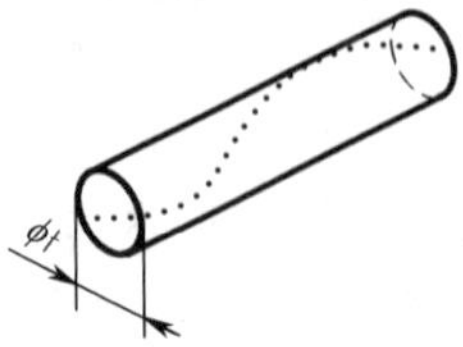	外圆柱面的提取(实际)中心线应限定在直径等于 $\phi0.08$ 的圆柱面内 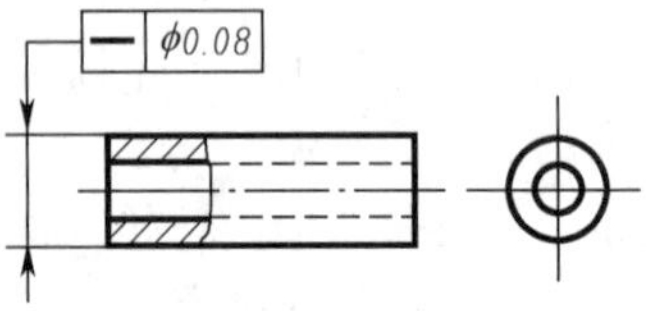

特征	公差带定义	标注和解释
平面度 （符号 ◻）	公差带为间距等于公差值 t 的两平行平面所限定的区域 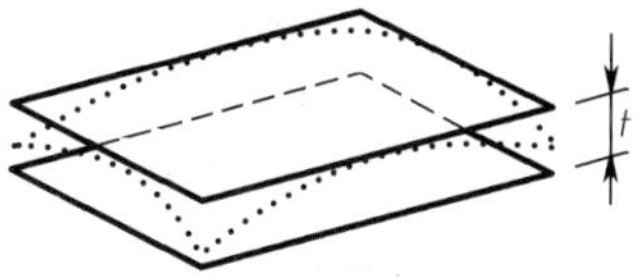 	提取（实际）表面应限定在间距等于 0.08 的两平行平面之间 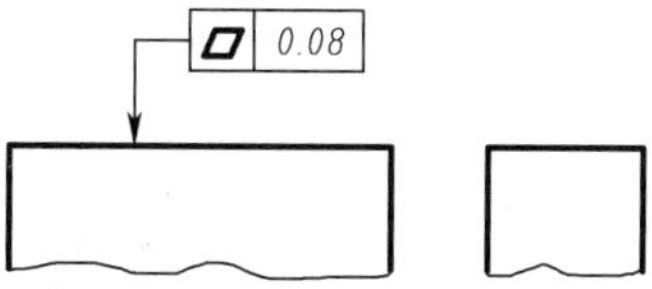
圆度 （符号 ○）	公差带为在给定横截面内、半径差等于公差值 t 的两同心圆所限定的区域 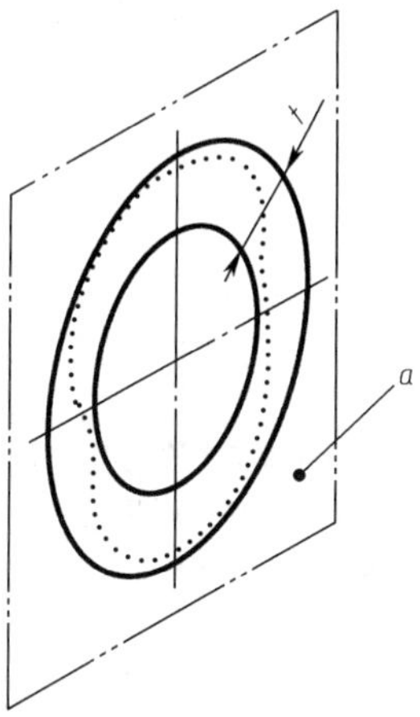 	在圆柱面和圆锥面的任意横截面内，提取（实际）圆周应限定在半径差等于 0.03 的两共面同心圆之间 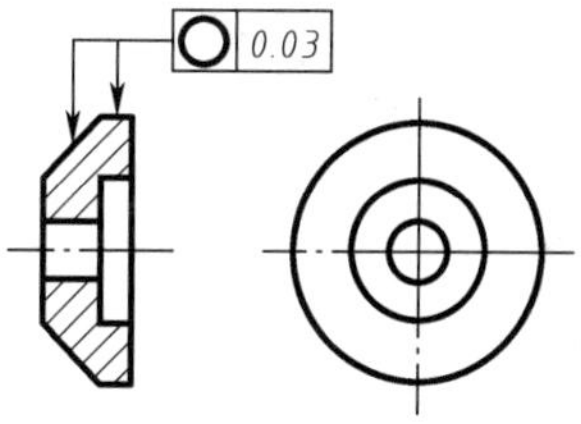 在圆锥面的任意横截面内，提取（实际）圆周应限定在半径差等于 0.1 的两同心圆之间 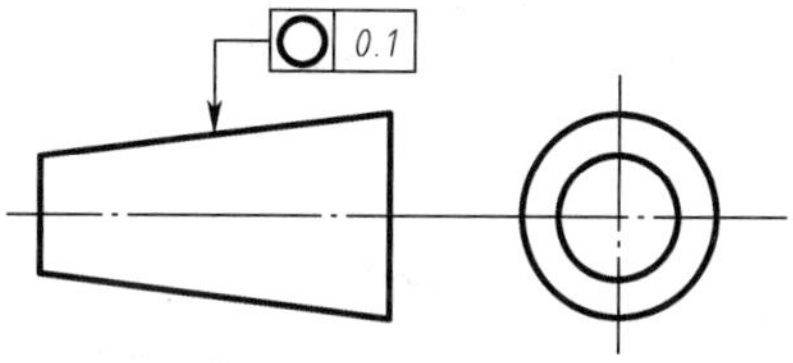
圆柱度 （符号 ⌭）	公差带为半径差等于公差值 t 的两同轴圆柱面所限定的区域 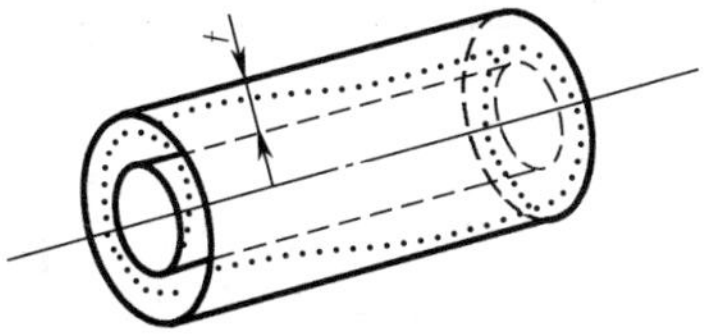 	提取（实际）圆柱面应限定在半径差等于 0.1 的两同轴圆柱面之间 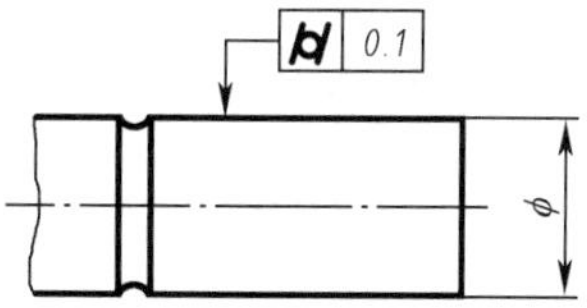
无基准的线轮廓度 （符号 ⌒）	公差带为直径等于公差值 t、圆心位于具有理论正确几何形状上的一系列圆的两包络线所限定的区域 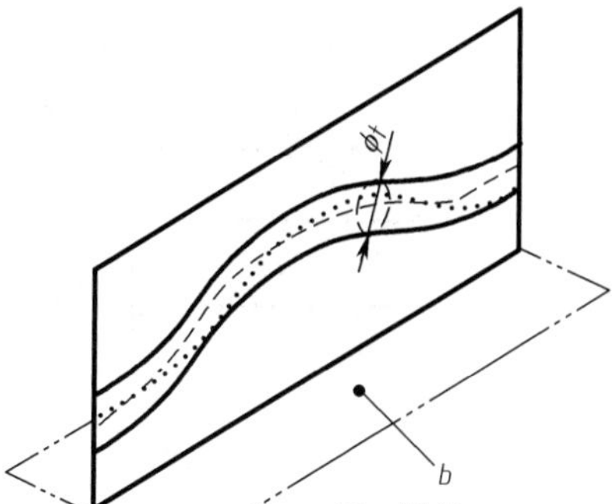 a 任一距离； b 垂直于视图所在平面。	在任一平行于图示投影面的截面内，提取（实际）轮廓线应限定在直径等于 0.04、圆心位于被测要素理论正确几何形状上的一系列圆的两包络线之间 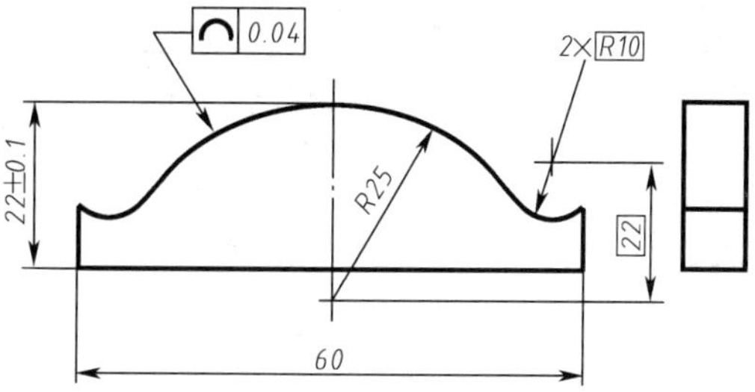

特征	公差带定义	标注和解释
相对于基准体系的线轮廓度（符号 ⌒）	公差带为直径等于公差值 t、圆心位于由基准平面 A 和基准平面 B 确定的被测要素理论正确几何形状上的一系列圆的两包络线所限定的区域 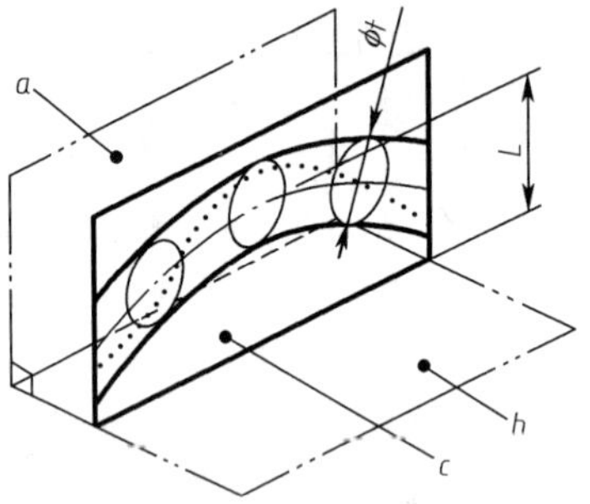 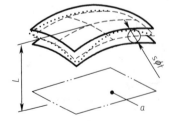 a 基准平面 A； b 基准平面 B； c 平行于基准 A 的平面。	在任一平行于图示投影平面的截面内，提取（实际）轮廓线应限定在直径等于 0.04、圆心位于由基准平面 A 和基准平面 B 确定的被测要素理论正确几何形状上的一系列圆的两等距包络线之间 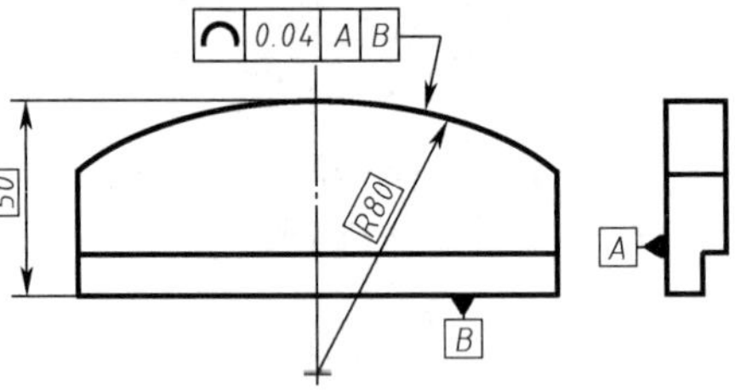 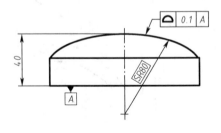
无基准的面轮廓度（符号 ⌓）	公差带为直径等于公差值 t、球心位于被测要素理论正确形状上的一系列圆球的两包络面所限定的区域 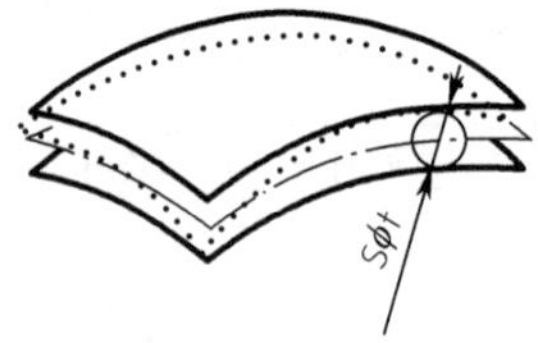	提取（实际）轮廓面应限定在直径等于 0.02、球心位于被测要素理论正确几何形状上的一系列圆球的两等距包络面之间 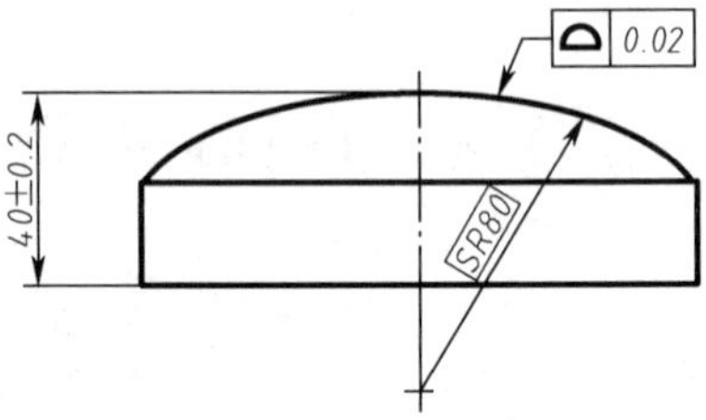
相对于基准体系的面轮廓度（符号 ⌓）	公差带为直径等于公差值 t、球心位于由基准平面 A 确定的被测要素理论正确几何形状上的一系列圆球的两包络面所限定的区域 a 基准平面 A。	提取（实际）轮廓面应限定在直径等于 0.1、球心位于由基准平面 A 确定的被测要素理论正确几何形状上的一系列圆球的两等距包络面之间

形状公差带(除有基准的轮廓度公差带外)的特点是不涉及基准,其方向和位置随提取(实际)要素而浮动。

4.3.3　方向公差

方向公差是关联提取(实际)要素对其具有确定方向的拟合(理想)要素的允许变动量。拟合(理想)要素的方向由基准及理论正确尺寸(角度)确定。当理论正确角度为0°时,称为平行度公差;为90°时,称为垂直度公差;为其他任意角度时,称为倾斜度公差。这三项公差都有线对基准线、线对基准面、面对基准线和面对基准面几种情况。除此之外,还有线对基准体系及面对基准体系的情况存在。表4-4列出了部分方向公差的公差带定义、标注和解释示例。

表 4-4　方向公差带定义、标注和解释(摘自 GB/T 1182—2018)

特征		公差带定义	标注和解释
平行度(符号 **//**)	线对基准线	若公差值前加注了符号 ϕ,公差带为平行于基准轴线、直径等于公差值 ϕt 的圆柱面所限定的区域 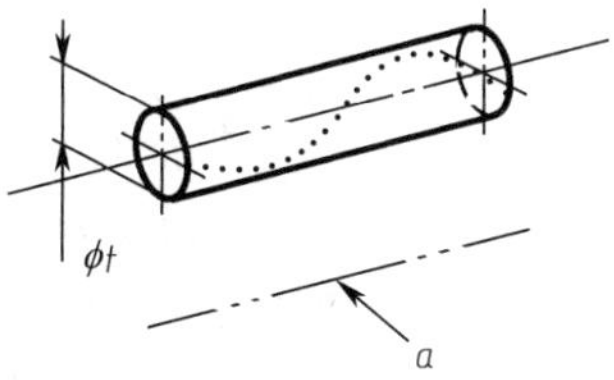 a 基准轴线。	提取(实际)中心线应限定在平行于基准轴线 A、直径等于 $\phi0.03$ 的圆柱面内 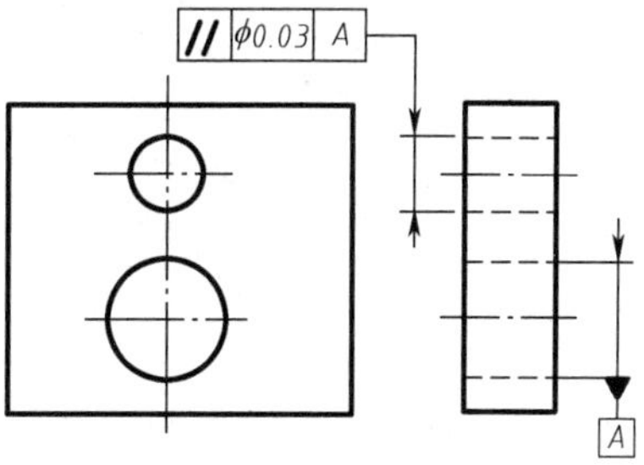
	线对基准面	公差带为平行于基准平面、间距等于公差值 t 的两平行平面所限定的区域 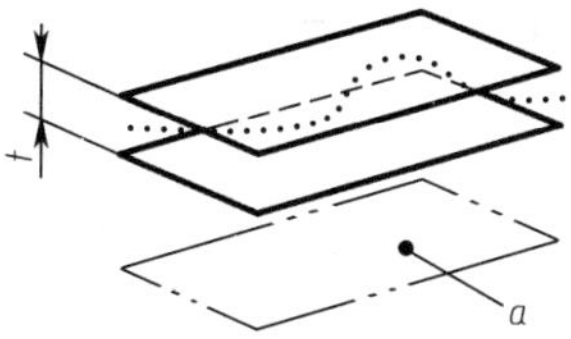	提取(实际)中心线应限定在平行于基准平面 B、间距等于 0.01 的两平行平面之间 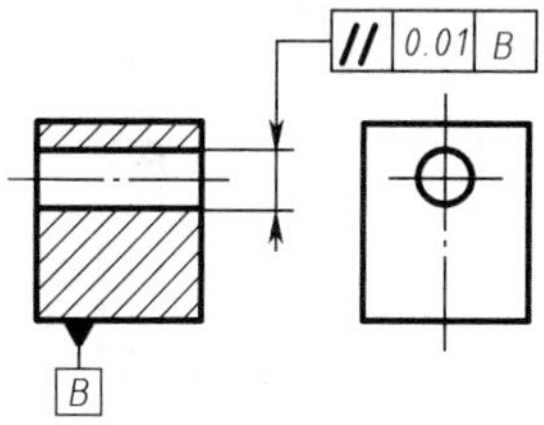
	面对基准线	公差带为间距等于公差值 t、平行于基准轴线的两平行平面所限定的区域 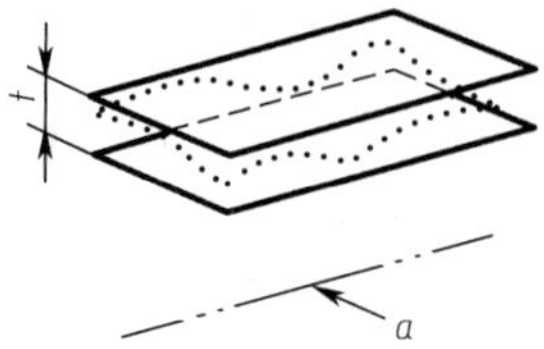	提取(实际)表面应限定在间距等于 0.1、平行于基准轴线 C 的两平行平面之间 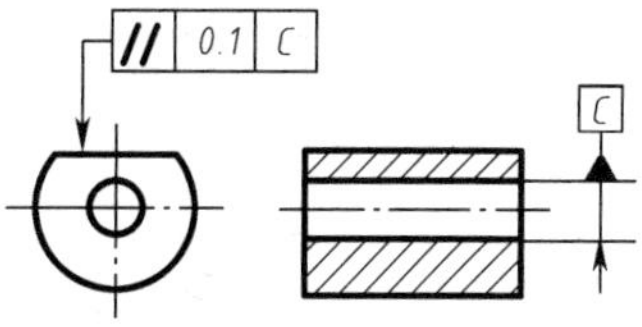

特征		公差带定义	标注和解释
平行度（符号 //）	面对基准面	公差带为间距等于公差值 t、平行于基准平面的两平行平面所限定的区域 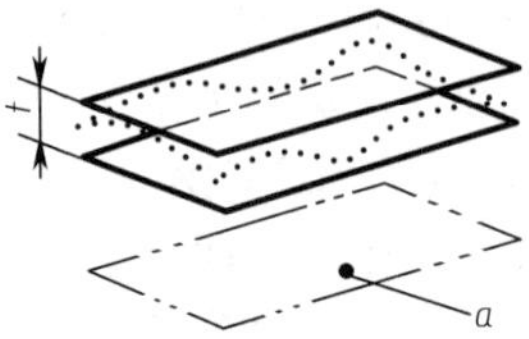 a 基准平面	提取（实际）表面应限定在间距等于 0.01、平行于基准 D 的两平行平面之间 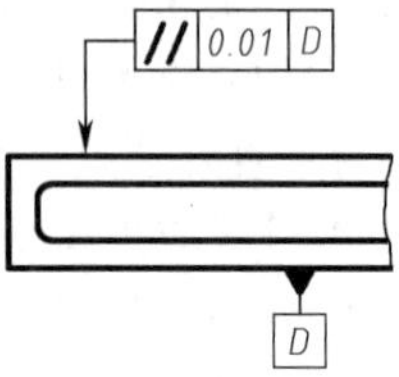 // | 0.01 | D D
	线对基准体系	公差带为间距等于公差值 t、平行于基准轴线 A 且垂直于基准平面 B 的两平行平面所限定的区域 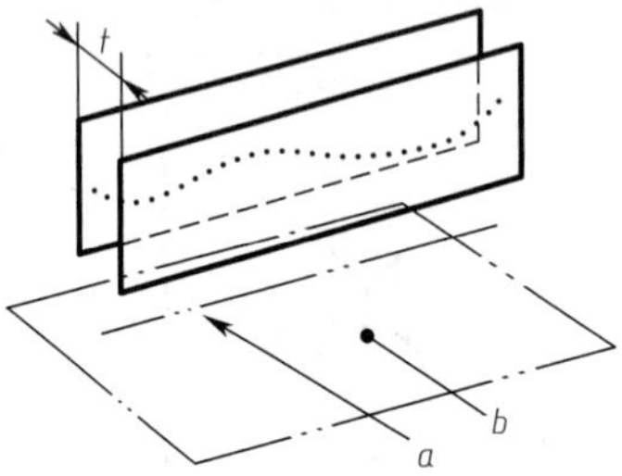 a 基准轴线 A； b 基准平面 B。	提取（实际）中心线应限定在间距等于 0.1 的两平行平面之间。这两平行平面平行于基准轴线 A 且垂直于基准平面 B 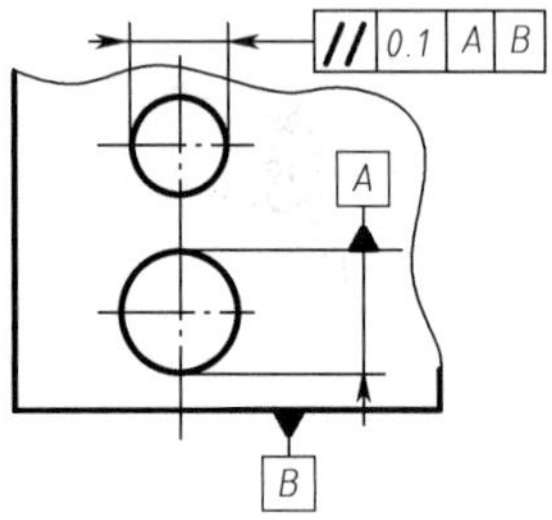 // | 0.1 | A | B A B
垂直度（符号 ⊥）	线对基准面	若公差值前加注符号 ϕ，公差带为直径等于公差值 ϕt、轴线垂直于基准平面的圆柱面所限定的区域 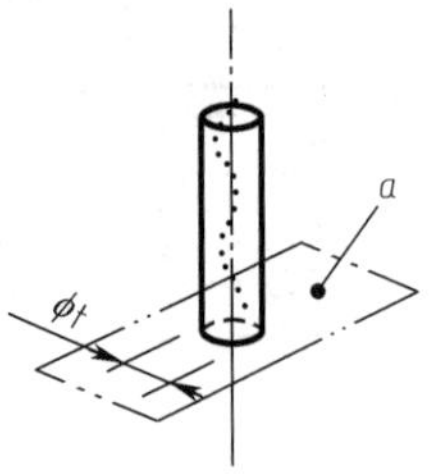 a 基准平面。	圆柱面的提取（实际）中心线应限定在直径等于 $\phi 0.01$、垂直于基准平面 A 的圆柱面内 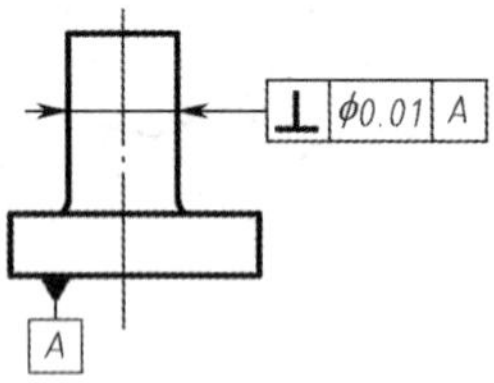 ⊥ | $\phi 0.01$ | A A
	面对基准面	公差带为间距等于公差值 t、垂直于基准平面的两平行平面所限定的区域 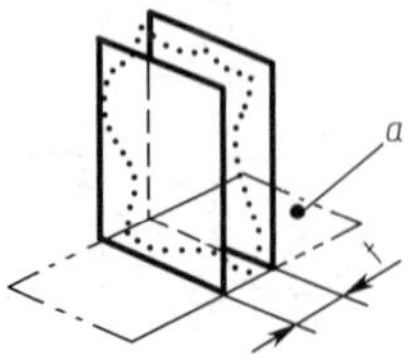 a 基准平面。	提取（实际）表面应限定在间距等于 0.08、垂直于基准平面 A 的两平行平面之间 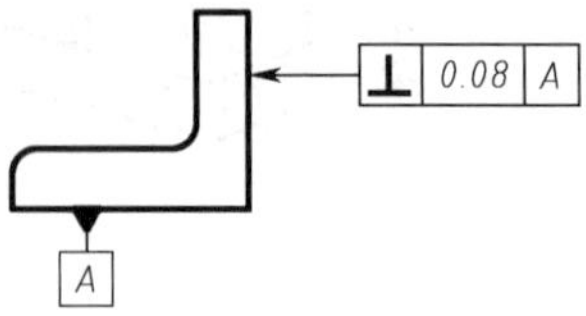 ⊥ | 0.08 | A A

特征		公差带定义	标注和解释
垂直度（符号 ⊥）	线对基准体系	公差带为间距等于公差值 t 的两平行平面所限定的区域。这两平行平面垂直于基准平面 A，且平行于基准平面 B 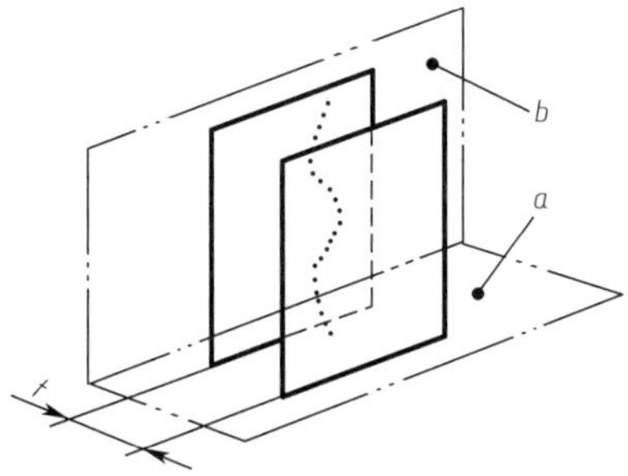 a 基准平面 A； b 基准平面 B。	圆柱面的提取（实际）中心线应限定在间距等于 0.1 的两平行平面之间。这两平行平面垂直于基准平面 A，且平行于基准平面 B 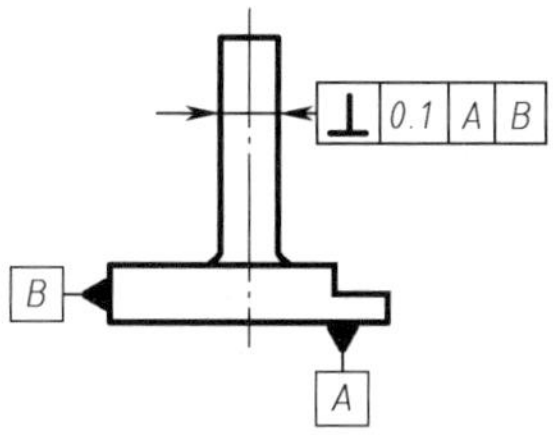
倾斜度（符号 ∠）	线对基准面	公差值前加注符号 ϕ，公差带为直径等于公差值 ϕt 的圆柱面所限定的区域。这圆柱面公差带的轴线按给定角度倾斜于基准平面 A 且平行于基准平面 B 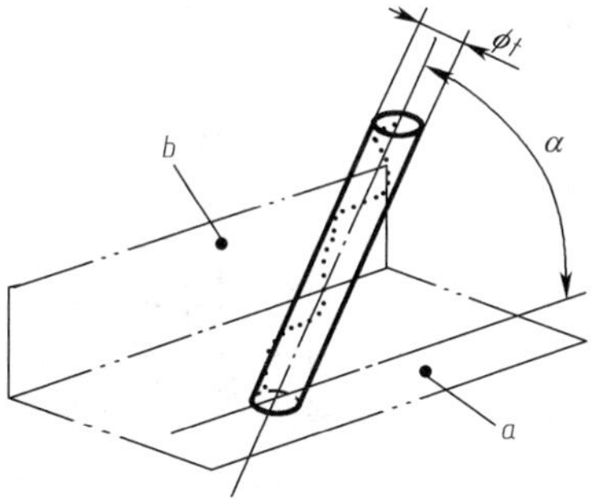 a 基准平面 A； b 基准平面 B。	提取（实际）中心线应限定在直径等于 $\phi0.1$ 的圆柱面内。该圆柱面的中心线按理论正确角度 60° 倾斜于基准平面 A 且平行于基准平面 B 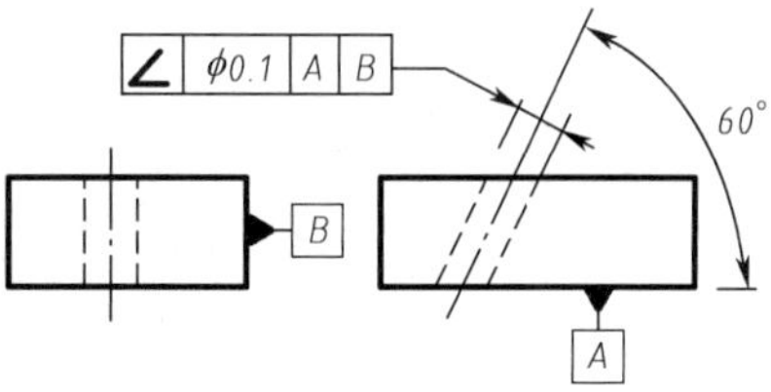
	面对基准面	公差带为间距等于公差值 t 的两平行平面所限定的区域。这两平行平面按给定角度倾斜于基准平面 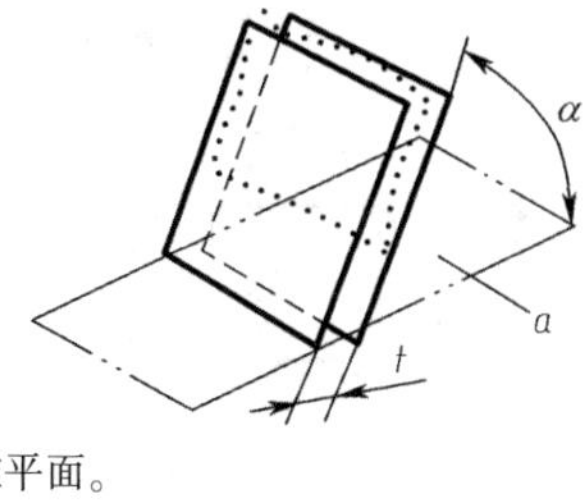 a 基准平面。	提取（实际）表面应限定在间距等于 0.08 的两平行平面之间，该两平行平面按理论正确角度 40° 倾斜于基准平面 A 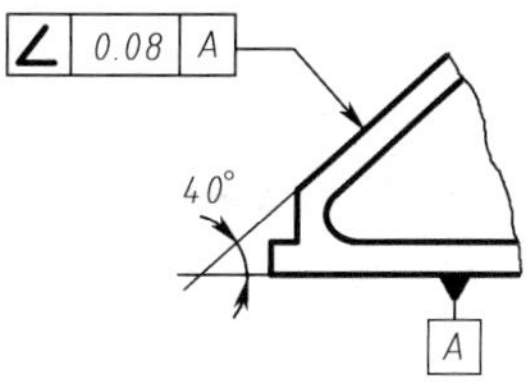

方向公差带具有如下特点：

（1）方向公差带相对于基准有确定的方向，而其位置往往是浮动的。

（2）方向公差带具有综合控制被测要素的方向和形状的功能。在保证使用要求的前提下，对被测要素给出方向公差后，通常不再对该要素提出形状公差要求。需要对被测要素的形状有进一步的要求时，可再给出形状公差，且形状公差值应小于方向公差值。

4.3.4　位置公差

位置公差是关联提取（实际）要素对其具有确定位置的拟合（理想）要素的允许变动量。拟合（理想）要素的位置由基准及理论正确尺寸（长度或角度）确定。

当理论正确尺寸为零，且基准要素和被测要素均为轴线时称为同轴度公差（若基准要素和被测要素的轴线足够短，或均为中心点时，称为同心度公差）。

当理论正确尺寸为零，基准要素或（和）被测要素为其他中心要素（中心平面）时称为对称度公差。

在其他情况下均称为位置度公差。

表4-5列出了部分位置公差的公差带定义、标注和解释示例。

表4-5　位置公差带定义、标注和解释（摘自 GB/T 1182—2018）

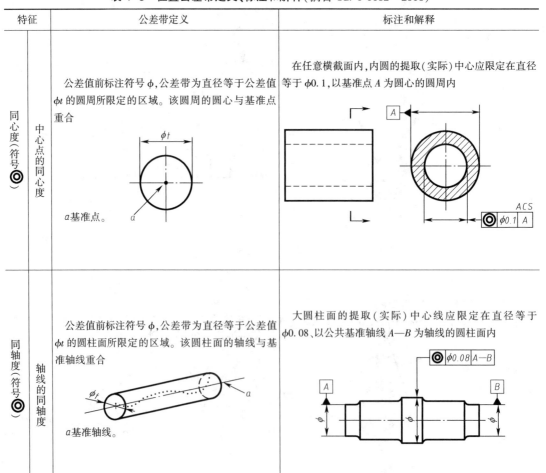

特征	公差带定义	标注和解释
同心度（符号◎）｜中心点的同心度	公差值前标注符号φ，公差带为直径等于公差值φt 的圆周所限定的区域。该圆周的圆心与基准点重合。a基准点。	在任意横截面内，内圆的提取（实际）中心应限定在直径等于φ0.1，以基准点 A 为圆心的圆周内
同轴度（符号◎）｜轴线的同轴度	公差值前标注符号φ，公差带为直径等于公差值φt 的圆柱面所限定的区域。该圆柱面的轴线与基准轴线重合。a基准轴线。	大圆柱面的提取（实际）中心线应限定在直径等于φ0.08、以公共基准轴线 A—B 为轴线的圆柱面内

续表

特征		公差带定义	标注和解释
对称度（符号 ⌖）	中心平面的对称度	公差带为间距等于公差值 t，对称于基准中心平面的两平行平面所限定的区域 a 基准中心平面。	提取（实际）中心面应限定在间距等于 0.08、对称于基准中心平面 A 的两平行平面之间 $\boxed{A}$　$\boxed{= \| 0.08 \| A}$ 提取（实际）中心面应限定在间距等于 0.08、对称于公共基准中心平面 $A—B$ 的两平行平面之间 $\boxed{= \| 0.08 \| A—B}$ $\boxed{A}$　　　　　　　　　$\boxed{B}$
位置度（符号 ⊕）	点的位置度	公差值前加注 $S\phi$，公差带为直径等于公差值 $S\phi t$ 的圆球面所限定的区域。该圆球面中心的理论正确位置由基准平面 A、B、C 和理论正确尺寸确定 a 基准平面 A； b 基准平面 B； c 基准平面 C。	提取（实际）球心应限定在直径等于 $S\phi0.3$ 的圆球面内。该圆球面的中心由基准平面 A、基准平面 B、基准中心平面 C 和理论正确尺寸 30、25 确定 注：提取（实际）球心的定义尚未标准化。 $\boxed{\oplus \| S\phi0.3 \| A \| B \| C}$ $\boxed{B}$　$\boxed{A}$　$\boxed{30}$
	线的位置度	公差值前加注符号 ϕ，公差带为直径等于公差值 ϕt 的圆柱面所限定的区域。该圆柱面的轴线的位置由基准平面 C、A、B 和理论正确尺寸确定 a 基准平面 A； b 基准平面 B； c 基准平面 C。	提取（实际）中心线应限定在直径等于 $\phi0.08$ 的圆柱面内。该圆柱面的轴线的位置应处于由基准平面 C、A、B 和理论正确尺寸 100、68 确定的理论正确位置上 $\boxed{A}$　$\boxed{\oplus \| \phi0.08 \| C \| A \| B}$　$\boxed{C}$ $\boxed{B}$　100

特征		公差带定义	标注和解释
位置度（符号⊕）	线的位置度	公差值前加注符号ϕ，公差带为直径等于公差值ϕt的圆柱面所限定的区域。该圆柱面的轴线的位置由基准平面C、A、B和理论正确尺寸确定 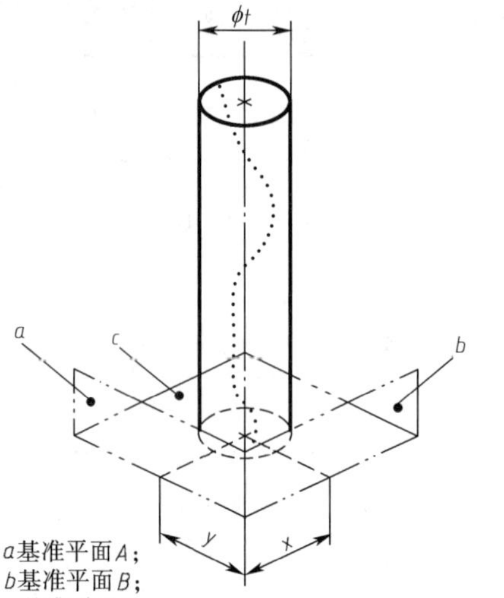 a基准平面A； b基准平面B； c基准平面C。	各提取（实际）中心线应各自限定在直径等于$\phi0.1$的圆柱面内。该圆柱面的轴线应处于由基准平面C、A、B和理论正确尺寸20、15、30确定的各孔轴线的理论正确位置上 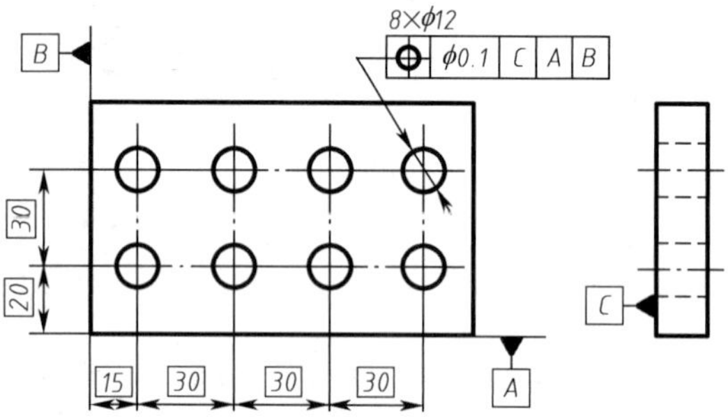
	面的位置度	公差带为间距等于公差值t，且对称于被测面理论正确位置的两平行平面所限定的区域。面的理论正确位置由基准平面、基准轴线和理论正确尺寸确定 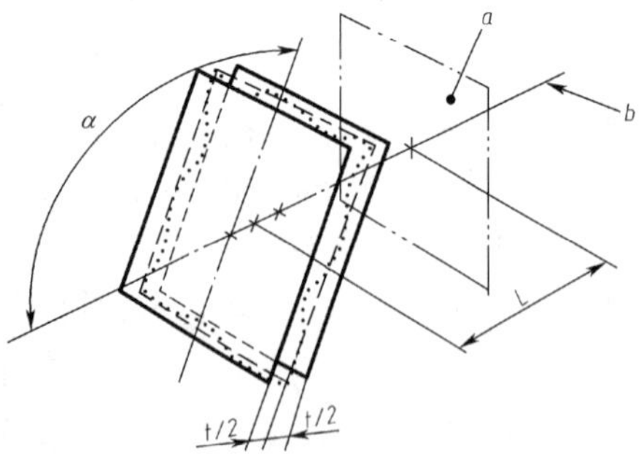 a基准平面； b基准轴线。	提取（实际）表面应限定在间距等于0.05，且对称于被测面的理论正确位置的两平行平面之间。这两平行平面对称于由基准平面A、基准轴线B和理论正确尺寸15、105°确定的被测面的理论正确位置 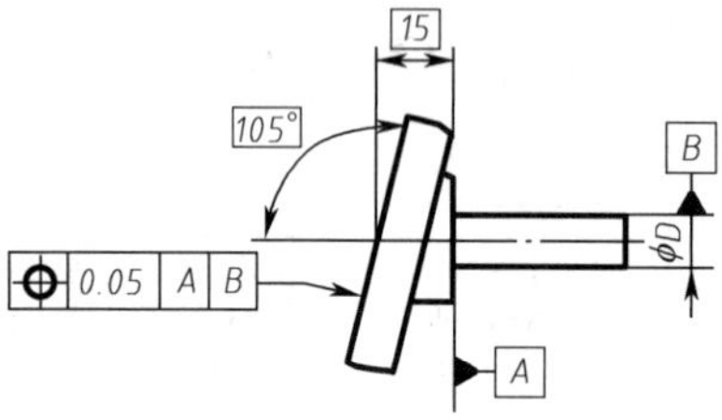 提取（实际）中心面应限定在间距等于0.05的两平行平面之间。该两平行平面对称于由基准轴线A和理论正确角度45°确定的各被测面的理论正确位置 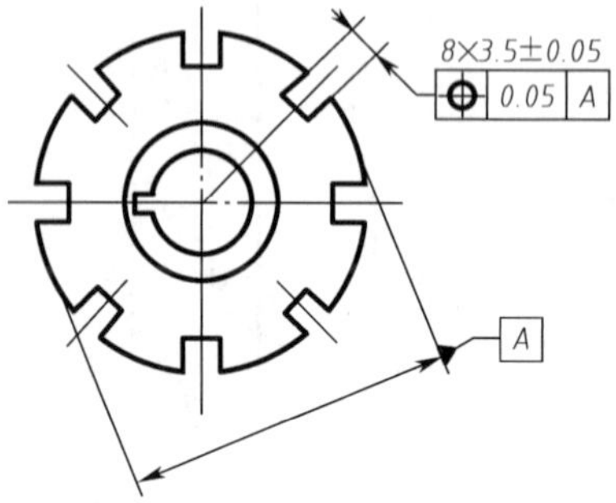 注：有关8个缺口之间理论正确角度的默认规定见GB/T 13319。

位置公差带具有如下特点：

①位置公差带相对于基准具有确定的位置。其中,位置度公差带的位置由理论正确尺寸确定,同轴度和对称度的理论正确尺寸为零,图上可省略不注。

②位置公差带具有综合控制被测要素位置、方向和形状的功能。在满足使用要求的前提下,对被测要素给出位置公差后,通常对该要素不再给出方向公差和形状公差。如果需要对方向和形状有进一步要求时,则可另行给出定向或(和)形状公差,但其数值应小于位置公差值。

4.3.5　跳动公差

与方向公差、位置公差不同,跳动公差是针对特定的检测方式而定义的公差特征项目。它是被测要素绕基准要素回转过程中所允许的最大跳动量,也就是指示器在给定方向上指示的最大读数与最小读数之差的允许值。跳动公差可分为圆跳动和全跳动。

圆跳动是指被测提取(实际)要素绕基准轴线作无轴向移动回转一周时,由固定的指示表在给定方向上测得的最大与最小读数之差。圆跳动公差是以上测量所允许的最大跳动量。圆跳动又可根据公差带方向不同分为径向圆跳动、轴向圆跳动和斜向圆跳动三种。

全跳动公差是被测要素绕基准轴线作无轴向移动连续多周旋转,同时指示表作平行或垂直于基准轴线的直线移动时,在整个表面上所允许的最大跳动量。全跳动分为径向全跳动和轴向全跳动两种。

跳动公差适用于回转表面或其端面。

表 4-6 列出了部分跳动公差带定义、标注和解释示例。

表 4-6　跳动公差带定义、标注和解释(摘自 GB/T 1182—2018)

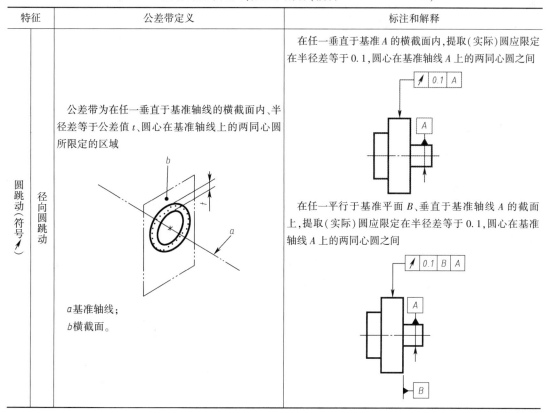

特征		公差带定义	标注和解释
圆跳动(符号 ↗)	径向圆跳动	公差带为在任一垂直于基准轴线的横截面内、半径差等于公差值 t、圆心在基准轴线上的两同心圆所限定的区域 a 基准轴线; b 横截面。	在任一垂直于基准 A 的横截面内,提取(实际)圆应限定在半径差等于 0.1,圆心在基准轴线 A 上的两同心圆之间 在任一平行于基准平面 B、垂直于基准轴线 A 的截面上,提取(实际)圆应限定在半径差等于 0.1,圆心在基准轴线 A 上的两同心圆之间

特征		公差带定义	标注和解释
圆跳动（符号 ↗）	径向圆跳动	公差带为在任一垂直于基准轴线的横截面内、半径差等于公差值 t、圆心在基准轴线上的两同心圆所限定的区域 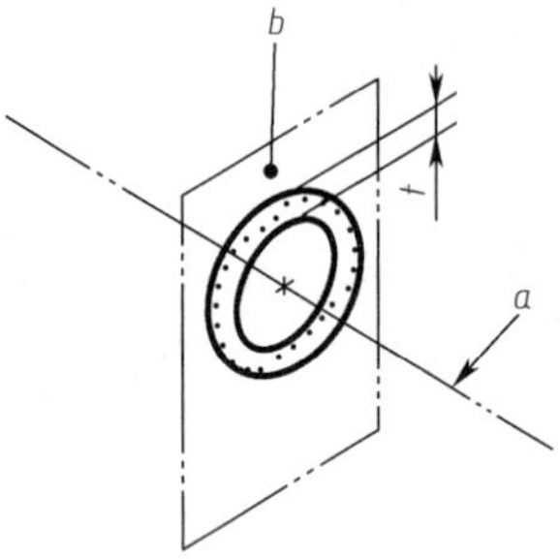 a 基准轴线； b 横截面。	在任一垂直于公共基准轴线 A—B 的横截面内，提取（实际）圆应限定在半径差等于 0.1、圆心在基准轴线 A—B 上的两同心圆之间 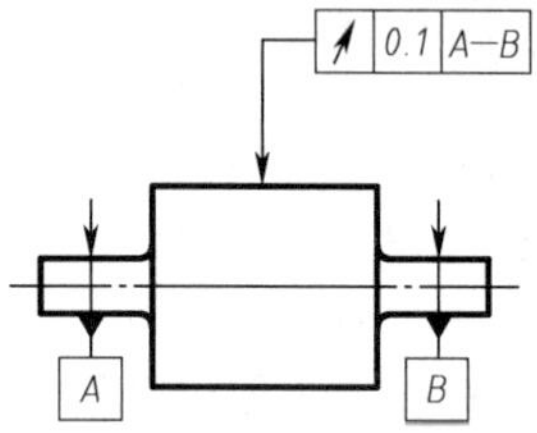
	轴向圆跳动	公差带为与基准轴线同轴的任一半径的圆柱截面上，间距等于公差值 t 的两圆所限定的圆柱面区域 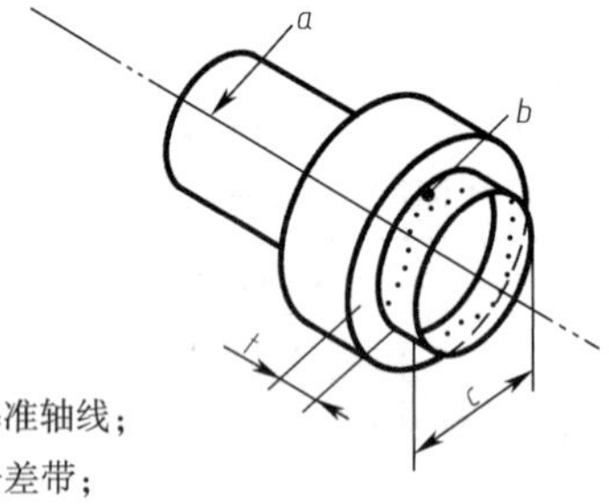 a 基准轴线； b 公差带； c 任意直径。	在与基准轴线 D 同轴的任一圆柱形截面上，提取（实际）圆应限定在轴向距离等于 0.1 的两个等圆之间 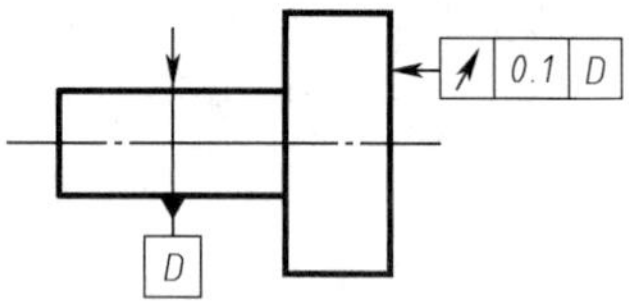
	斜向圆跳动	公差带为与基准轴线同轴的某一圆锥截面上，间距等于公差值 t 的两圆所限定的圆锥面区域 除非另有规定，测量方向应沿被测表面的法向 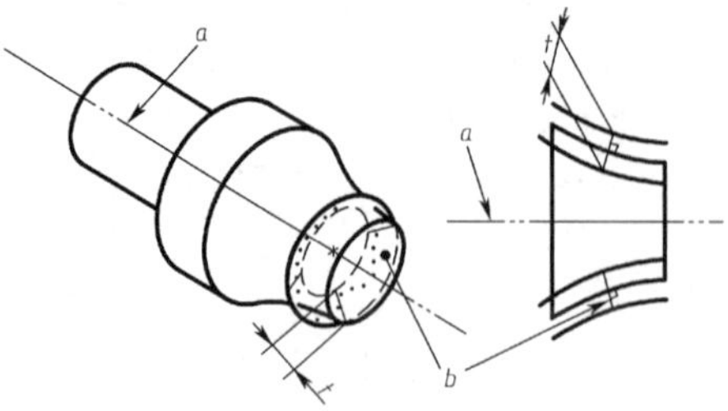 a 基准轴线； b 公差带。	在与基准轴线 C 同轴的任一圆锥截面上，提取（实际）线应限定在素线方向间距等于 0.1 的两不等圆之间 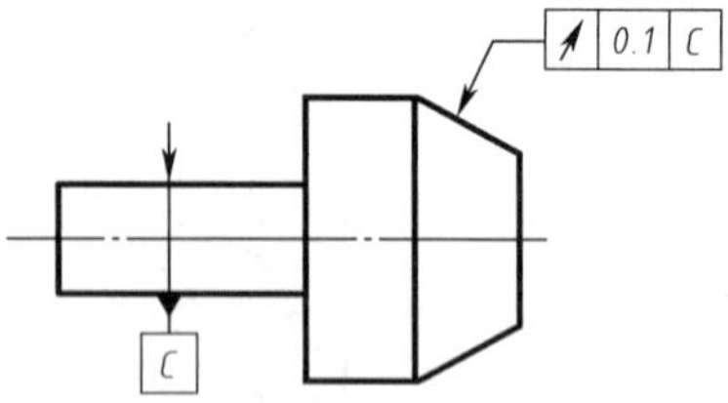 当标注公差的素线不是直线时，圆锥截面的锥角要随所测圆的实际位置而改变 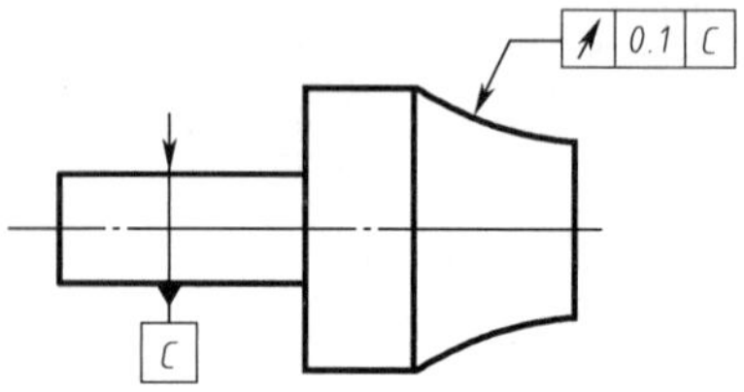

特征		公差带定义	标注和解释
全跳动（符号 ⫫）	径向全跳动	公差带为半径差等于公差值 t，与基准轴线同轴的两圆柱面所限定的区域 a 基准轴线。	提取（实际）表面应限定在半径差等于 0.1，与公共基准轴线 A—B 同轴的两圆柱面之间
	轴向全跳动	公差带为间距等于公差值 t，垂直于基准轴线的两平行平面所限定的区域 a 基准轴线； b 提取表面。	提取（实际）表面应限定在间距等于 0.1、垂直于基准轴线 D 的两平行平面之间

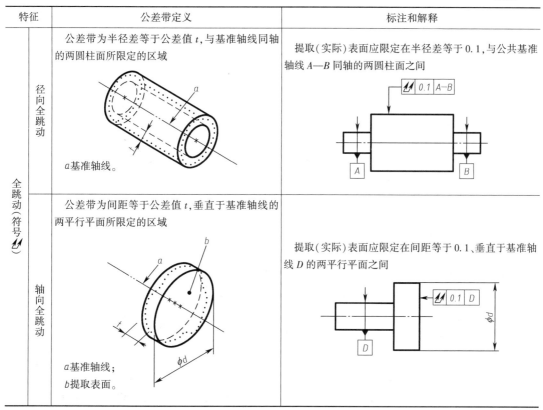

跳动公差带具有如下特点：

（1）跳动公差带的位置具有固定和浮动双重特点，一方面公差带的中心（或轴线）始终与基准轴线同轴，另一方面公差带的半径又随提取（实际）要素的变动而变动。

（2）跳动公差具有综合控制被测要素的位置、方向和形状的作用。例如，端面全跳动公差可同时控制端面对基准轴线的垂直度和它的平面度误差；径向全跳动公差可控制同轴度、圆柱度误差。

4.4　公　差　原　则

公差原则是处理几何公差与尺寸公差关系的基本原则。公差原则有独立原则和相关原则，相关原则又可分成包容要求、最大实体要求（及其可逆要求）和最小实体要求（及其可逆要求）。

4.4.1　有关公差原则的术语及定义

1. 体外作用尺寸

在被测要素的给定长度上，与实际轴（外表面）体外相接的最小理想孔（内表面）的直径（或宽度）称为轴的体外作用尺寸 d_{fe}；与实际孔（内表面）体外相接的最大理想轴（外表面）的直径（或宽度）称为孔的体外作用尺寸 D_{fe}，如图 4-24 所示。对于关联提取（实际）要素，该体外相接的理想孔（轴）的轴线（非圆形孔、轴则为中心平面）必须与基准保持图样给定的几何关系。

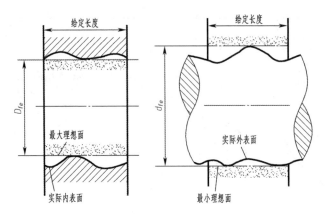

图 4-24　孔与轴的体外作用尺寸

2. 体内作用尺寸

在被测要素的给定长度上,与实际轴(外表面)体内相接的最大理想孔(内表面)的直径(或宽度)称为轴的体内作用尺寸 d_{fi};与实际孔(内表面)体内相接的最小理想轴(外表面)的直径(或宽度)称为孔的体内作用尺寸 D_{fi},如图 4-25 所示。对于关联提取(实际)要素,该体内相接的理想孔(轴)的轴线(非圆形孔、轴则为中心平面)必须与基准保持图样给定的几何关系。需要注意:作用尺寸是局部实际尺寸与几何误差综合形成的结果,

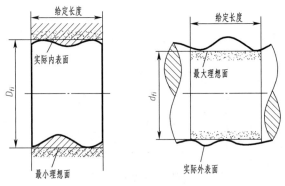

图 4-25　孔与轴的体内作用尺寸

作用尺寸是存在于实际孔、轴上的,表示其装配状态的尺寸。

3. 最大实体状态和最大实体尺寸

最大实体状态(maximum material condition ,MMC)是提取(实际)要素在给定长度上,处处位于极限尺寸之间并且实体最大时(占有材料量最多)的状态。最大实体状态对应的极限尺寸称为最大实体尺寸(maximum material size,MMS)。显然,轴的最大实体尺寸 d_{M} 就是轴的最大极限尺寸 $d_{\max}$,即

$$d_{\mathrm{M}} = d_{\max} \tag{4-1}$$

孔的最大实体尺寸 D_{M} 就是孔的最小极限尺寸 $D_{\min}$,即

$$D_{\mathrm{M}} = D_{\min} \tag{4-2}$$

4. 最小实体状态和最小实体尺寸

最小实体状态(least material condition ,LMC)是提取(实际)要素在给定长度上,处处位于极限尺寸之间并且实体最小时(占有材料量最少)的状态。最小实体状态对应的极限尺寸称为最小实体尺寸(least material size,LMS)。显然,轴的最小实体尺寸 d_{L} 就是轴的最小极限尺寸 $d_{\min}$,即

$$d_{\mathrm{L}} = d_{\min} \tag{4-3}$$

孔的最小实体尺寸 D_{L} 就是孔的最大极限尺寸 $D_{\max}$,即

$$D_{\mathrm{L}} = D_{\max} \tag{4-4}$$

5. 最大实体实效状态和最大实体实效尺寸

最大实体实效状态(maximum material virtual condition,MMVC)是在给定长度上,提取(实际)要素处于最大实体状态,且其中心要素的形状或位置误差等于给出公差值时的综合极限状态。最大实体实效状态对应的体外作用尺寸称为最大实体实效尺寸(maximum material virtual size,MMVS)。对于轴,它等于最大实体尺寸 d_M 加上带有Ⓜ的几何公差值 t,即

$$d_{MV} = d_{max} + t Ⓜ \tag{4-5}$$

对于孔,它等于最大实体尺寸 D_M 减去带有Ⓜ的几何公差值 t,即

$$D_{MV} = D_{min} - t Ⓜ \tag{4-6}$$

6. 最小实体实效状态和最小实体实效尺寸

最小实体实效状态(least material virtual condition,LMVC)是在给定长度上,提取(实际)要素处于最小实体状态,且其中心要素的形状或位置误差等于给出公差值时的综合极限状态。最小实体实效状态对应的体内作用尺寸称为最小实体实效尺寸(least material virtual size,LMVS)。对于轴,它等于最小实体尺寸 d_L 减去带有Ⓛ的几何公差值 t,即

$$d_{LV} = d_{min} - t Ⓛ \tag{4-7}$$

对于孔,它等于最小实体尺寸 D_L 加上带有Ⓛ的几何公差值 t,即

$$D_{LV} = D_{max} + t Ⓛ \tag{4-8}$$

需要注意:最大实体状态和最小实体状态只要求具有极限状态的尺寸,不要求具有理想形状。最大实体实效状态和最小实体实效状态只要求具有实效状态的尺寸,不要求具有理想形状。最大实体状态和最大实体实效状态由带有Ⓛ的几何公差值 t 相联系;最小实体状态和最小实体实效状态由带有Ⓛ的几何公差值 t 相联系。

7. 边界

边界是设计所给定的具有理想形状的极限包容面。这里需要注意,孔(内表面)的理想边界是一个理想轴(外表面);轴(外表面)的理想边界是一个理想孔(内表面)。依据极限包容面的尺寸,理想边界有最大实体边界 MMB、最小实体边界 LMB、最大实体实效边界 MMVB 和最小实体实效边界 LMVB,如图 4-26 所示。

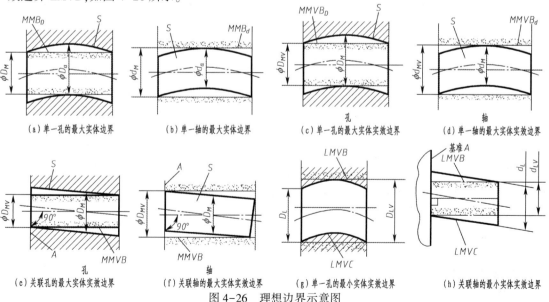

图 4-26　理想边界示意图

各种理想边界尺寸的计算公式如下：

孔的最大实体边界尺寸：$MMB_D = D_M = D_{min}$；

轴的最大实体边界尺寸：$MMB_d = d_M = d_{max}$；

孔的最小实体边界尺寸：$LMB_D = D_L = D_{max}$；

轴的最小实体边界尺寸：$LMB_d = d_L = d_{min}$；

孔的最大实体实效边界尺寸：$MMVB_D = D_{MV} = D_M - t \Ⓜ = D_{min} - t \Ⓜ$；

轴的最大实体实效边界尺寸：$MMVB_d = d_{MV} = d_M + t \Ⓜ = d_{max} + t \Ⓜ$；

孔的最小实体实效边界尺寸：$LMVB_D = D_{LV} = D_L + t \Ⓛ = D_{max} + t \Ⓛ$；

轴的最小实体实效边界尺寸：$LMVB_d = d_{LV} = d_L - t \Ⓛ = d_{min} - t \Ⓛ$。

为方便记忆，将以上有关公差原则的术语及表示符号和公式列在表 4-7 中。

表 4-7　公差原则术语及对应的表示符号和公式

术　语	符 号 和 公 式	术　语	符 号 和 公 式
孔的体外作用尺寸	$D_{fe} = D_a - f$	最大实体尺寸	MMS
轴的体外作用尺寸	$d_{fe} = d_a + f$	孔的最大实体尺寸	$D_M = D_{min}$
孔的体内作用尺寸	$D_{fi} = D_a + f$	轴的最大实体尺寸	$d_M = d_{max}$
轴的体内作用尺寸	$d_{fi} = d_a - f$	最小实体尺寸	LMS
最大实体状态	MMC	孔的最小实体尺寸	$D_L = D_{max}$
最大实体实效状态	MMVC	轴的最小实体尺寸	$d_L = d_{min}$
最小实体状态	LMC	最大实体实效尺寸	MMVS
最小实体实效状态	LMVC	孔的最大实体实效尺寸	$D_{MV} = D_{min} - t \Ⓜ$
最大实体边界	MMB	轴的最大实体实效尺寸	$d_{MV} = d_{max} + t \Ⓜ$
最大实体实效边界	MMVB	最小实体实效尺寸	LMVS
最小实体边界	LMB	孔的最小实体实效尺寸	$D_{LV} = D_{max} + t \Ⓛ$
最小实体实效边界	LMVB	轴的最小实体实效尺寸	$d_{LV} = d_{min} - t \Ⓛ$

4.4.2　独立原则

独立原则是几何公差和尺寸公差不相干的公差原则，或者说几何公差和尺寸公差要求是各自独立的。大多数机械零件的几何精度都是遵循独立原则的，尺寸公差控制尺寸误差，几何公差控制几何误差，图样上无需任何附加标注。尺寸公差包括线性尺寸公差和角度尺寸公差，以及未注公差的尺寸标注，都是独立公差原则的极好实例。本书前面大部分插图的尺寸标注都是独立原则，读者可以自行分析，不赘述。

独立原则的适用范围较广，尺寸公差、几何公差二者要求都严、一严一松、二者要求都松的情况下，使用独立原则都能满足要求。如印刷机滚筒几何公差要求严、尺寸公差要求松；连杆的小头孔尺寸公差、几何公差二者要求都严，如图 4-27 所示。

4.4.3　包容要求

1. 包容要求的公差解释

包容要求是相关公差原则中的三种要求之一，适用包容要求的被测提取（实际）要素（单一要素)的实体(体外作用尺寸)应遵守最大实体边界;被测提取(实际)要素的局部实际尺寸受最小实体尺寸所限;形状公差 t 与尺寸公差 T_h(或 T_s)有关,在最大实体状态下给定的形状公差值为零;当被测提取(实际)要素偏离最大实体状态时,形状公差获得补偿,补偿量来自尺寸公差[被测提取(实际)要素偏离最大实体状态的量,相当于尺寸公差富余的量,可作补偿量],补偿量的一般计算公式为 $t_2=\mid$ MMS$-D_a$(或 d_a)$\mid$;当被测提取(实际)要素为最小实体状态时,形状公差获得补偿量最多,即 $t_{2\max}=T_h$(或 T_s),这种情况下允许形状公差的最大值为

$$t_{\max}=t_{2\max}=T_h(或\ T_s) \tag{4-9}$$

形状公差 t 与尺寸公差 T_h(或 T_s)的关系可以用动态公差图表示,如图 4-28(b)所示。由于给定形状公差值 t_1 为零,故动态公差图的图形一般为直角三角形。

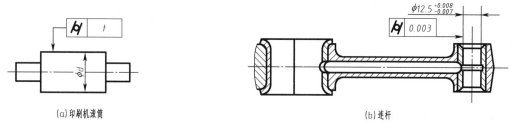

(a)印刷机滚筒　　　　　　　　　　　　　　(b)连杆

图 4-27　独立原则的适用实例

2. 包容要求的标注标记、应用与合格性判定

包容要求主要用于需要保证配合性质的孔、轴单一要素的中心轴线的直线度。包容要求在零件图样上的标注标记是在尺寸公差带代号后面加写Ⓔ,如图 4-28(a)所示。符合包容要求的被测实体(D_{fe}、d_{fe})不得超越最大实体边界 MMB;被测要素的局部实际尺寸(D_a、d_a)不得超越最小实体尺寸 LMS。生产中采用光滑极限量规(一种成对的,按极限尺寸判定孔、轴合格性的定值量具,见第 6 章光滑极限量规)检验符合包容要求的被测提取(实际)要素,通规检验体外作用尺寸(D_{fe}、d_{fe})是否超越最大实体边界,即通规测头模拟最大实体边界 MMB,通规测头通过为合格;止规检验局部实际尺寸(D_a、d_a)是否超越最小实体尺寸,即止规测头给出最小实体尺寸,止规测头止住(不通过)为合格。

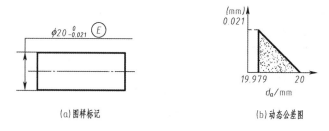

(a)图样标记　　　　　　　　　　　(b)动态公差图

图 4-28　包容要求的标注标记与动态公差图

符合包容要求的被测提取(实际)要素的合格条件为

对于孔(内表面):$D_{fe}\geqslant D_M=D_{\min}$;$D_a\leqslant D_L=D_{\max}$;

对于轴(外表面):$d_{fe}\leqslant d_M=d_{\max}$;$d_a\geqslant d_L=d_{\min}$。

综上所述,在使用包容要求的情况下,图样上所标注的尺寸公差具有双重职能:①控制尺寸误差;②控制形状误差。

3. 包容要求的实例分析

【例 4-1】 对图 4-28(a)做出解释。

解：

①T、t 标注解释。被测轴的尺寸公差 $T_s = 0.021$ mm，$d_M = d_{max} = \phi20$ mm，$d_L = d_{min} = \phi19.979$ mm；在最大实体状态下（$\phi20$ mm）给定形状公差（轴线的直线度）$t = 0$，当被测要素尺寸偏离最大实体状态的尺寸时，形状公差获得补偿，当被测要素尺寸为最小实体状态的尺寸 $\phi19.979$ mm 时，形状公差（直线度）获得补偿最多，此时形状公差（轴线的直线度）的最大值可以等于尺寸公差 T_s，即 $t_{max} = 0.021$ mm。

②动态公差图。T、t 的动态公差图如图 4-28(b)所示，图形形状为直角三角形。

③遵守边界。遵守最大实体边界 MMB，其边界尺寸为 $d_M = \phi20$ mm。

④检验与合格条件。对于大批量生产，可采用光滑极限量规检验（用孔型的通规测头——模拟被测轴的最大实体边界），其合格条件为

$$d_{fe} \leqslant \phi20 \text{ mm}; d_a \geqslant 19.979 \text{ mm}$$

4.4.4 最大实体要求

1. 最大实体要求的公差解释

最大实体要求也是相关公差原则中的三种要求之一，适用于最大实体要求的被测提取（实际）要素（多为关联要素）的实体（体外作用尺寸）应遵守最大实体实效边界；被测提取（实际）要素的局部实际尺寸同时受最大实体尺寸和最小实体尺寸所限；几何公差 t 与尺寸公差 T_h（或 T_s）有关，在最大实体状态下给定几何公差（多为位置公差）值 t_1 不为零（一定大于零，当为零时，是一种特殊情况——最大实体要求的零几何公差）；当被测提取（实际）要素偏离最大实体状态时，几何公差获得补偿，补偿量来自尺寸公差[即被测提取（实际）要素偏离最大实体尺寸的量，相当于尺寸公差富余的量，可作为补偿量]，补偿量的一般计算公式为

$$t_2 = | \text{MMS} - D_a(\text{或} d_a) | \tag{4-10}$$

当被测提取（实际）要素为最小实体状态时，几何公差获得补偿量最多，即 $t_{2max} = T_h$（或 T_s），这种情况下允许几何公差的最大值为

$$t_{max} = t_{2max} + t_1 = T_h(\text{或} T_s) + t_1 \tag{4-11}$$

几何公差 t 与尺寸公差 T_h（或 T_s）的关系可以用动态公差图表示，如图 4-29(b)所示。由于给定几何公差值 t_1 不为零，故动态公差图的图形一般为直角梯形。

2. 最大实体要求的应用与检测

最大实体要求主要用于需保证装配成功率的螺栓或螺钉连接处（即法兰盘上的连接用孔组或轴承端盖上的连接用孔组）的中心要素，一般是孔组轴线的位置度，还有槽类的对称度和同轴度。最大实体要求在零件图样上的标注标记是在几何公差框格内的几何公差给定值 t_1 后面加写 ⓜ，如图 4-29(a)所示。

当基准（导出要素，如轴线）也适用最大实体要求时，则在几何公差框格内的基准字母后面也加写，如图 4-30 所示。符合最大实体要求的被测实体（D_{fe}、d_{fe}）不得超越最大实体实效边界 MMVB；被测要素的局部实际尺寸（D_a、d_a）不得超越最大实体尺寸 MMS 和最小实体尺寸 LMS。生产中采用位置量规（只有通规，专为按最大实体实效尺寸判定孔、轴作用尺寸合格性而设计制造的定值量具，可以参考几何误差检验的相关标准和有关书籍）检验使用最大实体要求的被测提取（实际）要素的实体，位置量规（通规）检验体外作用尺寸（D_{fe}、d_{fe}）是否超越最大实体实效边界，即

位置量规测头模拟最大实体实效边界 MMVB,位置量规测头通过为合格;被测提取(实际)要素的局部实际尺寸(D_a、d_a)采用通用量具按两点法测量,以判定是否超越最大实体尺寸和最小实体尺寸,局部实际尺寸落入极限尺寸内为合格。符合最大实体要求的被测提取(实际)要素的合格条件如下:

对于孔(内表面):$D_{fe} \geq D_{MV} = D_{min} - t_1$;$D_{min} = D_M \leq D_a \leq D_L = D_{max}$。

对于轴(外表面):$d_{fe} \leq d_{MV} = d_{max} + t_1$;$d_{max} = d_M \geq d_a \geq d_L = d_{min}$。

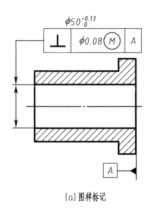

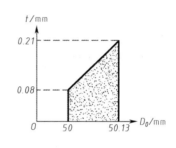

(a) 图样标记　　　　　　　　　　(b) 动态公差图

图 4-29　最大实体要求

3. 最大实体要求的零几何公差

这是最大实体要求的特殊情况,在零件图样上的标注标记是在位置公差框格的第二格内,即位置公差值的格内写 0 Ⓜ (或 ϕ0 Ⓜ),如图 4-31(a)所示。此种情况下,被测提取(实际)要素的最大实体实效边界就变成了最大实体边界。对于位置公差而言,最大实体要求的零几何公差比起最大实体要求来,显然更严格。由于零几何公差的缘故,动态公差图的形状由直角梯形(最大实体要求)转为直角三角形(相当于裁掉直角梯形中的矩形),如图 4-31(b)所示。

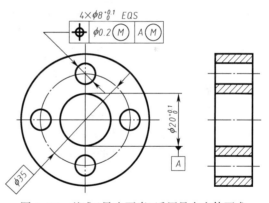

图 4-30　基准(导出要素)适用最大实体要求

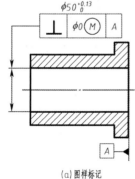

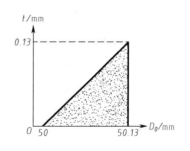

(a) 图样标记　　　　　　　　　　(b) 动态公差图

图 4-31　最大实体要求的零几何公差

另外,需要限制几何公差的最大值时,可以采用如图 4-32(a)所示的双格几何公差值的标注方法,一般将几何公差最大值写在双格的下格内。注意:在几何公差最大值的后面,不再加写。此时,由于几何公差最大值的缘故,动态公差图的形状由直角梯形(最大实体要求)转为具有三个直角的五边形(相当于裁掉直角梯形中的部分三角形),如图 4-32(b)所示。

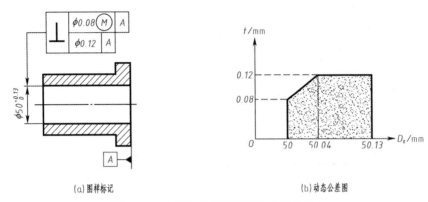

(a)图样标记　　　　　　　　　　(b)动态公差图

图 4-32　几何公差值受限的最大实体要求

4. 可逆要求用于最大实体要求

采用最大实体要求与最小实体要求时,只允许将尺寸公差补偿给形位公差。那么尺寸公差与形位公差是否可以相互补偿呢?针对这一问题,国家标准定义了可逆要求。

可逆要求是在不影响零件功能的前提下,当被测要素的形位误差值小于给定的形位公差值时,允许其相应的尺寸公差增大的一种相关要求。可逆要求仅适用于中心要素,即轴线或中心平面,但它不能独立使用,也没有自己的边界;它必须与最大实体要求或最小实体要求一起使用。在零件图样上,可逆要求用于最大实体要求的标注标记是在位置公差框格的第二格内位置公差值后面加写Ⓡ,如图 4-33(a)所示。此时,尺寸公差有双重职能:①控制尺寸误差;②协助控制几何误差。而位置公差也有双重职能:①控制几何误差;②协助控制尺寸误差。可逆要求用于最大实体要求的动态公差图,由于尺寸误差可以超差,其图形形状由直角梯形(最大实体要求)转为直角三角形(相当于在直角梯形的基础上加一个三角形),如图 4-33(b)所示。

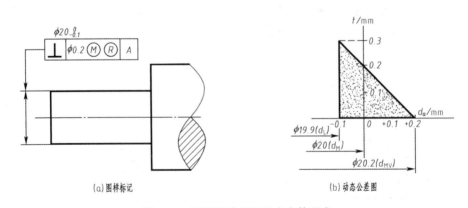

(a)图样标记　　　　　　　　　　(b)动态公差图

图 4-33　可逆要求用于最大实体要求

5. 最大实体要求的实例分析

【例 4-2】　对图 4-29(a)做出解释。

解：

①T、t 标注解释。被测孔的尺寸公差为 $T_h = 0.13$ mm，$D_M = D_{min} = \phi50$ mm，$D_L = D_{max} = \phi50.13$ mm；在最大实体状态下（$\phi0$ mm）给定几何公差（垂直度）$t_1 = 0.08$ mm，当被测要素尺寸偏离最大实体状态的尺寸时，几何公差（垂直度）获得补偿，当被测要素尺寸为最小实体状态的尺寸 $\phi50.13$ mm 时，几何公差获得补偿最多，此时几何公差（垂直度）具有的最大值可以等于给定几何公差 t_1 与尺寸公差 T_h 的和，即 $t_{max} = 0.08 + 0.13 = 0.21$（mm）。

②动态公差图。T、t 的动态公差图如图 4-29（b）所示，图形形状为具有两个直角的梯形。

③遵守边界。被测孔遵守最大实体实效边界 MMVB，其边界尺寸为

$$D_{MV} = D_{min} - t_1 = \phi50 - \phi0.08 = \phi49.92\text{（mm）}$$

④检验与合格条件。采用位置量规（轴型通规——模拟被测孔的最大实体实效边界）检验被测要素的体外作用尺寸 D_{fe}，采用两点法检验被测要素的局部实际尺寸 D_a，其合格条件为

$$D_{fe} \geqslant 49.92\text{ mm}, \phi50 \leqslant D_a \leqslant \phi50.13\text{（mm）}$$

【例 4-3】　对图 4-31（a）做出解释。

解：

①T、t 标注解释如图 4-31（a）所示，这是最大实体要求的零件几何公差。被测孔的尺寸公差为 $T_h = 0.13$ mm，即 $D_M = D_{min} = \phi50$ mm，$D_L = D_{max} = \phi50.13$ mm；在最大实体状态下（$\phi50$ mm）给定被测孔轴线的几何公差（垂直度）$t_1 = 0$，当被测要素尺寸偏离最大实体状态时，几何公差获得补偿，当被测要素尺寸为最小实体状态的尺寸 $\phi50.13$ mm 时，几何公差（垂直度）获得补偿最多，此时几何公差（垂直度）具有的最大值可以等于给定几何公差 t_1 与尺寸公差 T_h 的和，即 $t_{max} = 0 + 0.13 = 0.13$（mm）。

②动态公差图。T、t 的动态公差图如图 4-31（b）所示，图形形状为直角三角形，恰好与包容要求的动态公差图形状相同。

③遵守边界。遵守最大实体实效边界 MMVB，其边界尺寸为 $D_{MV} = D_{min} - t_1 = \phi50 - \phi0 = \phi50$（mm），显然就是最大实体边界（因为给定的 $t_1 = 0$）。

④检验与合格条件。采用位置量规（轴型通规——模拟被测孔的最大实体实效边界）检验被测要素的体外作用尺寸 D_{fe}，采用两点法检验被测要素的实际尺寸 D_a，其合格条件为

$$D_{fe} \geqslant \phi50\text{ mm}, \phi50 \leqslant D_a \leqslant \phi50.13\text{ mm}$$

【例 4-4】　图 4-32（a）做出解释。

解：

①T、t 标注解释。由图 4-32（a）可见，这是几何公差最大值受限的最大实体要求。尺寸公差为 $T_h = 0.13$ mm，即 $D_M = D_{min} = \phi50$ mm，$D_L = D_{max} = \phi50.13$ mm；在最大实体状态下（$\phi50$ mm）给定几何公差 $t_1 = 0.08$，并给定几何公差最大值 $t_{max} = 0.12$。当被测要素尺寸偏离最大实体状态的尺寸时，或当被测要素尺寸为最小实体状态尺寸 $\phi50.13$ mm 时，几何公差均可获得补偿。但最多可以补偿 t_{max} 与 t_1 的差值，即 $0.12 - 0.08 = 0.04$（mm），几何公差（垂直度）具有的最大值就等于给定几何公差（垂直度）的最大值，即 $t_{max} = 0.12$ mm。

②动态公差图。T、t 的动态公差图如图 4-32（b）所示，由于 $t_{max} = 0.12$ mm，图形形状为具有三个直角的五边形。

③遵守边界。遵守最大实体实效边界 MMVB，其边界尺寸为 $D_{MV} = D_{min} - t_1 = \phi50 - \phi0.08 = \phi49.92$（mm）。

④检验与合格条件。采用位置量规（轴型通规——模拟被测孔的最大实体实效边界）检验被

测要素的体外作用尺寸 D_{fe},采用两点法检验被测要素的实际尺寸 D_a,采用通用量具检验被测要素的几何误差(垂直度误差) $f_\perp$,其合格条件为

$$D_{fe} \geq \phi49.92 \text{ mm}, \phi50 \leq D_a \leq \phi50.13 \text{ mm}, f_\perp \leq 0.12 \text{ mm}$$

【例 4-5】 对图 4-33(a) 做出解释。

解:

①T、t 标注解释。图 4-33(a) 所示为可逆要求用于最大实体要求的轴线问题。轴的尺寸公差为 $T_s = 0.1$ mm,即 $d_M = d_{max} = \phi20$ mm,$d_L = d_{min} = \phi19.9$ mm;在最大实体状态下($\phi20$ mm)给定几何公差 $t_1 = 0.2$ mm,当被测要素尺寸偏离最大实体状态的尺寸时,几何公差获得补偿,当被测要素尺寸为最小实体状态的尺寸 $\phi19.9$ mm 时,几何公差获得补偿最多,此时几何公差具有的最大值可以等于给定几何公差 t_1 与尺寸公差 T_s 的和,即 $t_{max} = 0.2 + 0.1 = 0.3$(mm)。

②可逆解释。在被测要素轴的几何误差(轴线垂直度)小于给定几何公差的条件下,即 $f_\perp < 0.2$ mm 时,被测要素的尺寸误差可以超差,即被测要素轴的实际尺寸可以超出极限尺寸 $\phi20$,但不可以超出所遵守的边界(最大实体实效边界)尺寸 $\phi20.2$。图 4-33(b) 中横轴的 $\phi20 \sim \phi20.2$mm 为尺寸误差可以超差的范围(或称可逆范围)。

③动态公差图。T、t 的动态公差图如图 4-33(b) 所示,其形状是三角形。

④遵守边界。遵守最大实体实效边界 MMVB,其边界尺寸为 $d_{MV} = d_{max} + t_1 = \phi20 + \phi0.2 = \phi20.2$ mm。

⑤检验与合格条件。采用位置量规(孔型通规——模拟被测轴的最大实体实效边界)检验被测要素的体外作用尺寸 d_{fe},采用两点法检验被测要素的实际尺寸 d_a。

其合格条件为 $d_{fe} \leq \phi20.2$ mm,$\phi19.9 \leq d_a \leq \phi20$ mm;

当 $f_\perp < 0.2$ mm 时,$\phi19.9 \leq d_a \leq \phi20.2$ mm。

4.4.5 最小实体要求

1. 最小实体要求的公差解释

最小实体要求也是相关公差原则中的三种要求之一,被测提取(实际)要素(关联要素)的实体(体内作用尺寸)遵循最小实体实效边界;被测提取(实际)要素的局部实际尺寸同时受最大实体尺寸和最小实体尺寸所限;几何公差 t 与尺寸公差 T_h(或 T_s)有关,在最小实体状态下给定几何公差(多为位置公差)值 t_1 不为零(一定大于零,当为零时,是一种特殊情况——最小实体要求的零几何公差);当被测提取(实际)要素偏离最小实体状态时,几何公差获得补偿,补偿量来自尺寸公差[被测提取(实际)要素偏离最小实体状态的量,相当于尺寸公差富余的量,可作补偿量],补偿量的一般计算公式为

$$t_2 = \left| \text{LMS} - D_a \text{ 或 } d_a \right| \tag{4-12}$$

当被测提取(实际)要素为最大实体状态时,几何公差获得补偿量最多,即 $t_{2\,max} = T_h$(或 T_S),这种情况下允许几何公差的最大值为

$$t_{max} = t_{2\,max} + t_1 = T_h \text{(或 } T_s\text{)} + t_1 \tag{4-13}$$

几何公差 t 与尺寸公差 T_h(或 T_s)的关系可以用动态公差图表示,如图 4-34(b) 所示。由于给定几何公差值 t_1 不为零,故动态公差图的图形一般为直角梯形。

2. 最小实体要求的应用与检测

最小实体要求主要用于需要保证最小壁厚处(如空心的圆柱凸台、带孔的小垫圈等)的中心要素,一般是中心轴线的位置度、同轴度等。最小实体要求在零件图样上的标注是在几何公差框

格的几何公差给定值 t_1 后面加写Ⓛ,如图 4-34(a) 所示。

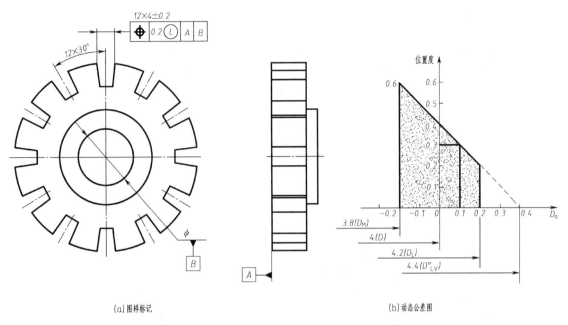

(a)图样标记　　　　　　　　　　　　(b)动态公差图

图 4-34　最小实体要求

当基准(中心要素、如轴线)也使用最小实体要求时,则在几何公差框格内的基准字母后面也加写Ⓛ。符合最小实体要求的被测实体(D_{fi}、d_{fi})不得超越最小实体实效边界 LMVB;被测要素的局部实际尺寸(D_a、d_a)不得超越最大实体尺寸 MMS 和最小实体尺寸 LMS。目前尚没有检验用量规,因为按最小实体实效尺寸判定孔、轴体内作用尺寸的合格性问题,在于量规无法实现检测过程(量规测头不可能进入被测要素的体内,除非是刀具,但真是刀具又不可以,检测过程不能破坏工件)。生产中一般采用通用量具检验被测提取(实际)要素的体内作用尺寸(D_{fi}、d_{fi})是否超越最小实体实效边界,即测量足够多点的数据,绘图法(在测量具备很好条件时,当然用坐标机测量并由计算机处理测量数据更好)求得被测要素的体内作用尺寸(D_{fi}、d_{fi}),再判定其是否超越最小实体实效边界 LMVB,不超越为合格;被测提取(实际)要素的局部实际尺寸(D_a、d_a)按两点法测量,以判定是否超越最大实体尺寸和最小实体尺寸,局部实际尺寸落入极限尺寸内为合格。符合最小实体要求的被测提取(实际)要素的合格条件如下:

对于孔(内表面):$D_{fi} \leqslant D_{LV} = D_{max} + t_1$;$D_{min} = D_M \leqslant D_a \leqslant D_L = D_{max}$。

对于轴(外表面):$d_{fi} \geqslant d_{LV} = d_{min-t_1}$;$d_{max} = d_M \geqslant d_a \geqslant d_L = d_{min}$。

3. 最小实体要求的零几何公差

这是最小实体要求的特殊情况,允许在最小实体状态时给定位置公差值为零。在零件图样上的标注标记是在位置公差框格的第二格内,即位置公差值的格内写 0Ⓛ (或 $\phi 0$ Ⓛ),如图 4-35(a) 所示。此种情况下,被测提取(实际)要素的最小实体实效边界就变成了最小实体边界。对于位置公差而言,最小实体要求的零几何公差比起最小实体要求来,显然更严格。图 4-35(b) 是图 4-35(a) 的动态公差图,其形状为直角三角形。动态公差图的形状恰好与同类要素的最大实体要求的零几何公差的动态公差图形状[见图 4-31(b)]相同,但斜边的方向相反(呈现镜像关系)。

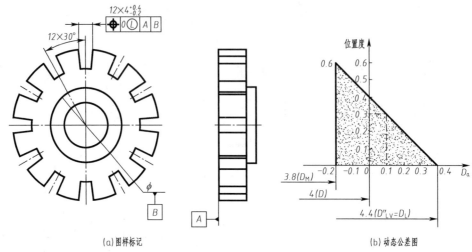

(a)图样标记   (b)动态公差图

图 4-35   最小实体要求的零几何公差

4. 可逆要求用于最小实体要求

在不影响零件功能的前提下,位置公差可以反过来补给尺寸公差,即位置公差有富余的情况下,允许尺寸误差超过给定的尺寸公差,显然在一定程度上能够降低工件的废品率。在零件图样上,可逆要求用于最小实体要求的标注标记是在位置公差框格的第二格内位置公差值后面加写⒧Ⓡ,如图 4-36(a)所示。此时尺寸公差有双重职能:①控制尺寸误差;②协助控制几何误差。而位置公差也有双重职能:①控制几何误差;②协助控制尺寸误差。图 4-36(a)所示的槽位置度,其可逆要求用于最小实体要求的动态公差图如图 4-36(b)所示,图中横轴(槽宽尺寸)上4.2~4.4 即为槽宽尺寸可以超差的范围(注意:只当位置度误差小于 0.2 时有效)。可逆要求用于最小实体要求的动态公差图,其形状由直角梯形(最小实体要求的动态公差图)转为直角三角形(在直角梯形的直角短边处加一三角形)。

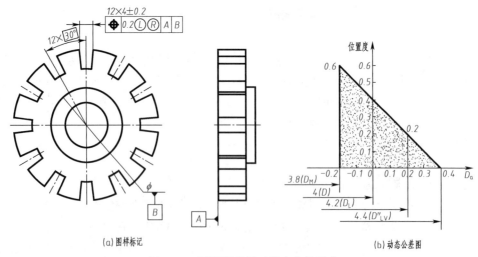

(a)图样标记   (b)动态公差图

图 4-36   可逆要求用于最小实体要求

5. 最小实体要求的实例分析

【例 4-6】 对图 4-34(a)做出解释。

解:

①T、t 标注解释。被测槽宽的尺寸公差 $T_h = 0.4$ mm,$D_M = D_{min} = 3.8$ mm,$D_L = D_{max} = 4.2$ mm;在最小实体状态下给定几何公差(位置度)$t_1 = 0.2$ mm,当被测要素尺寸(槽宽)偏离最小实体状态的尺寸 4.2 mm 时,几何公差位置度获得补偿,当被测要素尺寸为最大实体状态的尺寸 3.8 mm 时,几何公差位置度获得补偿最多,此时几何公差具有的最大值可以等于给定几何公差 t_1 与尺寸公差 T_h 的和,即

$$t_{max} = 0.2 + 0.4 = 0.6 (mm)$$

②动态公差图。T、t 的动态公差图如图 4-34(b)所示,图形形状为具有两个直角的梯形。

③遵守边界。遵守最小实体实效边界 LMVB,其边界尺寸为

$$D_{LV} = D_{max} + t_1 = 4.2 + 0.2 = 4.4 (mm)$$

④合格条件。被测要素的体内作用尺寸 D_{fi} 和局部实际尺寸 D_a 的合格条件为

$$D_{fi} \leq 4.4 \text{ mm}, 3.8 \leq D_a \leq 4.2 \text{ mm}$$

【例 4-7】 对图 4-35(a)做出解释。

解:

①T、t 标注解释。如图 4-35(a)所示,这是最小实体要求的零几何公差。被测槽宽的尺寸公差 $T_h = 0.6$ mm,$D_M = D_{min} = 3.8$ mm,$D_L = D_{max} = 4.4$ mm;在最小实体状态下(4.4 mm)给定几何公差(位置度)$t_1 = 0$,当被测要素尺寸偏离最小实体状态时,几何公差获得补偿,当被测要素尺寸为最大实体状态的尺寸 3.8 mm 时,几何公差(位置度)获得补偿最多,此时几何公差具有的最大值可以等于给定几何公差 t_1 与尺寸公差 T_h 的和,即

$$t_{max} = 0 + 0.6 = 0.6 (mm)$$

②动态公差图。T、t 的动态公差图如图 4-35(b)所示,图形形状为直角三角形。

③遵守边界。遵守最小实体实效边界 LMVB,其边界尺寸为

$$D_{LV} = D_{max} + t_1 = 4.2 + 0 = 4.2 (mm)$$

显然就是最小实体边界(因为给定的 $t_1 = 0$)。

④合格条件。被测要素的体内作用尺寸 D_{fi} 和局部实际尺寸 D_a 的合格条件为

$$D_{fi} \leq 4.2 \text{ mm}, 3.8 \leq D_a \leq 4.2 \text{ mm}$$

【例 4-8】 对图 4-36(a)做出解释。

解:

①T、t 标注解释。图 4-36(a)所示为可逆要求用于最小实体要求的槽的位置度问题。槽宽的尺寸公差为 $T_h = 0.4$ mm,即 $D_M = D_{min} = 3.8$ mm,$D_L = D_{max} = 4.2$ mm;在最小实体状态下(4.2 mm)给定位置度公差 $t_1 = 0.2$ mm,当被测要素尺寸(槽宽的尺寸)偏离最小实体状态的尺寸时,位置度公差获得补偿,当被测要素尺寸为最大实体状态的尺寸 3.8 mm 时,位置度公差获得补偿最多,此时位置度公差具有的最大值可以等于给定位置度公差 t_1 与尺寸公差 T_h 的和,即 $t_{max} = 0.2 + 0.4 = 0.6 (mm)$。

②可逆解释。在被测要素槽的位置度误差小于给定位置度公差的条件下,即 $f < 0.2$ mm 时,被测要素槽的尺寸误差可以超差,即被测要素槽的实际尺寸可以超出极限尺寸 4.2 mm,但不可以超出所遵守边界的尺寸 4.4 mm。图 4-36(b)中横轴的 4.2~4.4 为槽的尺寸误差可以超差的范围(或称可逆范围)。

③动态公差图。T、t 的动态公差图如图 4-36(b)所示,其形状是直角三角形。

④遵守边界。遵守最小实体实效边界 LMVB,其边界尺寸为

$$D_{LV} = D_{max} + t_1 = 4.2 + 0.2 = 4.4(mm)$$

⑤合格条件。被测要素的体内作用尺寸 D_{fi} 和被测要素的局部实际尺寸 D_a，其合格条件为

$$D_{fi} \leqslant 4.4\ mm, 3.8 \leqslant D_a \leqslant 4.2\ mm$$

当 $f < 0.2\ mm$ 时, $3.8 \leqslant d_a \leqslant 4.4\ mm$

综上所述，公差原则是解决生产第一线中尺寸误差与几何误差关系等实际问题的常用规则。但由于相关原则的术语、概念较多，各种要求适用范围迥然不同，补偿、可逆、零公差、动态公差图等等都是前面几章所未有的，再加上几何公差的问题本来就较尺寸公差的复杂，不免难以学透、不易用好。既然相关，不妨比较，有比较方可得以鉴别。下面就把相关原则的三种要求做个详细比较，列在表4-8中，供读者参考。

表4-8　相关公差原则三种要求的比较

相关公差原则			包容要求	最大实体要求	最小实体要求
标注标记			Ⓔ	Ⓜ，可逆要求为Ⓜ Ⓡ	Ⓛ可逆要求为Ⓛ Ⓡ
几何公差的给定状态及 t_1 值			最大实体状态下给定 $t_1 = 0$	最大实体状态下给定 $t_1 > 0$	最小实体状态下给定 $t_1 > 0$
特殊情况			无	$t_1 = 0$ 时，称为最大实体要求的零几何公差	$t_1 = 0$ 时，称为最小实体要求的零几何公差
遵守的理想边界	边界名称		最大实体边界	最大实体实效边界	最小实体实效边界
	边界尺寸计算公式	孔	$MMB_D = D_M = D_{min}$	$MMVB_D = D_M = D_{min} - t_1$	$LMVB_D = D_L = D_{max} + t_1$
		轴	$MMB_d = d_M = d_{max}$	$MMVB_d = d_M = d_{max} + t_1$	$LMVB_d = d_L = d_{min} - t_1$
几何公差 t 与尺寸公差 T_h（或 T_S）关系	最大实体状态		$t_1 = 0$	$t_1 > 0$	$t_{max} = T_h(T_S) + t_1$
	最小实体状态		$t_{max} = T_h$（或 T_S）	$t_{max} = T_h$（或 T_S）$+ t_1$	$t_1 > 0$
几何公差获得尺寸公差补偿量的一般计算公式			$t_2 = \mid MMS - D_a$（或 d_a）$\mid$	$t_2 = \mid MMS - D_a$（或 d_a）$\mid$	$t_2 = \mid LMS - D_a$（或 d_a）$\mid$
检验方法及量具			采用光滑极限量规，通规检测 D_{fe}（或 d_{fe}）止规检测 D_a（或 d_a）	D_{fe}（或 d_{fe}）采用位置量规 D_a（或 d_a）采用二点法测量	尚无量规，几何误差采用通用量具，D_a（或 d_a）采用二点法测量
合格条件	孔		$D_{fe} \geqslant D_M$ $D_a \leqslant D_L$	$D_{fe} \geqslant D_{MV}$ $D_M \leqslant D_a \leqslant D_L$	$D_{fi} \leqslant D_{LV}$ 合格 $D_M \leqslant D_a \leqslant D_L$
	轴		$d_{fe} \leqslant d_M$ $d_a \geqslant d_L$	$d_{fe} \leqslant d_{MV}$ $d_M \leqslant d_a \geqslant d_L$	$d_{fi} \geqslant d_{LV}$ $d_M \leqslant d_a \geqslant d_L$
适用范围			保证配合性质的单一要素	保证容易装配的关联中心要素	保证最小壁厚的关联中心要素
可逆要求			不适用。尺寸公差只能补给几何公差	适用。不仅尺寸公差能补给几何公差；相反，在一定条件下尺寸公差也可以获得来自于几何公差的补偿	适用。不仅尺寸公差能补给几何公差；相反，在一定条件下尺寸公差也可以获得来自于形位公差的补偿

相关公差原则	包容要求	最大实体要求	最小实体要求
动态公差图形状	一般为直角三角形,限制几何公差最大值则为具有两个直角的梯形	一般为具有两个直角的梯形,限制几何公差最大值则为具有三个直角的五边形,适用可逆要求时(不限制几何公差最大值)则为直角三角形,零几何公差时也为直角三角形	一般为具有两个直角的梯形,限制几何公差最大值则为具有三个直角的五边形,适用可逆要求时(不限制几何公差最大值)则为直角三角形,零几何公差时也为直角三角形,与最大实体要求的动态公差图形状呈现镜像关系(关于镜面对称)

4.5 几何公差的标准化与选用

4.5.1 几何公差值的标准

实际零件上所有的要素都存在几何误差,根据国家标准规定,凡是一般机床加工能保证的形位精度,其几何公差值按 GB/T 1184—1996《形状和位置公差 未注公差值》执行,不必在图样上具体注出。当几何公差值大于或小于未注公差值时,则应按规定在图样上明确标注出几何公差。

按国家标准的规定,对 14 项几何公差,除线、面轮廓度及位置度未规定公差等级外,其余项目均有规定。其中,直线度、平面度、平行度、垂直度、圆柱倾斜度、同轴度、对称度、圆跳动、全跳动划分为 12 级,即 1~12 级,1 级精度最高,12 级精度最低;圆度、圆柱度划分为 13 级,最高级为 0级。各项目的各级公差值如表 4-9~表 4-12 所示。对于位置度,国家标准规定了公差值数系,如表 4-13 所示。

表 4-9 直线度和平面度公差值

主参数 L/mm	公 差 等 级											
	1	2	3	4	5	6	7	8	9	10	11	12
	公差值/μm											
≤10	0.2	0.4	0.8	1.2	2	3	5	8	12	20	30	60
>10~16	0.25	0.5	1	1.5	2.5	4	6	10	15	25	40	80
>16~25	0.3	0.6	1.2	2	3	5	8	12	20	30	50	100
>25~40	0.4	0.8	1.5	2.5	4	6	10	15	25	40	60	120
>40~63	0.5	1	2	3	5	8	12	20	30	50	80	150
>63~100	0.6	1.2	2.5	4	6	10	15	25	40	60	100	200
>100~160	0.8	1.5	3	5	8	12	20	30	50	80	120	250
>160~250	1	2	4	6	10	15	25	40	60	100	150	300
>250~400	1.2	2.5	5	8	12	20	30	50	80	120	200	400
>400~630	1.5	3	6	10	15	25	40	60	100	150	250	500

主参数 L/mm	公差等级											
	1	2	3	4	5	6	7	8	9	10	11	12
	公差值/μm											
>630~1 000	2	4	8	12	20	30	50	80	120	200	300	600
>1 000~1 600	2.5	5	10	15	25	40	60	100	150	250	400	800
>1 600~2 500	3	6	12	20	30	50	80	120	200	300	500	1 000
>2 500~4 000	4	8	15	25	40	60	100	150	250	400	600	1 200
>4 000~6 300	5	10	20	30	50	80	120	200	300	500	800	1 500
>6 300~10 000	6	12	25	40	60	100	150	250	400	600	1 000	2 000

注:主参数 L 图例。

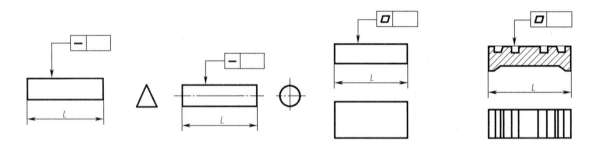

表 4-10 圆度和圆柱度公差值

主参数 L,d(D)/mm	公差等级												
	0	1	2	3	4	5	6	7	8	9	10	11	12
	公差值/μm												
≤3	0.1	0.2	0.3	0.5	0.8	1.2	2	3	4	6	10	14	25
>3~6	0.1	0.2	0.4	0.6	1	1.5	2.5	4	5	8	12	18	30
>6~10	0.12	0.25	0.4	0.6	1	1.5	2.5	4	6	9	15	22	36
>10~18	0.15	0.25	0.5	0.8	1.2	2	3	5	8	11	18	27	43
>18~30	0.2	0.3	0.6	1	1.5	2.5	4	6	9	13	21	33	52
>30~50	0.25	0.4	0.6	1	1.5	2.5	4	7	11	16	25	39	62
>50~80	0.3	0.5	0.8	1.2	2	3	5	8	13	19	30	46	74
>80~120	0.4	0.6	1	1.5	2.5	4	6	10	15	22	35	54	87
>120~180	0.6	1	1.2	2	3.5	5	8	12	18	25	40	63	100
>180~250	0.8	1.2	2	3	4.5	7	10	14	20	29	46	72	115
>250~315	1.0	1.6	2.5	4	6	8	12	16	23	32	52	81	130

主参数	公差 等 级											
$d(D)$/mm	0	1	2	3	4	5	6	7	8	9	10	11	12
	公差值/μm											
>315~400	1.2	2	3	5	7	9	13	18	25	36	57	89	140
>400~500	1.5	2.5	4	6	8	10	15	20	27	40	63	97	155

注:主参数 $d(D)$ 图例。

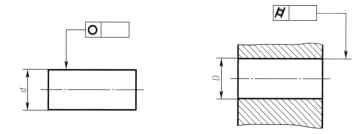

表 4-11 平行度、垂直度和圆柱倾斜度公差值

主参数	公差 等 级											
$L,d(D)$/mm	1	2	3	4	5	6	7	8	9	10	11	12
	公差值/μm											
≤10	0.4	0.8	1.5	3	5	8	12	20	30	50	80	120
>10~16	0.5	1	2	4	6	10	15	25	40	60	100	150
>16~25	0.6	1.2	2.5	5	8	12	20	30	50	80	120	200
>25~40	0.8	1.5	3	6	10	15	25	40	60	100	150	250
>40~63	1	2	4	8	12	20	30	50	80	120	200	300
>63~100	1.2	2.5	5	10	15	25	40	60	100	150	250	400
>100~160	1.5	3	6	12	20	30	50	80	120	200	300	500
>160~250	2	4	8	15	25	40	60	100	150	250	400	600
>250~400	2.5	5	10	20	30	50	80	120	200	300	500	800
>400~630	3	6	12	25	40	60	100	150	250	400	600	1 000
>630~1 000	4	8	15	30	50	80	120	200	300	500	800	1 200
>1 000~1 600	5	10	20	40	60	100	150	250	400	600	1 000	1 500
>1 600~2 500	6	12	25	50	80	120	200	300	500	800	1 200	2 000
>2 500~4 000	8	15	30	60	100	150	250	400	600	1 000	1 500	2 500
>4 000~6 300	10	20	40	80	120	200	300	500	800	1 200	2 000	3 000
>6 300~10 000	12	25	50	100	150	250	400	600	1 000	1 500	2 500	4 000

注:主参数 $L,d(D)$ 图例。

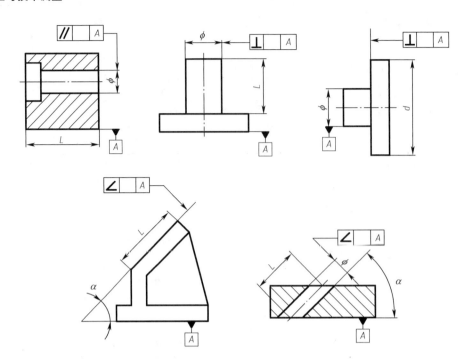

表 4-12 同轴度、对称度、圆跳动和全跳动公差值

主参数 $d(D),B,L$/mm	公 差 等 级											
	1	2	3	4	5	6	7	8	9	10	11	12
	公差值/μm											
≤1	0.4	0.6	1.0	1.5	2.5	4	6	10	15	25	40	60
>1~3	0.4	0.6	1.0	1.5	2.5	4	6	10	20	40	60	120
>3~6	0.5	0.8	1.2	2	3	5	8	12	25	50	80	150
>6~10	0.6	1	1.5	2.5	4	6	10	15	30	60	100	200
>10~18	0.8	1.2	2	3	5	8	12	20	40	80	120	250
>18~30	1	1.5	2.5	4	6	10	15	25	50	100	150	300
>30~50	1.2	2	3	5	8	12	20	30	60	120	200	400
>50~120	1.5	2.5	4	6	10	15	25	40	80	150	250	500
>120~250	2	3	5	8	12	20	30	50	100	200	300	600
>250~500	2.5	4	6	10	15	25	40	60	120	250	400	800
>500~800	3	5	8	12	20	30	50	80	150	300	500	1 000
>800~1 250	4	6	10	15	25	40	60	100	200	400	600	1 200
>1 250~2 000	5	8	12	20	30	50	80	120	250	500	800	1 500
>2 000~3 150	6	10	15	25	40	60	100	150	300	600	1 000	2 000
>3 150~5 000	8	12	20	30	50	80	120	200	400	800	1 200	2 500
>5 000~8 000	10	15	25	40	60	100	150	250	500	1 000	1 500	3 000
>8 000~10 000	12	20	30	50	80	120	200	300	600	1 200	2 000	4 000

注:主参数 $d(D),B,L$ 图例。

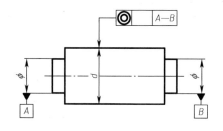

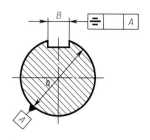

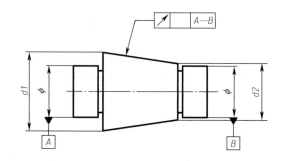

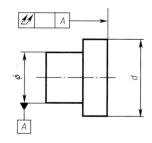

表 4-13　位置度数系　　　　　　　　　　　　　　　　（μm）

1	1.2	1.5	2	2.5	3	4	5	6	8
1×10^n	1.2×10^n	1.5×10^n	2×10^n	2.5×10^n	3×10^n	4×10^n	5×10^n	6×10^n	8×10^n

注:n 为整数。

4.5.2　未注几何公差的规定

图样上没有具体注明几何公差值的要素,根据国家标准规定,其形位精度由未注几何公差来控制,按以下规定执行:

①GB/T 1184—1996 对未注直线度、平面度、垂直度、对称度和圆跳动各规定了 H、K、L 三个公差等级,其公差值如表 4-14～表 4-17 所示。

表 4-14　直线度和平面度未注公差值　　　　　　　　　　（mm）

公差等级	基本长度范围					
	≤10	>10～30	>30～100	>100～300	>300～1 000	>1 000～3 000
H	0.02	0.05	0.1	0.2	0.3	0.4
K	0.05	0.1	0.2	0.4	0.6	0.8
L	0.1	0.2	0.4	0.8	1.2	1.6

表 4-15　垂直度未注公差值　　　　　　　　　　　　　　（mm）

公差等级	基本长度范围			
	≤100	>100～300	>300～1 000	>1 000～3 000
H	0.2	0.3	0.4	0.5
K	0.4	0.6	0.8	1
L	0.6	1	1.5	2

表 4-16　对称度未注公差值　　　　　　　　（mm）

公差等级	基本长度范围			
	≤100	>100~300	>300~1 000	>1 000~3 000
H	0.5			
K	0.6		0.8	1
L	0.6	1	1.5	2

表 4-17　圆跳动未注公差值　　　　　　　　（mm）

公差等级	圆跳动公差值
H	0.1
K	0.2
L	0.5

②圆度的未注公差值等于直径公差值,但不能大于表 4-17 中的径向圆跳动值。

③圆柱度的未注公差值不做规定,但圆柱度误差由圆度、直线度和素线平行度误差三部分组成,而其中每一项误差均由它们的注出公差或未注公差控制,圆柱度采用包容要求。

④平行度的未注公差值等于尺寸公差值或直线度和平面度未注公差值中的较大者。应取两要素中的较长者作为基准,若两要素的长度相等则可选任一要素作为基准。此规则适用于垂直度及对称度的未注公差基准选择。

⑤同轴度的未注公差值可以和表 4-17 中的圆跳动的未注公差值相等。

⑥线轮廓度、面轮廓度、倾斜度、位置度和全跳动的未注公差值均由各要素的注出或未注线性尺寸公差或角度公差控制。

4.5.3　几何公差的选用原则

几何误差直接影响着零部件的旋转精度、连接强度和密封性以及荷载均匀性等,因此,正确、合理地选用几何公差,对保证机器或仪器的功能要求和提高经济效益具有十分重要的意义。

几何公差的选用主要包括几何公差项目的选择、公差值的选择、公差原则的选择和基准要素的选择。

1. 几何公差项目的选择

几何公差项目的选择主要考虑零件的几何特征、结构特点及零件的使用要求,并考虑检测的方便和经济效益。

形状公差项目主要是按要素的几何形状特征确定的,因此要素的几何特征自然是选择单一要素公差项目的基本依据。例如,控制平面的形状误差选择平面度;控制圆柱面的形状误差应选择圆度或圆柱度。

位置公差项目是按要素间几何方位关系确定的,所以关联要素的公差项目应以它与基准间的几何方位关系为基本依据。例如对轴线、平面可规定定向和位置公差;对点只能规定位置度公差;回转类零件才可以规定同轴度公差和跳动公差。

零件的功能要求不同,对几何公差应提出不同的要求。如减速器转轴的两个轴颈的形位精度,由于在功能上它们是转轴在减速器箱体上的安装基准,因此,要求它们要同轴,可以规定对它们公共轴线的同轴度公差或径向圆跳动公差。

考虑检测的方便性,有时可将所需的公差项目用控制效果相同或相近的公差项目来代替。例如,要素为一圆柱面时,圆柱度是理想的项目,但是由于圆柱度检测不方便,故可选用圆度、直线度和素线平行度几个分项进行控制。又如径向圆跳动可综合控制圆度和同轴度误差,而径向圆跳动检测简单易行,所以在不影响设计要求的前提下,可尽量选用径向圆跳动公差项目。

2. 公差值的选择

公差值的选择原则是:在满足零件功能要求的前提下,考虑工艺经济性和检测条件,选择最经济的公差值。

根据零件功能要求、结构、刚性和加工经济性等条件,采用类比法,按公差数值表 4-10~表 4-13 确定要素的公差值时,还应考虑以下几点:

①在同一要素上给出的形状公差值应小于位置公差值,即 $t_{形状} < t_{位置}$。如同一平面上,平面度公差值应小于该平面对基准平面的平行度公差值。

②圆柱形零件的形状公差,除轴线直线度以外,一般情况下应小于其尺寸公差。如最大实体状态下,形状公差在尺寸公差之内,形状公差包含在位置公差带内。

③选用形状公差等级时,应考虑结构特点和加工的难易程度,在满足零件功能要求的前提下,对于下列情况应适当降低 1~2 级精度:a.细长的轴或孔;b.距离较大的轴或孔;c.宽度大于二分之一长度的零件表面;d.线对线和线对面相对于面对面的平行度;f.线对线和线对面相对于面对面的垂直度。

④选用形状公差等级时,还应注意协调形状公差与表面粗糙度之间的关系。通常情况下,表面粗糙度的数值占形状误差值的 20%~25%。

⑤在通常情况下,零件被测要素的形状误差比位置误差小得多,因此,给定平行度或垂直度公差的两个平面,其平面度的公差等级,应不低于平行度或垂直度的公差等级;同一圆柱面的圆度公差等级应不低于其径向圆跳动公差等级。

表 4-18~表 4-21 列出了各种几何公差等级的应用举例,供选择时参考。

表 4-18　直线度、平面度公差等级应用举例

公差等级	应用举例
1,2	精密量具、测量仪器以及精度要求很高的精密机械零件,如 0 级样板平尺、0 级宽平尺、工具显微镜等精密测量仪器的导轨面
3	1 级宽平尺工作面、1 级样板平尺的工作面,测量仪器圆弧导轨,测量仪器的测杆外圆柱面
4	0 级平板,测量仪器的 V 形导轨,高精度平面磨床的 V 形导轨和滚动导轨,轴承磨床及平面磨床的床身导轨
5	1 级平板,2 级宽平尺,平面磨床的纵导轨、垂直导轨、工作台,液压龙门刨床导轨
6	普通机床导轨面,卧式镗床、铣床的工作台,机床主轴箱的导轨,柴油机机体结合面
7	2 级平板,机床的床头箱体,滚齿机床身导轨,摇臂钻底座工作台,液压泵盖结合面,减速器壳体结合面,0.02 游标卡尺尺身的直线度
8	自动车床底面,柴油机汽缸体,连杆分离面,缸盖结合面,汽车发动机缸盖,曲轴箱结合面,法兰连接面
9	3 级平板,自动车床床身底面,摩托车曲轴箱体,汽车变速箱壳体,车床挂轮的平面

表 4-19　圆度、圆柱度公差等级应用举例

公差等级	应用举例
0,1	高精度量仪主轴,高精度机床主轴,滚动轴承的滚珠和滚柱

公差等级	应 用 举 例
2	精密测量仪主轴、外套、套阀,纺锭轴承,精密机床主轴轴颈,针阀圆柱表面,喷油泵柱塞及柱塞套
3	高精度外圆磨床轴承,磨床砂轮主轴套筒,喷油嘴针、阀体,高精度轴承内外圈等
4	较精密机床主轴、主轴箱孔,高压阀门、活塞、活塞销、阀体孔,高压油泵柱塞,较高精度滚动轴承配合轴,铣削动力头箱体孔
5	一般计量仪器主轴,测杆外圆柱面,一般机床主轴轴颈及轴承孔,柴油机、汽油机的活塞、活塞销,与 P6 级滚动轴承配合的轴颈
6	一般机床主轴及前轴承孔,泵、压缩机的活塞、汽缸,汽油发动机凸轮轴,纺机锭子,减速传动轴轴颈,拖拉机曲轴主轴颈,与 P6 级滚动轴承配合的外壳孔
7	大功率低速柴油机曲轴轴颈、活塞、活塞销、连杆、汽缸,高速柴油机箱体轴承孔,千斤顶或压力油缸活塞,机车传动轴,水泵及通用减速器转轴轴颈
8	低速发动机、大功率曲柄轴轴颈,内燃机曲轴轴颈,柴油机凸轮轴承孔
9	空气压缩机缸体,通用机械杠杆与拉杆用套筒销子,拖拉机活塞环、套筒孔

表 4-20　平行度、垂直度、倾斜度、端面圆跳动公差等级应用举例

公差等级	应 用 举 例
1	高精度机床、测量仪器、量具等主要工作面和基准面
2,3	精密机床、测量仪器、量具、夹具的工作面和基准面,精密机床的导轨,精密机床主轴轴向定位面,滚动轴承座圈端面,普通机床的主要导轨,精密刀具、量具的工作面和基准面,光学分度头心轴端面
4,5	普通机床导轨,重要支承面,机床主轴孔对基准的平行度,精密机床重要零件,计量仪器、量具、模具的工作面和基准面,床头箱体重要孔,通用减速器壳体孔,齿轮泵的油孔端面,发动机轴和离合器的凸缘,汽缸支承端面,安装精密滚动轴承壳体孔的凸肩
6,7,8	一般机床的工作面和基准面,压力机和锻锤的工作面,中等精度钻模的工作面,机床一般轴承孔对基准的平行度,变速器箱体孔,主轴花键对定心直径部位表面轴线的平行度,一般导轨、主轴箱体孔、刀架、砂轮架、汽缸配合面对基准轴线,活塞销孔对活塞中心线的垂直度,滚动轴承内、外圈端面对轴线的垂直度
9,10	低精度零件,重型机械滚动轴承端盖,柴油机、曲轴颈、花键轴和轴肩端面,带式运输机法兰盘等端面对轴线的垂直度,减速器壳体平面

表 4-21　同轴度、对称度、径向跳动公差等级应用举例

公差等级	应 用 举 例
1,2	旋转精度要求很高、尺寸公差高于 1 级的零件,如精密测量仪器的主轴和顶尖,柴油机喷油嘴针阀
3,4	机床主轴轴颈,砂轮轴轴颈,汽轮机主轴,测量仪器的小齿轮轴,安装高精度齿轮的轴颈
5	机床主轴轴颈,机床主轴箱孔,计量仪器的测杆,涡轮机主轴,柱塞油泵转子,高精度滚动轴承外圈,一般精度轴承内圈
6,7	内燃机曲轴,凸轮轴轴颈,柴油机机体主轴承孔,水泵轴,油泵柱塞,汽车后桥输出轴,安装一般精度齿轮的轴颈,涡轮盘,普通滚动轴承内圈,印刷机传墨辊的轴颈,键槽
8,9	内燃机凸轮轴孔,水泵叶轮,离心泵体,汽缸套外径配合面对工作面,运输机械滚筒表面,棉花精梳机前、后滚子,自行车中轴

3. 公差原则的选择

公差原则的选择主要根据被测要素的功能要求,综合考虑各种公差原则的应用场合和采用该种公差原则的可行性和经济性。

公差原则主要根据被测要素的功能要求、零件尺寸大小和检测方便来选择,并应考虑充分利用给出的尺寸公差带,还应考虑用被测要素的几何公差补偿其尺寸公差的可能性。

按独立原则给出的几何公差是固定的,不允许几何误差值超出图样上标注的几何公差值。而相关要求给出的几何公差是可变的,在遵守给定边界的条件下,允许几何公差值增大。有时独立原则、包容要求和最大实体要求都能满足某种同一功能要求,但在选用它们时应注意到它们的经济性和合理性。例如,孔或轴采用包容要求时,它的实际尺寸与形状误差之间可以相互调整(补偿),从而使整个尺寸公差带得到充分利用,技术经济效益较高。但另一方面,包容要求所允许的形状误差的大小,完全取决于实际尺寸偏离最大实体尺寸的数值。如果孔或轴的实际尺寸处处皆为最大实体尺寸或者趋近于最大实体尺寸,那么,它必须具有理想形状或者接近于理想形状才合格,而实际上极难加工出这样精确的形状。又如,从零件尺寸大小和检测的方便程度来看,按包容要求用最大实体边界控制形状误差,对于中小型零件,便于使用量规检验。但是,对于大型零件,就难于使用笨重的量规检验。在这种情况下按独立原则的要求进行检测就比较容易实现。

表 4-22 对公差原则的应用场合进行了总结,供选择公差原则时参考。

表 4-22 公差原则的应用场合

公差原则	应 用 场 合
独立原则	尺寸精度与形位精度需要分别满足要求,如齿轮箱体孔、连杆活塞销孔、滚动轴承内圈及外圈滚道
	尺寸精度与形位精度要求相差较大,如滚筒类零件、平板、通油孔、导轨、汽缸
	尺寸精度与形位精度之间没有联系,如滚子链条的套筒或滚子内、外圆柱面的轴线与尺寸精度,发动机连杆上尺寸精度与孔轴线间的位置精度
	未注尺寸公差或未注形位公差,如退刀槽、倒角、圆角
包容要求	用于单一要素,保证配合性质,如 $\phi40H7$ 孔与 $\phi40h7$ 轴配合,保证最小间隙为零
最大实体要求	用于中心要素,保证零件的可装配性,如轴承盖上用于穿过螺钉的通孔,法兰盘上用于穿过螺栓的通孔,同轴度的基准轴线
最小实体要求	保证零件强度和最小壁厚

4. 基准要素的选择

基准是确定关联要素间方向和位置的依据。在选择位置公差项目时,需要正确选用基准。选择基准时,一般应从以下几方面考虑:

①根据零件各要素的功能要求,一般以主要配合表面,如轴颈、轴承孔、安装定位面,重要的支承面等作为基准,如轴类零件,常以两个轴承为支承运转,其运动轴线是安装轴承的两轴颈共有轴线,因此,从功能要求来看,应选这两处轴颈的公共轴线(组合基准)为基准。

②根据装配关系应选零件上相互配合、相互接触的定位要素作为各自的基准。如盘、套类零件,一般是以其内孔轴线径向定位装配或以其端面轴向定位,因此根据需要可选其轴线或端面作为基准。

③根据加工定位的需要和零件结构,应选择较宽大的平面、较长的轴线作为基准,以使定位稳定。对结构复杂的零件,一般应选三个基准面,根据对零件使用要求影响的程度,确定基准的

顺序。

④根据检测的方便程度,应选择在检测中装夹定位的要素为基准,并尽可能将装配基准、工艺基准与检测基准统一起来。

4.6 几何误差的检测

4.6.1 最小包容区域

几何误差是指被测提取(实际)要素对其拟合(理想)要素的变动量。几何误差值若小于或等于相应的几何公差值,则认为被测要素合格。而拟合(理想)要素的位置应符合最小条件,即拟合(理想)要素处于符合最小条件的位置时,实际单一要素对拟合(理想)要素的最大变动量为最小。如图4-37所示,评定给定平面内的直线度误差时,理想直线可能的方向为 A_1—B_1,A_2—B_2,A_3—B_3,

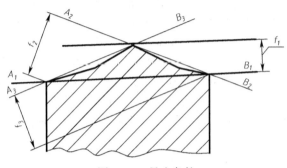

图4-37　最小条件

相应评定的直线度误差值分别为 f_1、f_2、f_3。为了对评定的形状误差有一确定的数值,因此,规定被测提取(实际)要素与其拟合(理想)要素间的相对关系应符合最小条件,显然,理想直线应选择符合最小条件的方向 A_1—B_1,f_1 即为实际被测直线的直线度误差值,应小于或等于给定的公差值。评定形状误差时,按最小条件的要求,用最小包容区域的宽度或直径来评定形状误差值。所谓最小包容区域,是指包容实际被测要素时具有最小宽度或直径的包容区域。各个形状误差项目的最小包容区域的形状分别与各自的公差带形状相同,但前者的宽度或直径则由实际被测要素本身决定。此外,在满足零件功能要求的前提下,也允许采用其他评定方法来评定形状误差值。

4.6.2 几何误差的评定

1. 形状误差的评定

形状误差是单一被测实际要素对其理想要素的变动量。

形状误差值的评定方法是最小包容区域法。最小包容区域是一个形状与公差带的形状相同、包容被测实际要素且具有最小宽度 f 或直径 ϕf 的区域。最小宽度 f 或直径 ϕf 即为形状误差值。在对测量形状误差进行数据处理时,为了判别实际要素是否在最小包容区域内,应按最小区域判别准则判断。

(1)直线度误差

直线度误差的最小区域判别准则称为相间准则,如图4-38所示。它是由两平行直线包容被测实际要素时,形成高低相间至少有三点接触。即上包容直线至少通过两个(或一个)最高点,下包容直线至少通过一个(或两个)最低点,且

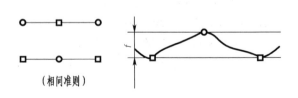

图4-38　直线度误差的最小区域判别准则

最低点(或最高点)必须落在最高点(或最低点)之间。

(2)平面度误差

平面度误差的最小区域判别准则如图 4-39 所示。它是由两平行平面包容被测实际要素时,至少应有三点或四点相接触,相接触的高、低点分布有如下三种形式之一者:

三角形准则:一个包容面包含三个最高(或最低)点,另一包容面包含一个最低(或最高)点,且最低(最高)点在前一包容面上的投影位于三个最高(最低)点组成的三角形之内。

交叉准则:一个包容面包含两个最高(或最低)点,另一包容面包含两个最低(或最高)点,且最低(最高)点在前一包容面上的投影位于最高(最低)点连线的两侧。

直线准则:一个包容面包含两个最高(或最低)点,另一包容面包含一个最低(或最高)点,且最低(最高)点在前一包容面上的投影位于两个最高(最低)点的连线内。

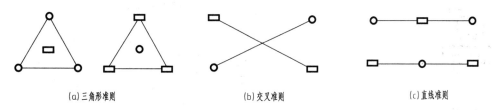

(a)三角形准则　　　　　(b)交叉准则　　　　　(c)直线准则

图 4-39　平面度误差的最小区域判别准则

(3)圆度误差

圆度误差的最小区域判别准则称为交叉准则,如图 4-40 所示。它是由两同心圆包容被测实际要素时,至少应有内、外交替四点与两包容圆接触,则两同心圆之间区域为最小区域,圆度误差为两同心圆的半径差。

(4)圆柱度误差

圆柱度误差值可按最小包容区域法评定,即作半径差为最小的两同轴圆柱面包容实际被测圆柱面,构成最小包容区

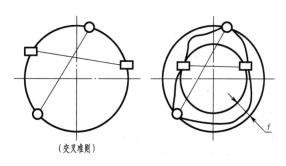

(交叉准则)

图 4-40　圆度误差的最小区域判别准则

域,最小包容区域的径向宽度即为符合定义的圆柱度误差值。但是,按最小包容区域法评定圆柱度误差值比较麻烦,通常采用近似法评定。

采用近似法评定圆柱度误差值时,是将测得的实际轮廓投影于与测量轴线相垂直的平面上,然后按评定圆度误差的方法,用透明膜板上的同心圆去包容实际轮廓的投影,并使其构成最小包容区域,即内外同心圆与实际轮廓线投影至少有四点接触,内外同心圆的半径差即为圆柱度误差值,显然,这样的内外同心圆是假定的共轴圆柱面,而所构成的最小包容区域的轴线,又与测量基准轴线的方向一致,因而评定的圆柱度误差值略有增大。

【例 4-9】　如图 4-41(a)所示,用分度值 $i=0.02$ mm/m 的水平仪,测量给定平面内的直线度误差,测量跨距 $l=200$ mm,测得五跨(含 6 个测点)的读数 a_i(单位为"格")依次为:-2、+4、+2、-7.5和+4.5,试用图解法求直线度误差。

解:

①算出各测点读数的累积值 $\sum a_i$(见表 4-23)。

表 4-23　各测点读数的累积值 Σa_i

点　　序	0	1	2	3	4	5
读数 a_i（格）		-2	+4	+2	-7.5	+4.5
累积值 Σa_i（格）	0	-2	+2	+4	-3.5	+1

②以测量跨序为横坐标，读数累积值 Σa_i 为纵坐标作得被测实际要素，如图 4-41（a）所示。

③按最小区域法作上、下包容直线 A—A 和 B—B，并读取它们之间的坐标距离 $\delta = 7$ 格。

④算出直线度误差 f。

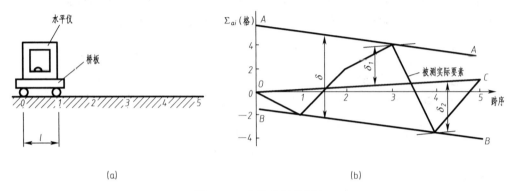

图 4-41　直线度误差评定

水平仪分度值 $i = 0.02$ mm/m 是指水平仪放在 1 000 mm 长的桥板上，当两端点高差 0.02 mm 时，气泡将移动 1 格。所以，格值 k 与跨距 l 有关。格值 k 按下式计算：

$$k = 0.02/1\ 000 \times 200 = 0.004\ （\text{mm}）$$

所以

$$f = \delta k = 7 \times 0.004 = 0.028\ （\text{mm}）$$

除按最小区域法评定给定平面内的直线度误差外，还有一种常用的近似评定方法，即两端点连线法。如图 4-41（b）所示，连接首末两端点 O 和 C，取连线 OC 上、下曲线至 OC 线的最大坐标距离 δ_1 与 δ_2 之和。本例 $\delta_1 = 3.4$ 格，$\delta_2 = 4.3$ 格。直线度误差 f' 为

$$f' = (\delta_1 + \delta_2)k = (3.4 + 4.3) \times 0.004 = 0.031\ （\text{mm}）$$

一般 $f' > f$，只有当被测实际要素分布在两端点一侧时，两种方法评定结果才一样，但如发生争议，则以最小包容区域法仲裁。

2. 方向误差值的评定

如图 4-42 所示，评定定向误差时，拟合（理想）要素相对于基准 A 的方向应保持图样上给定的几何关系，即平行、垂直或倾斜于某一理论正确角度，按实际被测要素对拟合（理想）要素的最大变动量为最小构成最小包容区域。定向误差值用对基准保持所要求方向的定向最小包容区域的宽度 f 或直径 ϕf 来表示。定向最小包容区域的形状与方向公差带的形状相同，但前者的宽度或直径则由实际被测要素本身决定。

3. 位置误差值的评定

位置误差：关联被测提取（实际）要素对其具有确定位置的拟合（理想）要素的变动量，拟合（理想）要素的位置由基准和理论正确尺寸确定。

位置误差值的评定方法——定位最小区域法：定位最小区域是一个形状与公差带形状相同、按理想要素的位置包容被测实际要素且具有最小宽度 f 或直径 ϕf 的区域。最小宽度 f 或直径 ϕf

即为定位误差值。图 4-43(a)和图 4-43(b)所示分别为确定对称度误差值和同轴度误差值的定位最小区域示例。

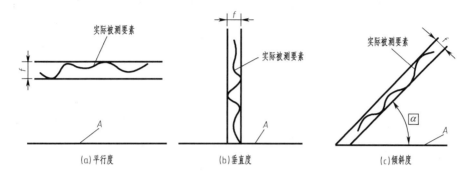

(a)平行度　　　　　　(b)垂直度　　　　　　(c)倾斜度

图 4-42　方向最小包容区域示例

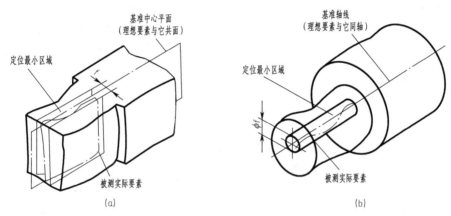

(a)　　　　　　　　　　　　(b)

图 4-43　确定定位最小区域的示例

4. 跳动误差的评定

形状误差、方向误差和位置误差是从几何概念来叙述的,即被测实际要素与理想要素相比较,误差值分别用最小区域法、方向最小区域法和位置最小区域法评定。跳动的测量是用指示计记录跳动的方法,以指示计最大和最小读数之差来评定其跳动值。

圆跳动是被测要素绕基准轴线在无轴向移动的前提下旋转一周时,任一测量面的最大变动量,即最大跳动量与最小跳动量之差。

全跳动是被测要素绕基准轴线在无轴向移动的前提下旋转,同时指示计沿基准轴线平行或垂直的方向连续移动时,在整个表面上的最大变动量,即最大跳动量与最小跳动量之差。

4.6.3　几何误差的检测原则

由于被测零件的结构特点、尺寸大小和精度要求以及检测设备条件等不同,同一几何公差项目可以用不同的检测方法来检测。为了正确测量几何误差,合理选择检测方案,GB/T 1958—2017《产品几何技术规范(GPS)几何公差　检测与验证》中规定了以下五项检测原则。

1. 与拟合(理想)要素比较原则

与拟合(理想)要素比较原则是指测量时将实际被测要素与相应的拟合(理想)要素作比较,

在比较过程中获得测量数据,按这些数据来评定几何误差值。该检测原则应用最为广泛。运用该检测原则时,必须要有拟合(理想)要素作为测量时的标准。根据几何误差的定义,拟合(理想)要素是几何学上的概念,测量时采用模拟法将其具体体现出来。例如,刀口尺的刃口、平尺的轮廓线、一条拉紧的弦线,一束光线都可作为理想直线;平台和平板的工作面、水平面、样板的轮廓面等可作为理想平面,用自准仪和水平仪测量直线度和平面度误差时就是应用这样的要素。拟合(理想)要素也可以用运动的轨迹来体现,例如纵向、横向导轨的移动构成了一个平面;一个点绕一轴线作等距回转运动构成了一个理想圆,由此形成了圆度误差的测量方案。

模拟拟合(理想)要素是几何误差测量中的标准样件,它的误差将直接反映到测得值中,是测量总误差的重要组成部分。几何误差测量的极限测量总误差通常占给定公差值的 10%~33%,因此,模拟拟合(理想)要素必须具有足够的精度。

2. 测量坐标值原则

由于几何要素的特征总是可以在坐标系中反映出来,因此,利用坐标测量机或其他测量装置,对被测要素测出一系列坐标值,再经数据处理,就可以获得几何误差值。测量坐标值原则是几何误差中的重要检测原则,尤其在轮廓度和位置度误差测量中的应用更为广泛。例如,图 4-44 所示为一方形板零件,其孔组位置度误差的测量可利用一般坐标测量装置,由基准 A、B 分别测出各孔轴线的实际坐标尺寸,然后算出对理论正确尺寸的偏差值 Δx_i 和 Δy_i,按下式计算出位置度误差值:$\phi f_i = \sqrt{(\Delta x_i)^2 + (\Delta y_i)^2}$。

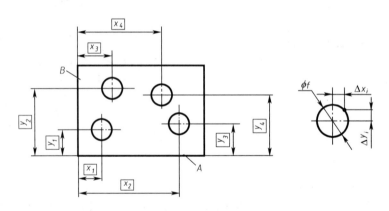

图 4-44　测量坐标值原则检测位置度误差

3. 测量特征参数原则

特征参数是指被测要素上能直接反映几何误差变动的,具有代表性的参数。"测量特征参数原则"就是通过测量被测要素上具有代表性的参数来评定几何误差。例如,圆度误差一般反映在直径的变动上,因此,常以直径作为圆度的特征参数,即用千分尺在实际表面同一正截面内的几个方向上测量直径的变动量,取最大的直径差值的二分之一,作为该截面内的圆度误差值。显然,应用测量特征参数原则测得的几何误差,与按定义确定的几何误差相比,只是一个近似值,因为特征参数的变动量与几何误差值之间一般没有确定的函数关系,但测量特征参数原则在生产中易于实现,是一种应用较为普遍的检测原则。

4. 测量跳动原则

测量跳动原则是针对测量圆跳动和全跳动的方法而提出的检测原则。例如,测量径向圆跳动和端面圆跳动,如图 4-45 所示,被测实际圆柱面绕基准轴线回转一周的过程中,被测实际圆柱面的形状误差和位置误差使位置固定的指示表的测头作径向移动,指示表最大与最小示值之差,即为在该测量截面内的径向圆跳动误差。实际被测端面绕基准轴线回转一周的过程中,位置固定的指示表的测头作轴向移动,指示表最大与最小示值之差即为端面圆跳动误差。

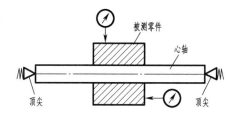

图 4-45 测量跳动误差

5. 控制实效边界原则

控制实效边界原则适用于采用最大实体要求的场合,按最大实体要求给出几何公差时,要求被测提取(实际)要素不得超越图样上给定的实效边界。判断被测提取(实际)要素是否超越实效边界的有效方法是综合量规检验法,亦即采用光滑极限量规或位置量规的工作表面来模拟体现图样上给定的边界,来检测实际被测要素。若被测要素的实际轮廓能被量规通过,则表示合格,否则不合格。

思考题及练习题

一、思考题

4-1 比较测同一被测要素时,下列公差项目间的区别和联系。

(1)圆度公差与径向圆跳动公差。

(2)圆柱度公差与径向全跳动公差。

(3)直线度公差与平面度公差。

(4)平面度公差与平行度公差。

(5)平面度公差与端面全跳动公差。

4-2 哪些几何公差的公差值前应该加注"ϕ"? 为什么?

4-3 几何公差带由哪几个要素组成?形状公差带、方向公差带、位置公差带、跳动公差带的特点各是什么?

4-4 国家标准规定了哪些公差原则或要求?它们主要用在什么场合?

4-5 国家标准规定了哪些几何误差检测原则?

4-6 举例说明什么是可逆要求?有何实际意义?

4-7 什么是最大实体实效尺寸?对于内、外表面,其最大实体实效尺寸的表达式是什么?

二、练习题

4-8 设某轴的尺寸为 $\phi 35^{+0.25}_{0}$,其轴线直线度公差为 $\phi 0.05$,求其最大实体尺寸 D_M、最小实体尺寸 D_L、最大实体实效尺寸 D_{MV}、最小实体实效尺寸 D_{LV}。

4-9 试解释图 4-46 中曲轴注出的各项几何公差(说明被测要素、基准要素、公差带形状、大小和方位)。

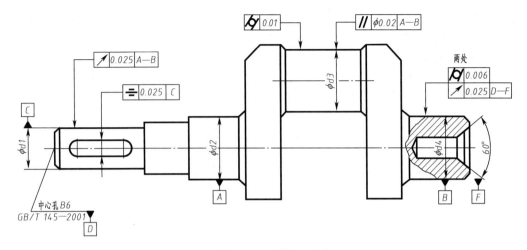

图 4-46　习题 4-9 图

4-10　将下列要求标注在图 4-47 上。

(1) $\phi60r6$ 圆柱面的圆柱度为 0.008。

(2) 16 键槽中心面对 $\phi55k6$ 圆柱面轴线的对称度公差为 0.015。

(3) $\phi75k6$ 圆柱面采用包容要求。

(4) $\phi55k6$ 圆柱面对 $\phi60r6$ 轴线的径向圆跳动公差为 0.025。

(5) $\phi80G7$ 孔轴线对 $\phi60r6$ 轴线的同轴度公差为 0.025。

(6) 平面 F 的平面度公差为 0.02。

(7) $10\times\phi20$ 孔对由与 $\phi65k6$ 圆柱面轴线同轴,直径尺寸 $\phi140$ 确定并均匀分布的理想位置的位置度公差为 $\phi0.125$ mm。

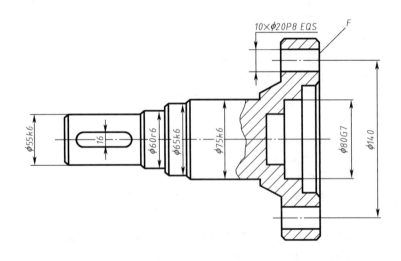

图 4-47　习题 4-10 图

4-11　将下列几何公差要求标注在图 4-48 上。

（1）圆锥面 a 的圆度公差为 0.02 mm。

（2）圆锥面 a 对孔轴线 b 的斜向圆跳动公差为 0.1 mm。

（3）基准孔轴线 b 的直线度公差为 0.005 mm。

（4）孔表面 c 的圆柱度公差为 0.01 mm。

（5）端面 d 对基准孔轴线 b 的端面全跳动公差为 0.02 mm。

（6）端面 e 对端面 d 的平行度公差为 0.03 mm。

（7）其余几何公差按 GB/T 1184 中 K 级制造。

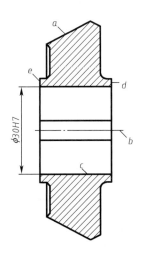

图 4-48　习题 4-11 图

4-12　指出图 4-49 中几何公差的标注错误，并加以改正（不允许改变几何公差特征符号）。

4-13　指出图 4-50 中几何公差的标注错误，并加以改正（不允许改变几何公差特征符号）。

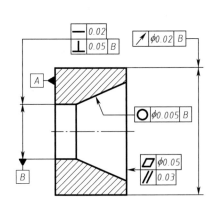

图 4-49　习题 4-12 图

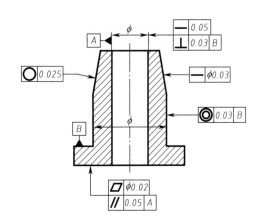

图 4-50　习题 4-13 图

4-14　按图 4-51 上标注的尺寸公差和几何公差填表 4-24，对于遵守相关要求的应画出动态公差图。

表 4-24 题 4-14 表

图样序号	遵守的公差原则或公差要求	遵守边界及边界尺寸	最大实体尺寸/mm	最小实体尺寸/mm	最大实体状态时几何公差/μm	最小实体状态时几何公差/μm	d_a(或 D_a)范围/mm
图 4-51(a)							
图 4-51(b)							
图 4-51(c)							
图 4-51(d)							
图 4 51(e)							

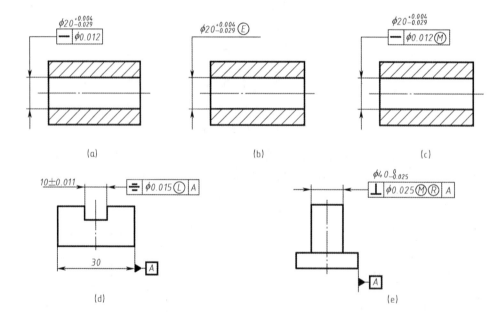

图 4-51 习题 4-14 图

第**5**章　表面粗糙度

5.1　表面粗糙度的基本概念及术语

经机械加工后,工件表面看起来光滑平整,但由于切削加工过程中刀具和工件表面之间的强烈摩擦、切屑分离时材料的塑形变形以及工艺系统的高频振动等原因,工件表面上总会留下刀具的加工痕迹,在显微镜下可以看到这些痕迹都是由许多微小高低不平的峰谷组成的,这些表面微观集合形状误差即为表面粗糙度。

5.1.1　基本概念

表面粗糙度是指加工表面上具有的较小间距和峰谷所组成的微观几何形状特性,亦称微观不平度。

如图 5-1 所示,零件同一表面存在着叠加在一起的三种误差,即形状误差(宏观几何形状误差)、表面波度误差和表面粗糙度(微观几何形状误差)。三者之间通常可按相邻波峰和波谷之间的距离(波距)加以区分:波距大于 10 mm 的属于形状误差;波距在 1~10 mm 之间的属于表面波度误差;波距小于 1 mm 的属于表面粗糙度。

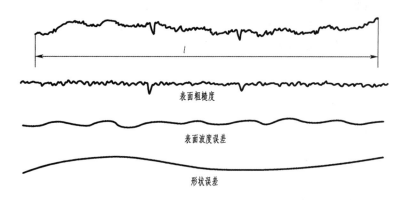

图 5-1　零件表面上的粗糙度、波度和形状误差

其相邻两波峰或两波谷之间的距离(波距)很小(在 1 mm 以下),用肉眼是难以区分的,因此它属于微观几何形状误差。表面粗糙度越小,则表面越光滑。表面粗糙度对机械零件使用性能及其寿命影响较大,尤其对在高温、高速和高压条件下工作的机械零件影响更大,其影响主要表现在以下几个方面:

1. 对耐磨性的影响

具有表面粗糙度的两个零件,当它们接触并产生相对运动时只是一些峰顶间的接触,从而减

少了接触面积,压强增大,使磨损加剧。零件越粗糙,阻力就越大,零件磨损也越快。

但需指出,零件表面粗糙度过小,磨损量不一定越小。因为零件的耐磨性除受表面粗糙度影响外,还与磨损下来的金属微粒的刻划、润滑油被挤出,以及分子间的吸附作用等因素有关;所以,过于光滑表面的耐磨性不一定好。

2. 对配合性质的影响

对间隙配合来说,表面越粗糙,就越易磨损,使工作过程中间隙逐渐增大;对过盈配合来说,由于装配时容易将微观凸峰挤平,减小了实际有效过盈,降低了连接强度。因此,表面粗糙度影响配合性质的可靠性和稳定性。

3. 对抗疲劳强度的影响

粗糙的零件表面,存在较大的波谷,它们像尖角缺口和裂纹一样,对应力集中很敏感。特别是当零件承受交变载荷时,由于应力集中的影响,使疲劳强度降低,导致零件表面产生裂纹而损坏。

4. 对接触刚度的影响

由于两表面接触时,实际接触面积仅为理想接触面积的一部分。零件表面越粗糙,实际接触面积就愈小,单位面积压力增大,零件表面局部变形必然增大,接触刚度降低,影响零件的工作精度和抗震性。

5. 对抗腐蚀性的影响

粗糙的表面,易使腐蚀性气体或液体通过表面的微观凹谷渗入到金属内层,造成表面锈蚀,降低零件的抗腐蚀能力。因此,提高零件表面粗糙度的质量,可以增强其抗腐蚀的能力。

6. 对密封性的影响

粗糙的表面结合时,两表面只在局部点上接触,无法严密地贴合,气体或液体通过接触面间的缝隙发生渗漏。

此外,表面粗糙度还对零件的外观、测量精度等有很大的影响。因此,表面粗糙度在零件的几何精度设计中是必不可少的,是一项非常重要的零件质量评定指标。

为了适应生产技术的发展,有利于国际间的技术交流及对外贸易,我国现行的有关表面粗糙度的国家标准主要有:

GB/T 6062—2009《产品几何技术规范(GPS) 表面结构 轮廓法 接触(触针)式仪器的标称特性》

GB/T 10610—2009《产品几何技术规范(GPS) 表面结构 轮廓法 评定表面结构的规则和方法》

GB/T 18777—2009《产品几何技术规范(GPS) 表面结构 轮廓法 相位修正滤波器的计量特性》

GB/Z 20308—2006《产品几何技术规范(GPS)总体规划》

5.1.2 表面粗糙度的基本术语

由于加工表面的不均匀性,在评定表面粗糙度时,需要规定取样长度和评定长度等技术参数,以限制和减弱表面波纹度对表面粗糙度测量结果的影响。

1. 表面轮廓

一个指定平面与实际表面相交所得的轮廓,如图5-2所示。

注:实际上,通常采用一条名义上与实际表面平行,并在一个适当方向上的法线来选择一个平面。

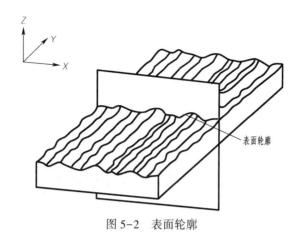

图 5-2　表面轮廓

2. 取样长度与评定长度

（1）取样长度 lr

取样长度是用于判别被评定轮廓的不规则特征的 X 轴方向上的长度，即测量或评定表面粗糙度时所规定的一段基准线长度，它至少包含 5 个以上轮廓峰和谷，如图 5-3 所示。规定这段长度是为了限制和减弱表面波度对表面粗糙度测量结果的影响。取样长度值的大小应与被测的表面粗糙度相适应。一般表面越粗糙，取样长度就越大。

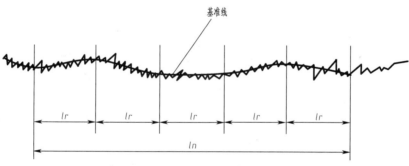

图 5-3　取样长度 lr 和评定长度 ln

（2）评定长度 ln

评定长度是用于判别被评定轮廓的 X 轴方向上的长度。由于零件表面粗糙度不均匀，为了合理地反映其特征，在测量和评定时所规定的一段最小长度称为评定长度（ln）。

评定长度包含一个或几个取样长度。一般情况下，取 $ln = 5lr$，称为"标准长度"（见图 5-3）。如果评定长度取为标准长度，则评定长度无需在表面粗糙度代号中注明。当然，根据情况，也可取非标准长度。如果被测表面均匀性较好，测量时，可选 $ln<5lr$；若均匀性差，可选 $ln>5lr$。

3. 中线

中线是具有几何轮廓形状并划分轮廓的基准线。用 λc 滤波器抑制长波轮廓成分后对应的中线称为粗糙度轮廓中线；用 λf 滤波器抑制长波轮廓成分后对应的中线称为波度轮廓中线；对原始轮廓进行最小二乘拟合，按标称形状所获得的中线称为原始轮廓中线。

基准线有下列两种：轮廓最小二乘中线和轮廓算术平均中线。

（1）轮廓最小二乘中线

轮廓最小二乘中线是指在取样长度范围内，使实际被测轮廓线上的各点至该线的距离平方和为最小的线,如图 5-4 所示。

$$\int_0^l y^2 \mathrm{d}x = \min \tag{5-1}$$

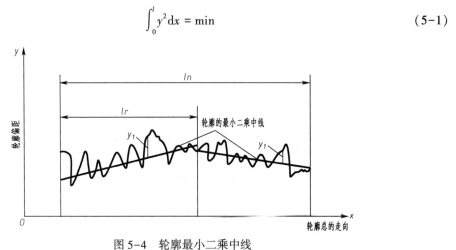

图 5-4   轮廓最小二乘中线

(2)轮廓算术平均中线

轮廓算术平均中线是在取样长度范围内,将实际轮廓划分为上下两部分,且使上下面积相等的直线,如图 5-5 所示。

$$F_1 + F_2 + \cdots + F_n = G_1 + G_2 + \cdots + G_m \tag{5-2}$$

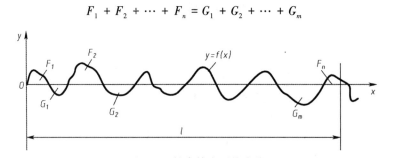

图 5-5   轮廓算术平均中线

轮廓算术平均中线往往不是唯一的,在一簇算术平均中线中只有一条与最小二乘中线重合。在轮廓图形上确定最小二乘中线的位置比较困难,可用轮廓算术平均中线代替,通常用目测估计确定轮廓算术平均中线。

4. 几何参数

①轮廓峰。被评定轮廓上连接轮廓与 X 轴两相邻交点的向外(从材料到周围介质)的轮廓部分,如图 5-6 所示。

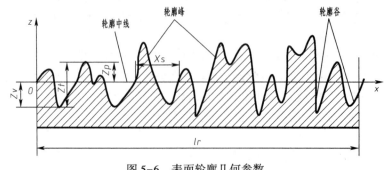

图 5-6   表面轮廓几何参数

②轮廓谷。被评定轮廓上连接轮廓与 X 轴两相邻交点的向内(从周围介质到材料)的轮廓部分,如图 5-6 所示。

③轮廓单元。它是指轮廓峰和相邻轮廓谷的组合,如图 5-7 所示。在取样长度始端或末端的被评定轮廓的向外部分或向内部分应看作一个轮廓峰或者一个轮廓谷。当在若干个连续的取样长度上确定若干个轮廓单元时,在每个取样长度的始端或末端评定的峰和谷仅在每个取样长度的始端计入一次。

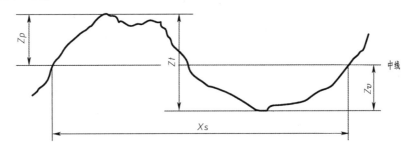

图 5-7　轮廓单元

④轮廓单元宽度 Xs。这是指轮廓单元与 X 轴相交线段的长度,如图 5-7 所示。

⑤轮廓单元高度 Zt。这是指一个轮廓单元的轮廓峰高与轮廓谷深之和,如图 5-7 所示。

⑥轮廓峰高 Zp。这是指轮廓最高点到 X 轴线的距离,如图 5-7 所示。

⑦轮廓谷深 Zv。X 轴线与轮廓谷最低点到 X 轴线之间的距离,如图 5-7 所示。

5. 评定参数

(1)轮廓的算术平均偏差 Ra

在一个取样长度内,轮廓上各点到中线纵坐标 $Z(x)$ 绝对值的算术平均值,如图 5-8 所示。

$$Ra = \frac{1}{lr} \int_0^{lr} |z(x)| \, dx \tag{5-3}$$

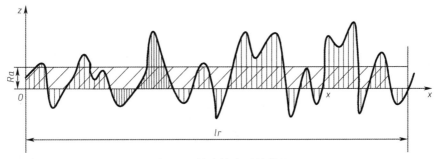

图 5-8　轮廓算术平均偏差

(2)轮廓的最大高度 Rz

在一个取样长度内,最大轮廓峰高 Zp 和最大轮廓谷深 Zv 之和记为 Rz,如图 5-9 所示。

$$Rz = Zp + Zv = \max\{Zp_i\} + \max\{Zv_i\} \tag{5-4}$$

(3)轮廓单元的平均宽度 Rsm

在一个取样长度内,粗糙度轮廓单元宽度的平均值,如图 5-10 所示。

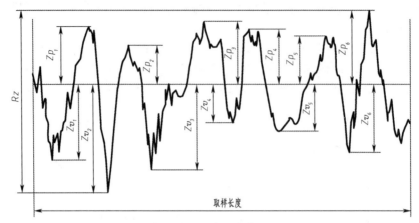

图 5-9　轮廓最大高度

$$Rsm = \frac{1}{m} \sum_{i=1}^{m} Xs_i \tag{5-5}$$

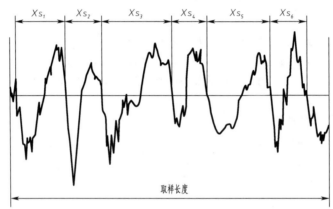

图 5-10　轮廓单元的宽度

（4）轮廓的支承长度率 $Rmr(c)$

在给定水平位置 c 上轮廓的实体材料长度 $Ml(c)$ 与评定长度 ln 的比率即为轮廓的支承长度率。

$$Rmr(c) = \frac{Ml(c)}{ln} \tag{5-6}$$

$Rmr(c)$ 与表面轮廓形状有关,是反映表面耐磨性能的指标。如图 5-11 所示,在给定水平位置时,图 5-11(b)所示的表面比图 5-11(a)所示的表面实体材料长度大,故其表面耐磨。

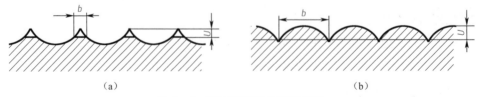

（a）　　　　　　　　　　　　（b）

图 5-11　表面粗糙度的不同形状

5.2　表面粗糙度的参数及数值的选用

图样上所标注的表面粗糙度符号、代号是该表面完工后的要求。表面粗糙度的选用主要包括评定参数的选用和评定参数值的选用。

5.2.1　表面粗糙度的参数选用

1. 表面粗糙度高度参数的选择

表面粗糙度参数选取的原则：确定表面粗糙度时，可首先在高度特性方面的参数（Ra、Rz）中选取，只有当高度参数不能满足表面的功能要求时，才选取附加参数作为附加项目。在评定参数中，最常用的是 Ra，因为它最完整、最全面地表征了零件表面的轮廓特征。通常采用电动轮廓仪测量零件表面的 Ra，电动轮廓仪的测量范围为 $0.02 \sim 8\ \mu m$。通常用光学仪器测量 Rz，测量范围为 $0.1 \sim 60\ \mu m$，由于它只反映了峰顶和谷底的几个点，反映出的表面信息有局限性，不如 Ra 全面。

当表面要求耐磨性时，采用 Ra 较为合适。Rz 是反映最大高度的参数，对疲劳强度来说，表面只要有较深的痕迹，就容易产生疲劳裂纹而导致损坏，因此，这种情况以采用 Rz 为好。另外，在仪表、轴承行业中，由于某些零件很小，难以取得一个规定的取样长度，用 Ra 有困难，采用 Rz，则具有实用意义。

2. 轮廓单元的平均宽度参数 Rsm 的选用

由于 Ra、Rz 高度参数为主要评定参数，而轮廓单元的平均宽度参数和形状特征参数为附加评定参数，所以，零件所有表面都应选择高度参数，只有少数零件的重要表面，有特殊使用要求时，才附加选择轮廓单元的平均宽度参数等附加参数。

如表面粗糙度对表面的可漆性影响较大，如汽车外形薄钢板，除去控制高度参数 Ra（$0.9 \sim 1.3\ \mu m$）外，还需进一步控制轮廓单元的平均宽度 Rsm（$0.13 \sim 0.23\ mm$）；又如，为了使电动机定子硅钢片的功率损失最少，应使其 Ra 为 $1.5 \sim 3.2\ \mu m$，Rsm 约为 $0.17\ \mu m$；再如冲压钢板时，尤其是深冲时，为了使钢板和冲模之间有良好的润滑，避免冲压时引起裂纹，除了控制 Ra 外，还要控制轮廓单元的平均宽度参数 Rsm。另外，受交变载荷作用的应力界面除用 Ra 参数外，也还要用 Rsm。

3. 轮廓的支承长度率 $Rmr(c)$ 的选用

由于 $Rmr(c)$ 能直观地反映实际接触面积的大小，它综合反映了峰高和间距的影响，而摩擦、磨损、接触变形都与实际接触面积有关，故此时适宜选用参数 $Rmr(c)$。至于在多大 $Rmr(c)$ 之下确定水平截距 c 值，要经过研究确定。$Rmr(c)$ 是表面耐磨性能的一个度量指标，但测量的仪器也较复杂和昂贵。

选用 $Rmr(c)$ 时必须同时给出水平截距 c 值，它可用 μm 或 Rz 的百分数表示。百分数系列如下：Rz 的 5%、10%、15%、20%、25%、30%、40%、50%、60%、70%、80%、90%。

5.2.2　表面粗糙度参数值的选用

表面粗糙度评定参数值选择的一般原则：在满足功能要求的前提下，尽量选用较大的表面粗糙度参数值，以便于加工，降低生产成本，获得较好的经济效益。表面粗糙度评定参数值选用通常采用类比法。具体选用时，应注意以下几点：

①同一零件上,工作表面的粗糙度应比非工作表面要求严,$Rmr(c)$ 值应大,其余评定参数值应小。

②对于摩擦表面,速度愈高,单位面积压力愈大,则表面粗糙度值应越小,尤其是对滚动摩擦表面应更小。

③受交变负荷时,特别是在零件圆角、沟槽处要求应严。

④要求配合性质稳定可靠时,要求应严。如小间隙配合表面、受重载作用的过盈配合表面,都应选择较小的表面粗糙度值。

⑤确定零件配合表面的粗糙度时,应与其尺寸公差相协调。通常,尺寸、形位公差值小,表面粗糙度 Ra 值或 Rz 值也要小;尺寸公差等级相同时,轴比孔的表面粗糙度数值要小。

此外,还应考虑其他一些特殊因素和要求。如凡有关标准已对表面粗糙度做出规定的标准件或常用典型零件,均应按相应的标准确定其表面粗糙度参数值。

GB/T 1031—2009《产品几何技术规范(GPS) 表面结构 轮廓法 表面粗糙度参数及其数值》(简称新标准)2009 年 3 月 16 日发布,2009 年 11 月 1 日实施,代替 GB/T 1031—1995《表面粗糙度 参数及其数值》(简称旧标准)。新标准依据 GB/T 3505—2009《产品几何技术规范(GPS) 表面结构 轮廓法 术语、定义及表面结构参数》规定采用中线制(轮廓法)评定表面粗糙度。

新标准规定表面粗糙度参数从下列两项中选取:轮廓的算术平均偏差——Ra;轮廓的最大高度——Rz。在幅度参数(峰和谷)常用的参数值范围内(Ra 为 0.002 5 μm~6.3 μm,Rz 为 0.1~25 μm)推荐优先选用 Ra。根据表面功能的需要,除表面粗糙度高度参数(Ra、Rz)外可选用轮廓单元的平均宽度——Rsm 和轮廓的支承长度率——$Rmr(c)$ 作为附加参数。

①轮廓的算术平均偏差 Ra 的数值规定见表 5-1,Ra 相当于旧标准中高度参数 Ra,数值保持不变。

表 5-1 轮廓的算术平均偏差 Ra 的数值(μm)(GB/T 1031—2009)

Ra	0.012	0.2	3.2	
	0.025	0.4	6.3	50
	0.05	0.8	12.5	100
	0.1	1.6	25	

②轮廓的最大高度 Rz 的数值规定见表 5-2,Rz 相当于旧标准 GB/T 3505—1983 中高度参数 Ry,数值保持不变。

表 5-2 轮廓的最大高度 Rz 的数值(μm)(GB/T 1031—2009)

Rz	0.025	0.4	6.3	100	1600
	0.05	0.8	12.5	200	
	0.1	1.6	25	400	
	0.2	3.2	50	800	

③根据表面功能的需要,除表面粗糙度参数(Ra、Rz)外,可选用附加参数,即评定参数轮廓单元的平均宽度 Rsm,其数值规定见表 5-3,Rsm 相当于旧标准中间距参数 Sm,数值保持不变。轮廓的支承长度率 $Rmr(c)$,其数值规定见表 5-4,$Rmr(c)$ 相当于旧标准中形状特性参数 t_p,数值保持不变。

表 5-3 轮廓单元的平均宽度 Rsm 的数值(mm)(GB/T 1031—2009)

Rsm	0.006	0.1	1.6
	0.012 5	0.2	3.2
	0.025	0.4	6.3
	0.05	0.8	12.5

表 5-4　轮廓的支承长度率 *Rmr*(*c*) 的数值(%)（GB/T 1031—2009）

Rmr(*c*)	10	15	20	25	30	40	50	60	70	80	90

④新标准规定,当标准系列值不能满足要求时,或根据表面功能和生产的经济合理性,当选用标准中的表 5-1~表 5-3 中系列值不能满足要求时,可选用补充系列值,见表 5-5~表 5-7。

表 5-5　*Ra* 的补充系列值（μm）（GB/T 1031—2009）

Ra	0.008	0.032	0.125	0.50	2.0	16.0	32
	0.010	0.040	0.160	0.63	2.5	20	40
	0.016	0.063	0.25	1.00	4.0	8.0	63
	0.020	0.080	0.32	1.25	5.0	10.0	80

表 5-6　*Rz* 的补充系列值（μm）（GB/T 1031—2009）

Rz	0.032	0.50	8.0	125
	0.040	0.63	10.0	160
	0.063	1.00	16.0	250
	0.080	1.25	20	320
	0.125	2.0	32	500
	0.160	2.5	40	630
	0.25	4.0	63	1 000
	0.32	5.0	80	1 250

表 5-7　*Rsm* 的补充系列值（mm）（GB/T 1031—2009）

Rsm	0.002	0.010	0.063	0.32	2.0	10.0
	0.003	0.016	0.080	0.05	2.5	
	0.004	0.020	0.125	0.63	4.0	
	0.005	0.023	0.160	1.00	5.0	
	0.008	0.040	0.25	1.25	8.0	

⑤选用轮廓的支承长度率 *Rmr*(*c*) 参数时,必须同时给出轮廓界面高度 *c* 值。它可用 μm 或 *Rz* 的百分数表示。*Rz* 的百分数系列为:5%、10%、15%、20%、25%、30%、40%、50%、60%、70%、80%、90%。

⑥表面粗糙度参数:

取样长度(*lr*)的数值:取样长度(*lr*)的数值从表 5-8 给出的系列中选取。

表 5-8　取样长度(*lr*)的数值（mm）（GB/T 1031—2009）

lr	0.08	0.25	0.8	2.5	8	25

表面粗糙度参数值与取样长度:一般情况下,在测量 *Ra*、*Rz* 时,推荐按表 5-9 和表 5-10 选用对应的取样长度,此时取样长度值的标注在图样上和技术文件中可省略。当有特殊要求时,应给出相应的取样长度值,并在图样上或技术文件中注出。对于微观不平度间距较大的端铣、滚铣及其他大进给走刀量的加工表面,应按标准中规定的取样长度系列选取较大的取样长度值。由于

加工表面不均匀,在评定表面粗糙度时,其评定长度应根据不同的加工方法和相应的取样长度来确定。一般情况下,在测量 Ra 和 Rz 时,推荐按照表 5-9 和表 5-10 选取相应的评定长度。如被测表面均匀性较好,测量时可选用小于 $5×lr$ 的评定长度值;均匀性较差的表面可选用大于 $5×lr$ 的评定长度。

表 5-9　Ra 参数值与取样长度 lr 值的对应关系

$Ra/\mu m$	lr/mm	lr ($lr=5×ln$)/mm
≥0.008~0.02	0.08	0.4
>0.02~0.1	0.25	1.25
>0.1~2.0	0.8	4.0
>2.0~10.0	2.5	12.5
>10.0~80.0	8.0	40.0

表 5-10　Rz 参数值与取样长度 lr 值的对应关系

$Rz/\mu m$	lr/mm	$ln(ln=5×lr)/mm$
≥0.025~0.10	0.08	0.4
>0.10~0.50	0.25	1.25
>0.50~10.0	0.8	4.0
>10.0~50.0	2.5	12.5
>50~320	8.0	40.0

表面粗糙度参数值应用实例如表 5-11 所示。

表 5-11　表面粗糙度参数值应用实例

$Ra/\mu m$	$Rz/\mu m$	加工方法	应 用 举 例
≤80	≤320	粗车、粗刨、粗铣、钻、毛锉、锯断	粗糙工作面,一般很少用
≤20	≤80		粗加工表面,如轴端面、倒角、螺钉和铆钉孔表面、齿轮及皮带轮侧面、键槽底面,焊接前焊缝表面
≤10	≤40	车、刨、铣、镗、钻、粗铰	轴上不安装轴承、齿轮处的非配合表面,筋骨间的自由装配表面,轴和孔的退刀槽等
≤5	≤20	车、刨、铣、镗、磨、拉、粗刮、滚压	半精加工表面,箱体、支架、套筒等和其他零件结合而无配合要求的表面,需要发蓝的表面,机床主轴的非工作表面
≤2.5	≤10	车、刨、铣、镗、磨、拉、刮、滚压、铣齿	接近于精加工表面,衬套、轴承、定位销的压入孔表面,中等精度齿轮齿面,低速传动的轴颈、电镀前金属表面等

续表

Ra/μm	Rz/μm	加工方法	应　用　举　例
≤1.25	≤6.3	车、镗、磨、拉、刮、精铰、滚压、磨齿	圆柱销、圆锥销，与滚动轴承配合的表面，普通车床导轨面，内、外花键定心表面、中速转轴轴颈等
≤0.63	≤3.2	精镗、磨、刮、精铰、滚压	要求配合性质稳定的配合表面，较高精度车床的导轨面，高速工作的轴颈及衬套工作表面
≤0.32	≤1.6	精磨、珩磨、研磨、超精加工	精密机床主轴锥孔，顶尖锥孔，发动机曲轴表面，高精度齿轮齿面，凸轮轴表面等
≤0.16	≤0.8	精磨、研磨、普通抛光	活塞表面，仪器导轨表面，液压阀的工作面，精密滚动轴承的滚道
≤0.08	≤0.4	超精磨、精抛光、镜面磨削	精密机床主轴颈表面，量规工作面，测量仪器的摩擦面，滚动轴承的钢球、滚珠表面
≤0.04	≤0.2		特别精密或高速滚动轴承的滚道、钢球、滚珠表面，测量仪器中的中等精度配合表面，保证高度气密的结合表面
≤0.02	≤0.1	镜面磨削、超精研	精密仪器的测量面，仪器中的高精度配合表面，大于 100 mm 的量规工作表面等
≤0.01	≤0.05		高精度量仪、量块的工作表面，光学仪器中的金属镜面，高精度坐标镗床中的镜面尺等

5.2.3　表面粗糙度的标注

1. 表面粗糙度的符号与代号

表面粗糙度的符号及含义如表 5-12 所示。

表 5-12　表面粗糙度符号及含义（GB/T 131—2006）

名　　称	符　　号	含　　义
基本图形符号（简称基本符号）		未指定工艺方法获得的表面。仅用于简化代号标注，没有补充说明时不能单独使用
扩展图形符号		用去除材料方法获得的表面。如通过机械加工方法获得的表面
		用不去除材料方法获得的表面；也可用于表示保持上道工序形成的表面

名　　称	符　　号	含　　义
完整图形符号	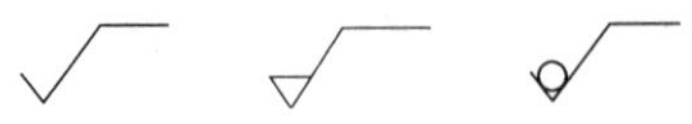	在上述三个图形符号的长边上加一横线,用于标注表面粗糙度特征的补充信息
工件轮廓各表面的图形符号	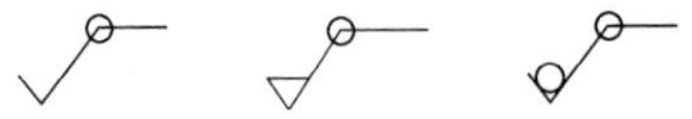	在完整图形符号上加一圆圈,表示在图样某个视图上构成封闭轮廓的各表面有相同的表面粗糙度要求。它标注在图样中工件的封闭轮廓线上,如果标注会引起歧义时,各表面应分别标注

在完整符号中,对表面结构的单一要求和补充要求应注写在图 5-12 所示的指定位置。

表面结构补充要求包括:表面结构参数代号、数值、传输带/取样长度。

图 5-12 中位置 $a \sim e$ 分别注写以下内容:

(1)位置 a:注写表面结构的单一要求

根据标注表面结构参数代号、极限值和传输带或取样长度。为了避免误解,在参数代号和极限值间应插入空格。传输带或取样长度后应有一斜线"/",之后是表面结构参数代号,最后是数值。

图 5-12　补充要求的注写位置
$(a \sim e)$（GB/T 131—2006）

示例 1:0. 0025-0. 8/Rz　6. 3（传输带标注）

示例 2:-0. 8/Rz　6. 3　（取样长度标注）

对图形法应标注传输带,后面应有一斜线"/",之后是评定长度值,再后是一斜线"/",最后是表面结构参数代号及其数值。

示例 3:0. 008-0. 5/16/Ra　10

其中,传输带是两个定义的滤波器之间的波长范围;对于图形法,是在两个定义极限值之间的波长范围。

(2)位置 a 和 b:注写两个或多个表面结构要求

在位置 a 注写第一个表面结构要求,方法同(1);在位置 b 注写第二个表面结构要求。如果要注写第三个或更多个表面结构要求,图形符号应在垂直方向扩大,以空出足够的空间。扩大图形符号时,a 和 b 的位置随之上移,如图 5-13 所示。

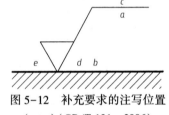

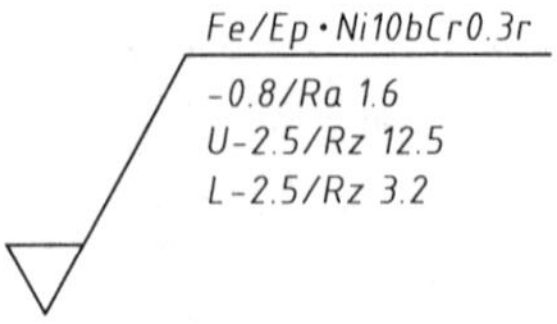

图 5-13　表面结构要求的标注示例

(3)位置 c:注写加工方法

注写加工方法、表面处理、涂层或其他加工工艺要求等,如车、磨、镀等加工表面。

(4)位置 d:注写表面纹理和方向

注写所要求的表面纹理和纹理的方向,如表 5-13 所示。

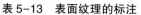

表 5-13 表面纹理的标注

符 号	解 释	示 例
二	纹理平行于符号标注视图所在的投影面	
⊥	纹理垂直于符号标注视图所在的投影面	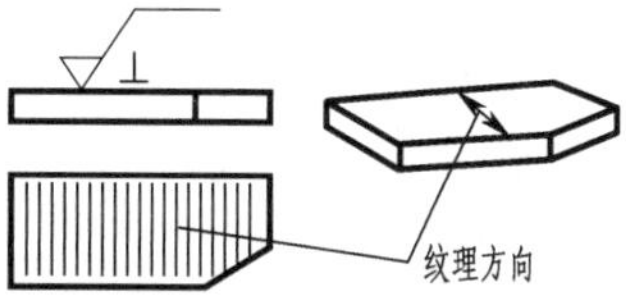
×	纹理呈两斜向交叉且在符号标注视图所在的投影面相交	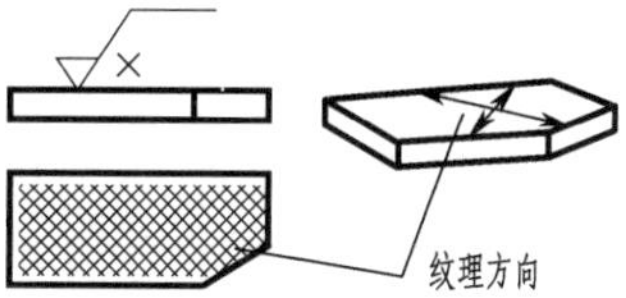
M	纹理呈多方向	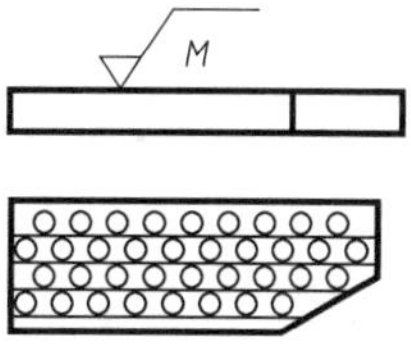
C	纹理呈近似同心圆且圆心与表面中心相关	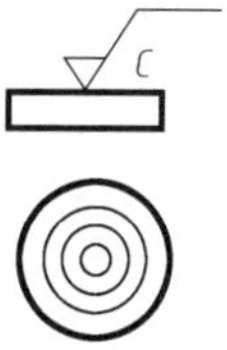
R	纹理呈近似放射状且与表面圆心相关	
P	纹理呈微粒、凸起、无方向	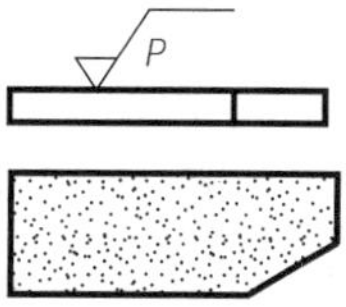

注：如果表面纹理不能清楚地用这些符号表示，必要时，可以在图样上加注说明。

（5）位置 e：注写加工余量

注写所要求的加工余量，以毫米为单位给出数值。

2. 表面粗糙度的标注实例

表面粗糙度参数标注图例见表 5-14。

表 5-14 表面粗糙度参数标注图例

序号	代号	意义
1	$\sqrt{}$ Rz 0.4	表示不允许去除材料,单向上限值,默认传输带,轮廓的最大高度 0.4 μm,评定长度为 5 个取样长度(默认),"16%规则"(默认)
2	$\sqrt{}$ Rz max 0.2	表示去除材料,单向上限值,默认传输带,轮廓最大高度的最大值 0.2 μm,评定长度为 5 个取样长度(默认),"最大规则"
3	$\sqrt{}$ U Ra max 3.2 L Ra 0.8	表示不允许去除材料,双向极限值,两极限值均使用默认传输带。上限值:算术平均偏差 3.2 μm,评定长度为 5 个取样长度(默认),"最大规则";下限值:算术平均偏差 0.8 μm,评定长度为 5 个取样长度(默认),"16%规则"(默认)
4	$\sqrt{}$ L Ra 1.6	表示任意加工方法,单向下限值,默认传输带,算术平均偏差 1.6 μm,评定长度为 5 个取样长度(默认),"16%规则"(默认)
5	$\sqrt{}$ 0.008-0.8/Ra 3.2	表示去除材料,单向上限值,传输带 0.008~0.8 mm,算术平均偏差 3.2 μm,评定长度为 5 个取样长度(默认),"16%规则"(默认)
6	$\sqrt{}$ -0.8/Ra 3 3.2	表示去除材料,单向上限值,传输带:根据 GB/T 6062,取样长度 0.8 mm,算术平均偏差 3.2 μm,评定长度包含 3 个取样长度(即 $l_n = 0.8$ mm × 3 = 2.4 mm),"16%规则"(默认)
7	铣 $\sqrt{}$ Ra 0.8 ⊥ -2.5/Rz 3.2	表示去除材料,两个单向上限值:①默认传输带和评定长度,算术平均偏差 0.8 μm,"16%规则"(默认);②传输带为 -2.5 mm,默认评定长度,轮廓的最大高度 3.2 μm,"16%规则"(默认)。表面纹理垂直于符号标注视图所在的投影面。加工方法为铣削
8	$\sqrt{}$ 0.008-4/Ra 50 3 0.008-4/Ra 6.3	表示去除材料,双向极限值:上限值 Ra = 50 μm,下限值 Ra = 6.3 μm;上、下极限传输带均为 0.008~4 mm;默认的评定长度均为 $l_n = 4 × 5 = 20$ mm;"16%规则"(默认)。加工余量为 3 mm
9	$\sqrt{}$Y $\sqrt{}$Z	简化符号:符号及所加字母的含义由图样中的标注说明

注意:表中"上限值"是指表面粗糙度参数的所有实测值中超过规定值的个数少于总数的 16%;"最大值"是指表面粗糙度参数的所有实测值不得超过规定值。

3. 表面结构要求在图样和其他技术产品文件中的标法

表面结构要求对每一表面一般只标注一次,并尽可能注在相应的尺寸及其公差的同一视图上。除非另有说明,所标注的表面结构要求是对完工零件表面的要求。

表面结构符号、代号的标注位置与方向:

①总的原则是根据 GB/T 4458.4—2003《机械制图 尺寸标注》的规定,使表面结构的注写和读取方向与尺寸的注写和读取方向一致,如图 5-14 所示。

②标注在轮廓线上或指引线上。表面结构要求可标注在轮廓线上,其符号应从材料外指向

并接触表面。必要时,表面结构符号也可用带箭头或黑点的指引线引出标注,如图 5-15 和图 5-16
所示。

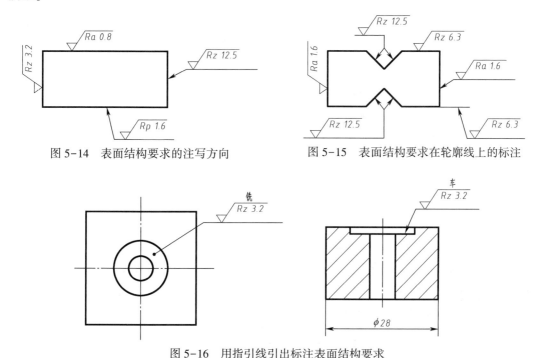

图 5-14　表面结构要求的注写方向　　　　图 5-15　表面结构要求在轮廓线上的标注

图 5-16　用指引线引出标注表面结构要求

③标注在特征尺寸的尺寸线上。在不致引起误解时,表面结构要求可以标注在给定尺寸线
上,如图 5-17 所示。

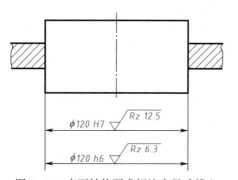

图 5-17　表面结构要求标注在尺寸线上

④标注在形位公差的框格上。表面结构要求可标注在形位公差框格的上方,如图 5-18
所示。

图 5-18　表面结构要求标注在形位公差框格的上方

⑤标注在延长线上。表面结构要求可以直接标注在延长线上,或用带箭头的指引线引出标注(见图5-15和图5-19)。

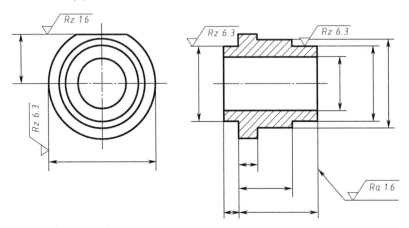

图5-19　表面结构要求标注在圆柱特征的延长线上

⑥标注在圆柱和棱柱表面上。圆柱和棱柱表面的表面结构要求只标注一次。如果每个棱柱表面有不同的表面结构要求,则应分别单独标注,如图5-20所示。

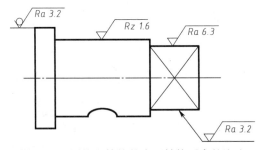

图5-20　圆柱和棱柱的表面结构要求的注法

5.3　表面粗糙度的检测

常用表面粗糙度检测的方法有比较法、光切法、干涉法、针描法和印模法。

1. 比较法

比较法是将被测表面和表面粗糙度样板直接进行比较,两者的加工方法和材料应尽可能相同,否则将产生较大误差。可用肉眼或借助放大镜、比较显微镜比较;也可用手摸、指甲划动的感觉来判断被测表面的粗糙度。

这种方法多用于车间,评定一些表面粗糙度参数值较大的工件,评定的准确性在很大程度上取决于检验人员的经验。

2. 光切法

应用"光切原理"来测量表面粗糙度的方法称为光切法。常用的仪器是双管显微镜。该种仪器适宜于测量车、铣、刨或其他类似加工方法所加工的零件平面和外圆表面。将所测值按式(5-4)计算可求得 Rz 值。常用于测量 Rz 值为 $0.5\sim60$ μm。

3. 干涉法

干涉法是利用光波干涉原理来测量表面粗糙度。被测表面直接参与光路,同一标准反射镜比较,以光波波长来度量干涉条纹弯曲程度,从而测得该表面的粗糙度。

干涉法测量表面粗糙度的仪器是干涉显微镜。目前国内生产的干涉显微镜有 6J 型、6JA 型等。干涉法通常用于测量表面粗糙度参数 Rz 值。

4. 针描法

针描法又称轮廓法,是一种接触式测量表面粗糙度的方法。常用的仪器是触针式轮廓仪。其原理如图 5-21 所示,利用触针划过被测表面,把表面粗糙度轮廓放大描绘出来,经过计算机处理装置直接给出 Ra 值。适用于测量 Ra 值为 0.04～5.0 μm 的内、外表面和球面。

测量时,仪器的触针针尖与被测表面相接触,以一定速度在被测表面上移动,被测表面上的微小峰谷使触针在移动的同时,还沿轮廓的垂直方向作上下运动。触针的运动情况实际反映了被测表面的轮廓情况,通过传感器转换成电信号,再通过滤波、放大和计算处理,直接显示出 Ra 值的大小,也可以由记录装置画出被测表面的轮廓图形。

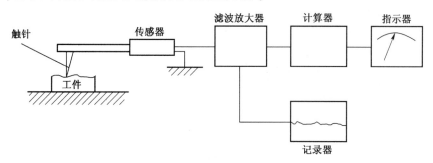

图 5-21　针描法测量原理框图

5. 印模法

在实际测量中,会遇到有些表面不便于采用以上方法直接测量,如深孔、盲孔、凹槽、内螺纹及大型横梁等。可采用印模法将被测表面的轮廓复制成模,再使用非接触测量方法测量印模,从而间接评定被测表面的粗糙度。

思考题与练习题

一、思考题

5-1　表面粗糙度的含义是什么? 它与形状误差和表面波度有何区别?

5-2　表面粗糙度属于什么误差? 对零件的使用性能有哪些影响?

5-3　为什么要规定取样长度和评定长度? 两者的区别何在? 关系如何?

5-4　国家标准规定了哪些粗糙度评定参数? 如何选择?

二、练习题

5-5　判断题。

(1)表面越粗糙,取样长度应越长。　　　　　　　　　　　　　　　　　(　　)

(2)评定表面粗糙度在高度方向上只有一个参数。　　　　　　　　　　(　　)

(3)同一表面的 Ra 值一定小于 Rz 值。　　　　　　　　　　　　　　(　　)

(4)评定表面轮廓粗糙度所必需的一段长度称取样长度,它可以包含几个评定长度。(　　)

（5）Rz 参数由于测量点不多，因此在反映微观几何形状高度方面的特性不如 Ra 参数充分。

（　　）

（6）要求配合精度高的零件，其表面粗糙度数值应大。　　　　　　　　　（　　）

（7）零件的尺寸精度越高，通常表面粗糙度参数值相应取得越小。　　　　（　　）

（8）摩擦表面应比非摩擦表面的表面粗糙度数值小。　　　　　　　　　　（　　）

（9）Rz 参数由于测量点不多，因此在反映微观几何形状高度方面的特性不如 Ra 参数充分。

（　　）

（10）表面结构要求可以直接标注在延长线上，或用带箭头的指引线从延长线上引出标注。

（　　）

5-6　有一轴，其尺寸为 $\phi 40^{+0.016}_{+0.002}$ mm，圆柱度公差为 2.5 μm，试参照尺寸公差和形位公差确定该轴的表面粗糙度评定参数 Ra 的数值。

5-7　将下列要求标注在图 5-22 上，各加工面均采用去除材料法获得。

（1）直径为 $\phi 50$ mm 的圆柱外表面粗糙度 Ra 的允许值为 3.2 μm。

（2）左端面的表面粗糙度 Ra 的允许值为 1.6 μm。

（3）直径为 $\phi 50$ mm 的圆柱的右端面的表面粗糙度 Ra 的允许值为 1.6 μm。

（4）内孔表面粗糙度 Ra 的允许值为 0.4 μm。

（5）螺纹工作面的表面粗糙度 Rz 的最大值为 1.6 μm，最小值为 0.8 μm。

（6）其余各加工面的表面粗糙度 Ra 的允许值为 25 μm。

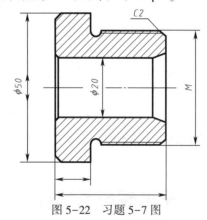

图 5-22　习题 5-7 图

5-8　将下列表面粗糙度的要求标注在图 5-23 中。

（1）用去除材料的方法获得表面 a 和 b，要求 Ra 上限值为 1.6 μm。

（2）用任何方法加工圆柱面，要求 Rz 上限值为 6.3 μm，下限值为 3.2 μm。

（3）用去除材料的方法加工其余表面，要求 Ra 上限值为 12.5 μm。

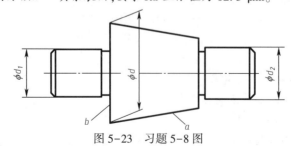

图 5-23　习题 5-8 图

6.1　概　　述

检验光滑工件尺寸时,可使用通用测量器具,也可使用极限量规。通用测量器具能测出工件尺寸的具体数值,能够了解产品质量情况,有利于对生产过程进行分析。用量规检验的特点是无法测出工件实际尺寸确切的数值,但能判断工件是否合格。

在进行检测时,要针对零件不同的结构特点和精度要求采用不同的计量器具。对于大批量生产,多采用专用量规检验,以提高检测效率。对于单件小批量生产,则常采用通用计量器具进行检测。

6.1.1　量规的作用及种类

光滑极限量规是一种没有刻线的专用测量器具。它不能测得工件实际尺寸的大小,而只能确定被测工件的尺寸是否在它的极限尺寸范围内,从而对工件做出合格性判断。光滑极限量规的基本尺寸就是工件的基本尺寸,通常把检验孔径的光滑极限量规称为塞规,把检验轴径的光滑极限量规称为环规或卡规。

不论塞规还是卡规都包括两个量规:一个是按被测工件的最大实体尺寸制造的,称为通规,又称通端;另一个是按被测工件的最小实体尺寸制造的,称为止规,又称止端。检验时,塞规或环规都必须通规和止规联合使用。例如,使用塞规检验工件孔时(见图6-1),如果塞规的通规通过被检验孔,说明被测孔径大于孔的下极限尺寸;塞规的止规塞不进被检验孔,说明被测孔径小于孔的上极限尺寸。于是,知道被测孔径大于下极限尺寸且小于上极限尺寸,即孔的作用尺寸和实际尺寸在规定的极限范围内,因此被测孔是合格的。

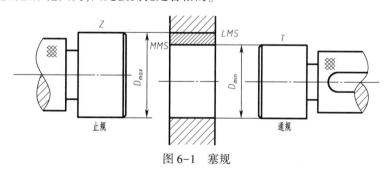

图 6-1　塞规

同理,用卡规的通规和止规检验工件轴径时(见图6-2),通规通过轴,止规通不过轴,说明被测轴径的作用尺寸和实际尺寸在规定的极限范围内,因此被测轴径是合格的。由此可知,不论塞规还是卡规,如果通规通不过被测工件,或者止规通过了被测工件,即可确定被测工件是不合格的。

根据量规不同用途,分为工作量规、验收量规和校对量规三类:

1. 工作量规

工人在加工时用来检验工件的量规。一般用的通规是新制的或磨损较少的量规。工作量规的通规用代号 T 来表示,止规用代号 Z 来表示。

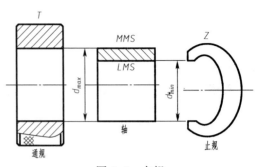

图 6-2 卡规

2. 验收量规

检验部门或用户代表验收工件时用的量规。一般,检验人员用的通规为磨损较大但未超过磨损极限的旧工作量规;用户代表用的是接近磨损极限尺寸的通规,这样由生产工人自检合格的产品,检验部门验收时也一定合格。

3. 校对量规

用以检验轴用工作量规的量规。它检查轴用工作量规在制造时是否符合制造公差,在使用中是否已达到磨损极限所用的量规。校对量规可分为三种:

①"校通—通"量规(代号为 TT)。检验轴用量规通规的校对量规。

②"校止—通"量规(代号为 ZT)。检验轴用量规止规的校对量规。

③"校通—损"量规(代号为 TS)。检验轴用量规通规磨损极限的校对量规。

6.1.2 量规的验收原则

加工完的工件,其实际尺寸虽经检验合格,但由于形状误差的存在,也有可能不能装配、装配困难或即使偶然能装配,也达不到配合要求的情况。故用量规检验时,为了正确地评定被测工件是否合格,是否能装配,对于遵守包容原则的孔和轴,应按极限尺寸判断原则(即泰勒原则)验收。

泰勒原则是指工件的作用尺寸不超过最大实体尺寸(即孔的作用尺寸应大于或等于其下极限尺寸;轴的作用尺寸应小于或等于其上极限尺寸),工件任何位置的实际尺寸应不超过其最小实体尺寸(即孔任何位置的实际尺寸应小于或等于其上极限尺寸;轴任何位置的实际尺寸应大于或等于其下极限尺寸)。

作用尺寸由最大实体尺寸限制,就把形状误差限制在尺寸公差之内;另外,工件的实际尺寸由最小实体尺寸限制,才能保证工件合格并具有互换性,并能自由装配。亦即符合泰勒原则验收的工件是能保证使用要求的。

符合泰勒原则的光滑极限量规应达到如下要求:

①通规用来控制工件的作用尺寸,它的测量面应具有与孔或轴相对应的完整表面,称为全形量规,其尺寸等于工件的最大实体尺寸(MMS),且其长度应等于被测工件的配合长度。

②止规用来控制工件的实际尺寸,它的测量面应为两点状的,称为不全形量规,两点间的尺寸应等于工件的最小实体尺寸(LMS)。

若光滑极限量规的设计不符合泰勒原则,则对工件的检验可能造成错误判断。以图 6-3 为例,分析量规形状对检验结果的影响:被测工件孔为椭圆形,实际轮廓从 X 方向和 Y 方向都已超出公差带,已属废品。但若用两点状通规检验,可能从 Y 方向通过,若不作多次不同方向检验,则可能发现不了孔已从 X 方向超出公差带。同理,若用全形止规检验,则根本通不过孔,发现不了孔已从 Y 方向超出公差带。这样,由于量规形状不正确,实际应用中的量规,由于制造和使用方面的原因,常常偏离泰勒原则。例如,为了用已标准化的量规,允许通规的长度小于工件的配合长度;对大尺寸的孔、轴用全形通规检验,既笨重又不便于使用,允许用不全形通规;对曲轴轴径由于无法使用全形的环规通过,允许用卡规代替。

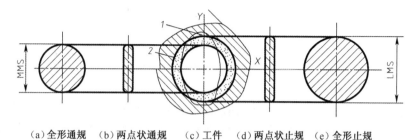

　　（a）全形通规　　（b）两点状通规　　（c）工件　　（d）两点状止规　　（e）全形止规

图 6-3　塞规形状对检验结果的影响

1—实际孔;2—孔公差带

　　对止规也不一定全是两点式接触,由于点接触容易磨损,一般常以小平面、圆柱面或球面代替点;检验小孔的止规,常用便于制造的全形塞规;同样,对刚性差的薄壁件,由于考虑受力变形,常用完全形的止规。

　　光滑极限量规的国家标准规定,使用偏离泰勒原则的量规时,应保证被检验的孔、轴的形状误差(尤其是轴线的直线度、圆度)不影响配合性质。

6.2　量规公差带

　　作为量具的光滑极限量规,本身亦相当于一个精密工件,制造时和普通工件一样,不可避免地会产生加工误差,同样需要规定制造公差。量规制造公差的大小不仅影响量规的制造难易程度,还会影响被测工件加工的难易程度以及对被测工件的误判。为确保产品质量,国家标准 GB/T 1957—2006《光滑极限量规　技术条件》规定量规公差带不得超越工件公差带。

　　通规由于经常通过被测工件会有较大的磨损,为了延长使用寿命,除规定了制造公差外还规定了磨损公差。磨损公差的大小决定了量规的使用寿命。止规不经常通过被测工件,故磨损较少,所以不规定磨损公差,只规定制造公差。图 6-4 所示为 GB/T 1957—2006 规定的量规公差带。工作量规中"通规"的制造公差带对称于 Z 值且在工件的公差带之内,其磨损极限与工件的最大实体尺寸重合。

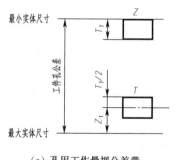

（a）孔用工作量规公差带

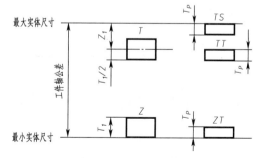

（b）轴用工作量规及其校对量规公差带

图 6-4　量规公差带图

工作量规"止规"的制造公差带从工件的最小实体尺寸起,向工件的公差带内分布。校对量规公差带的分布如下:

(1)"校通—通"量规(TT)。它的作用是防止通规尺寸过小(制造时过小或自然时效时过小)。检验时应通过被校对的轴用通规。其公差带从通规的下偏差开始,向轴用通规的公差带内分布。

(2)"校止—通"量规(ZT)。它的作用是防止止规尺寸过小(制造时过小或自然时效时过小)。检验时应通过被校对的轴用止规。其公差带从止规的下偏差开始,向轴用止规的公差带内分布。

(3)"校通—损"量规(TS)。它的作用是防止通规超出磨损极限尺寸。检验时,若通过了,则说明所校对的量规已超过磨损极限,应予报废。其公差带是从通规的磨损极限开始,向轴用通规的公差带内分布。

国家标准规定的检验各级工件用的工作量规的制造公差 T 和通规公差带的位置要素 Z 值见表 6-1。

表 6-1 IT6~IT16 级工作量规制造公差 T 和通规公差带位置要素 Z 值(摘自 GB/T 1957—2006)

(μm)

工件基本尺寸/mm	IT6		IT7		IT8		IT9		IT10		IT11		IT12		IT13		IT14		IT15		IT16	
	T	Z	T	Z	T	Z	T	Z	T	Z	T	Z	T	Z	T	Z	T	Z	T	Z	T	Z
~3	1	1	1.2	1.6	1.6	2	2	3	2.4	4	3	6	4	9	6	14	9	20	14	30	20	40
3~6	1.2	1.4	1.4	2	2	2.6	2.4	4	3	5	4	8	5	11	7	16	11	25	16	35	25	50
6~10	1.4	1.6	1.8	2.4	2.4	3.2	2.8	5	3.6	6	5	9	6	13	8	20	13	30	20	40	30	60
10~18	1.6	2	2	2.8	2.8	4	3.4	6	4	8	6	11	7	15	10	24	15	35	25	50	35	75
18~30	2	2.4	2.4	3.4	3.4	5	4	7	5	9	7	13	8	18	12	28	18	40	28	60	40	90
30~50	2.4	2.8	3	4	4	6	5	8	6	11	8	16	10	22	14	34	22	50	34	75	50	110
50~80	2.8	3.4	3.6	4.6	4.6	7	6	9	7	13	9	19	12	26	16	40	26	60	40	90	60	130
80~120	3.2	3.8	4.2	5.4	5.4	8	7	10	8	15	10	22	14	30	20	46	30	70	46	100	70	150
120~180	3.8	4.4	4.8	6	6	9	8	12	9	18	12	25	16	35	22	52	35	80	52	120	80	180
180~250	4.4	5	5.4	7	7	10	9	14	10	20	14	29	18	40	26	60	40	90	60	130	90	200
250~315	4.8	5.6	6	8	8	11	10	16	12	22	16	32	20	45	28	66	45	100	66	150	100	220
315~400	5.4	6.2	7	9	9	12	11	18	14	25	18	36	22	50	32	74	50	110	74	170	110	250
400~500	6	7	8	10	10	14	14	20	16	28	20	40	24	55	36	80	55	120	80	190	120	280

国家标准规定的工作量规的形状和位置误差,应在工作量规的尺寸公差范围内。工作量规的几何公差为量规制造公差的50%。当量规的制造公差小于或等于 0.002 mm 时,其几何公差为 0.001 mm。

标准还规定校对量规的制造公差 T_p 为被校对的轴用工作量规的制造公差 T 的50%,其几何公差应在校对量规的制造公差范围内。

根据上述可知,工作量规的公差带完全位于工件极限尺寸范围内,校对量规的公差带完全位于被校对量规的公差带内。从而保证了工件符合"公差与配合"国家标准的要求,但是相应地缩小了工件的制造公差,给生产加工带来了困难,并且还容易把一些合格品误判为废品。

6.3　光滑极限量规设计

检验圆柱形工件的光滑极限量规的形式很多。合理地选择与使用,对正确判断检验结果影响很大。按照国家标准推荐,检验孔时,可用图 6-5(a)所列几种形式的量规,包括全形塞规、不全形塞规、片状塞规、球端杆规。检验轴时,可用图 6-5(b)所列形式的量规,包括环规和卡规。

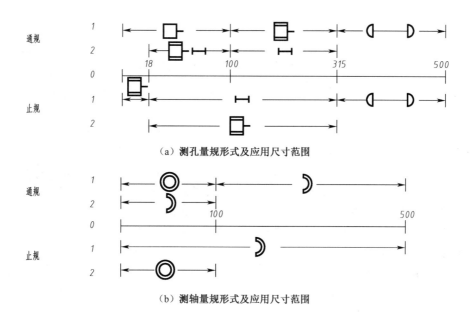

（a）测孔量规形式及应用尺寸范围

（b）测轴量规形式及应用尺寸范围

图 6-5　国家标准推荐的量规形式及应用尺寸范围

□—全形塞规;▯—不全形塞规;⊢⊣—片状塞规;⊃⊂—球端杆规;◎—环规;⊃—卡规

上述各种形式的量规及应用尺寸范围,可供设计时参考。

光滑极限量规的尺寸及偏差计算步骤如下:

①查出被测孔和轴的极限偏差。

②由表 6-1 查出工作量规的制造公差 T 和位置要素 Z 值。

③确定工作量规的形状公差。

④确定校对量规的制造公差。

⑤计算在图样上标注的各种尺寸和偏差。

⑥ 确定的量规技术要求。

量规测量面的材料,可用渗碳钢、碳素工具钢、合金工具钢和硬质合金等材料制造,也可在测量面上镀铬或氮化处理。量规测量面的硬度,直接影响量规的使用寿命。用上述几种钢材经淬火后的硬度一般为 HRC 58~65。

量规测量面的表面粗糙度参数值,取决于被检验工件的基本尺寸、公差等级和表面粗糙度参数值及量规的制造工艺水平。一般不低于光滑极限量规国家标准推荐的表面粗糙度参数值,见表 6-2。

表 6-2　量规测量面粗糙度参数值（摘自 GB/T 1957—2006）

工作量规	工件基本尺寸/mm		
	至 120	>120~315	>315~500
	表面粗糙度 Ra（小于）/μm		
IT6 级孔用量规	0.04	0.08	0.16
IT6~IT9 级轴用量规 IT7~IT9 级孔用量规	0.08	0.16	0.32
IT10~IT12 级孔、轴用量规	0.16	0.32	0.63
IT13~IT16 级孔、轴用量规	0.32	0.63	0.63

注：校对量规测量面的表面粗糙度数值比被校对的轴用量规测量面的粗糙度数值略高一级。

【例】　计算 $\Phi30H8/f7$ 孔和轴用量规的极限偏差。

解：

①由国家标准 GB/T 1800.1—2009 和 GB/T 1800.2—2009 查出孔与轴的上、下偏差。

$\Phi30H8$ 孔：ES = +0.033 mm；EI = 0。

$\Phi30f7$ 轴：es = -0.020 mm；ei = -0.041 mm。

②由表 6-1 查得工作量规的制造公差 T 和位置要素 Z。

塞规：制造公差 T = 0.003 4 mm；位置要素 Z = 0.005 mm。

卡规：制造公差 T = 0.002 4 mm；位置要素 Z = 0.003 4 mm。

③确定工作量规的形状公差。

塞规：形状公差 $T/2$ = 0.001 7 mm。

卡规：形状公差 $T/2$ = 0.001 2 mm。

④确定校对量规的制造公差。

校对量规制造公差 $T_p = T/2$ = 0.001 2 mm。

⑤计算在图样上标注的各种尺寸和偏差。

$\Phi30H8$ 孔用塞规：

通规：上极限偏差 = EI+Z+$T/2$ = (0+0.005+0.001 7) mm = +0.006 7 mm。

下极限偏差 = EI+Z-$T/2$ = (0+0.005-0.001 7) mm = +0.003 3 mm。

磨损极限尺寸 = D_{min} = 30 mm。

止规：上极限偏差 = ES = +0.033 mm。

下极限偏差 = ES-T = (0.033-0.003 4) mm = +0.029 6 mm。

$\Phi30f7$ 轴用卡规：

通规：上极限偏差 = es-Z+$T/2$ = (-0.02-0.003 4+0.001 2) mm = -0.022 2 mm。

下极限偏差 = es-Z-$T/2$ = (-0.02-0.003 4-0.001 2) mm = -0.024 6 mm。

磨损极限尺寸 = d_{max} = 29.98 mm。

止规：上极限偏差 = ei+T = (-0.041+0.002 4) mm = -0.038 6 mm。

下极限偏差 = ei = -0.041 mm。

轴用卡规的校对量规：

"校通—通"：上极限偏差 = es-Z-$T/2$+T_p = (-0.02-0.003 4-0.001 2+0.001 2) mm = -0.023 4 mm。

下极限偏差 = es-Z-$T/2$ = (-0.02-0.003 4-0.001 2) mm = -0.024 6 mm。

"校通—损"：上极限偏差 = es = −0.02 mm。

下极限偏差 = es−Tp =（−0.02−0.001 2）mm = −0.021 2 mm。

"校止—通"：上极限偏差 = ei+Tp =（−0.041+0.001 2）mm = −0.039 8 mm。

下极限偏差 = ei = −0.041 mm。

φ30H8/f7 孔、轴用量规公差带如图 6-6 所示。

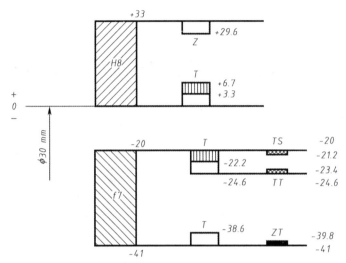

图 6-6　φ30H8/f7 孔、轴用量规公差带图（单位：μm）

思考题及练习题

一、思考题

6-1　误收和误废是怎样造成的？

6-2　量规的公差带与工件尺寸公差带有何关系？

6-3　光滑极限量规检验工件时，通规和止规分别用来检验什么尺寸？被检测的工件的合格条件是什么？

6-4　光滑极限量规分几类？各有什么用途？为什么孔用工作量规没有校对量规？

二、练习题

6-5　有一配合 φ45H8/f7，试用泰勒原则分别写出孔、轴尺寸的合格条件。

6-6　设计检验 φ45H7/k6 孔、轴用工作量规及校对量规并画出量规的公差带图。

第7章 滚动轴承的公差与配合

7.1 滚动轴承的精度等级及其应用

7.1.1 滚动轴承的结构与特点

滚动轴承是机器中一种重要的标准化部件。它主要依靠元件间的滚动接触来支承轴类零件,按其所能承受的载荷方向一般可分为向心轴承和推力轴承。滚动轴承具有摩擦阻力小、润滑简便、易于更换、效率高等优点,因而在各种机械中得到广泛应用。滚动轴承的基本结构由外圈、内圈、滚动体和保持架组成,如图7-1所示。

滚动轴承的外径 D、内径 d 是配合尺寸,分别与外壳孔和轴颈相配合。滚动轴承与外壳孔及轴颈的配合属于光滑圆柱体配合,其互换性为完全互换性。但它的结构和性能要求其公差配合与一般光滑圆柱配合要求不同,滚动轴承工作时,要求转动平稳、旋转精度高、噪声小,为了保证滚动轴承的工作性能与使用

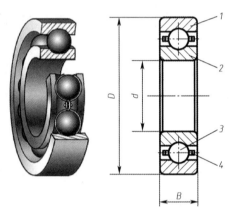

图7-1 滚动轴承的结构
1—外圈;2—内圈;3—滚动体;4—保持架

寿命,除了轴承本身的精度等级之外,还要正确选择轴颈和外壳孔与轴承的配合、传动轴和外壳孔的尺寸精度、形位精度以及表面粗糙度等。

7.1.2 滚动轴承的精度等级及其选用

1. 滚动轴承的精度等级

滚动轴承的精度是按其外形尺寸公差和旋转精度分级的。外形尺寸公差是指成套轴承的内径、外径和宽度的尺寸公差;旋转精度包括轴承内、外圈的径向跳动,轴承内、外圈端面对滚道的跳动;内圈基准端面对内孔的跳动;外径表面母线对基准断面的倾斜度变动量等。

根据 GB/T 307.3—2017《滚动轴承　通用技术规则》规定,向心轴承(圆锥滚子轴承除外)精度共分为五个等级,用0(普通级)、6、5、4、2表示,精度依次升高;圆锥滚子轴承精度分为0(普通级)、6X、5、4共四个等级;推力轴承精度分为0(普通级)、6、5、4共四个等级。

2. 滚动轴承精度等级的选用

0级轴承通常称为普通级轴承,在机械中应用最广。它主要用于对旋转精度和运动平稳性要求不高、中等载荷、中等转速的一般旋转机构。例如,减速器的旋转机构;汽车、拖拉机的变速箱;普通机床变速箱和进给箱;普通电动机、水泵、压缩机和汽轮机中的旋转机构等。

6 级轴承用于转速较高、旋转精度和运动平稳性要求较高的旋转机构。例如,普通机床的主轴后轴承、精密机床变速箱的轴承等。

5、4 级轴承多用于高速、高旋转精度要求的旋转机构。例如,精密机床的主轴轴承、精密仪器仪表的主要轴承等。

2 级轴承用于转速很高、旋转精度要求也特别高的旋转机构中。例如,高精度齿轮磨床、精密坐标镗床的主轴轴承,高精度仪器仪表的主要轴承等。

7.2　滚动轴承配合件的公差及选用

7.2.1　滚动轴承的内外径公差带

滚动轴承的内、外圈均为薄壁型零件,比较容易变形,但在轴承内圈与轴、轴承外圈与外壳孔装配时,这种微量的变形又能得到一定的矫正。因此,国家标准为分别控制滚动轴承的配合性质和自由状态下的变形量,对其内、外径尺寸公差做了两种规定:一种是规定了内、外径尺寸的最大值和最小值所允许的偏差(即单一内、外径偏差),其主要目的是限制自由状态下的变形量;另一种是规定了单一平面平均内、外径偏差(Δd_{mp}、ΔD_{mp}),即轴承套圈任意横截面内测得的最大直径与最小直径的平均值与公称直径之差,目的是保证轴承的配合。

表 7-1 和表 7-2 分别列出了部分向心轴承 Δd_{mp} 和 ΔD_{mp} 的极限值。

表 7-1　向心轴承的 Δd_{mp} 极限值(摘自 GB/T 307.1—2017)　　　　（μm）

精度等级		0		6		5		4		2	
基本尺寸/mm		Δd_{mp} 的极限偏差									
大于	到	U	L	U	L	U	L	U	L	U	L
18	30	0	−10	0	−8	0	−6	0	−5	0	−2.5
30	50	0	−12	0	−10	0	−8	0	−6	0	−2.5
50	80	0	−15	0	−12	0	−9	0	−7	0	−4
80	120	0	−20	0	−15	0	−10	0	−8	0	−5
120	150	0	−25	0	−18	0	−13	0	−10	0	−7
150	180	0	−25	0	−18	0	−13	0	−10	0	−7

注:U—上极限偏差,L—下极限偏差。

表 7-2　向心轴承 ΔD_{mp} 的极限值(摘自 GB/T 307.1—2017)　　　　（μm）

精度等级		0		6		5		4		2	
基本尺寸/mm		ΔD_{mp} 的极限偏差									
大于	到	U	L	U	L	U	L	U	L	U	L
18	30	0	−9	0	−8	0	−6	0	−6	0	−4
30	50	0	−11	0	−9	0	−7	0	−7	0	−4
50	80	0	−13	0	−11	0	−9	0	−9	0	−4
80	120	0	−15	0	−13	0	−10	0	−10	0	−5
120	150	0	−18	0	−15	0	−11	0	−11	0	−5
150	180	0	−25	0	−18	0	−13	0	−13	0	−7

注:U—上极限偏差,L—下极限偏差。

滚动轴承是标准件,因此,其内圈与轴颈的配合应采用基孔制,外圈和轴承座孔的配合应采用基轴制。

轴承装配后起作用的尺寸是单一平面内的平均内径 d_{mp} 和平均外径 D_{mp}。因此,内、外径公差带位置是指平均内、外径的公差带位置。国家标准规定轴承外圈单一平面平均外径 D_{mp} 的公差带上偏差为零,这与一般基轴制规定的公差带位置相同;单一平面平均内径 d_{mp} 的公差带上偏差也为零,这和一般基孔制规定的公差带位置正好相反,如图 7-2 所示。这样的规定明显增加了轴承内、外圈与轴、外壳孔配合时的小过盈配合的种类,符合轴承配合的特殊需要。因为在多数情况下轴承内圈随轴一起转动,二者之间配合必须有一定过盈,但过盈量又不宜过大,以保证拆卸方便,防止内圈应力过大。

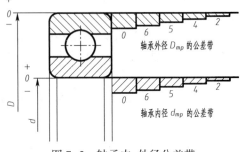

图 7-2　轴承内、外径公差带

7.2.2　轴和外壳孔与滚动轴承配合的选用

1. 轴和外壳孔的公差带

国家标准 GB/T 275—2015《滚动轴承　配合》对与 0 级轴承配合的轴颈规定了 17 种公差带,对外壳孔规定了 16 种公差带,如图 7-3(a)和图 7-3(b)所示。

2. 滚动轴承与轴和外壳孔配合的选用

合理地选择轴承与轴颈及外壳孔的配合,可以保证机器运转的质量,延长轴承的使用寿命,提高产品制造的经济性。配合的选择就是确定与轴承轴颈和外壳孔的公差带,选择时应考虑以下主要因素:

(1)轴承所受载荷的性质

①固定载荷。轴承套圈相对于载荷的方向固定,径向载荷始终作用在套圈滚道的局部区域上,图 7-4(a)中固定的外圈和图 7-4(b)中固定的内圈均受到一个方向一定的径向载荷 F_r 的作用。

②旋转载荷。轴承套圈相对于载荷的方向旋转,径向载荷相对于套圈旋转,并依次作用在套圈的整个圆周滚道上。图 7-4(a)中的内圈和图 7-4(b)中的外圈均受到一个作用位置依次改变的径向载荷 F_r 的作用。

③方向不定载荷。轴承套圈相对于载荷方向摆动,大小和方向按一定规律变化的径向载荷作用在套圈的部分滚道上。图 7-4(c)中的外圈和图 7-4(d)中的内圈均受到定向载荷 F_r 和较小的旋转载荷 F_c 同时作用,二者的合成载荷为方向不定载荷。

轴承套圈相对于载荷方向不同,配合的松紧程度也应不同。

对于承受固定载荷的轴承,由于载荷方向始终不变地作用在滚道的某局部区域,其配合应选松一些,让套圈在振动或冲击下被滚道间的摩擦力矩带动,产生缓慢转位,使磨损均匀,提高轴承的使用寿命。一般选用较松的过渡配合或具有极小间隙的间隙配合。

对于承受旋转载荷的轴承,由于载荷顺次的作用在滚道套圈的整个圆周上,为避免径向跳动引起振动和噪声,其配合应选紧一些,以防套圈在轴颈或外壳孔的配合表面打滑,引起配合表面发热、磨损。一般选用过盈配合或较紧的过渡配合。

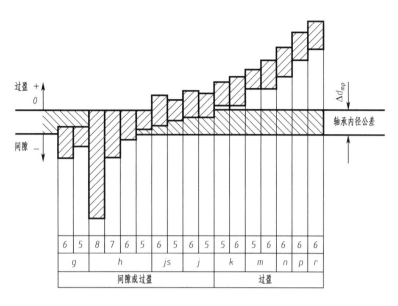

（a）轴承与轴配合的常用公差带

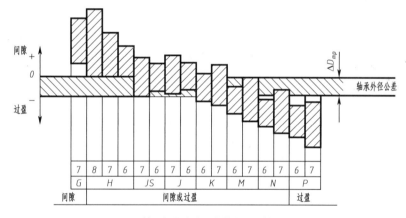

（b）轴承与外壳孔配合的常用公差带

图 7-3　轴承与轴和外壳孔的配合

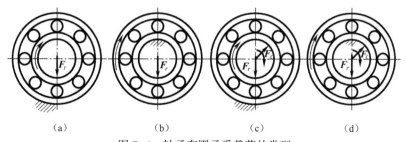

（a）　　　　　　（b）　　　　　　（c）　　　　　　（d）

图 7-4　轴承套圈承受载荷的类型

受方向不定载荷的轴承套圈其配合的松紧程度一般与受旋转载荷的轴承套圈相同或稍松些。

（2）载荷的大小

载荷的大小可用径向当量动载荷 P_r 与额定动载荷 C_r 的比值来区分，规定：$P_r \leq 0.06C_r$ 时，为轻载荷；$0.06C_r < P_r \leq 0.12C_r$ 时，为正常载荷；$P_r > 0.12C_r$ 时，为重载荷。额定动载荷 C_r 可从轴承手册中查到。

选择滚动轴承与轴和外壳孔的配合与载荷大小有关。载荷越大，过盈量应选的越大，因为在重载荷作用下，轴承套圈容易变形，使配合面受力不均匀，引起配合松动。因此，承受冲击载荷的轴承与轴颈和外壳孔的配合应比承受平稳载荷的选用较紧的配合。

（3）工作温度

轴承运转时会发热，由于散热条件不同等原因，轴承内圈的温度往往高于其相配零件的温度，这样，内圈与轴的配合可能变松，外圈与孔的配合可能变紧，所以在选择配合时，必须考虑轴承工作温度的影响。

（4）轴承的旋转精度和旋转速度

旋转精度要求高的轴承容易受到弹性变形和振动的影响，故不宜采用间隙配合，但也不宜过紧。对于旋转速度高的场合，应选用较紧的配合。

（5）其他因素

剖分式外壳结构比整体式外壳结构的制造和安装误差大，可能会卡住轴承，宜采用较松的配合。如果既要求装拆方便，又需紧配合时，可采用分离型轴承，或采用内圈带锥孔、带紧定套或退卸套的轴承。

影响滚动轴承配合选用的因素较多，通常难以完全用计算的方法来确定，所以在实际生产中常用类比法。与滚动轴承内、外圈配合的轴颈和外壳孔的公差带选择可以参考表 7-3 和表 7-4。

表 7-3　向心轴承和轴的配合　轴公差带代号（摘自 GB/T 275—2015）

运转状态		载荷状态	深沟球轴承、调心球轴承和角接触球轴承	圆锥滚子轴承和圆柱滚子轴承	调心滚子轴承	公差带
说明	举例		轴承公称内径/mm			
旋转的内圈载荷及摆动载荷	一般通用机械、电动机、机床主轴、泵、内燃机、直齿轮传动装置、铁路机车车辆轴箱、破碎机等	轻载荷	≤18	—	—	h5
			>18~100	≤40	≤40	j6[1]
			>100~200	>40~100	>40~140	k6[1]
			—	>100~200	>140~200	m6[1]
		正常载荷	≤18	—	—	j5 js5
			>18~100	≤40	≤40	k5[2]
			>100~140	>40~100	>40~65	m5[2]
			>140~200	>100~140	>65~100	m6
			>200~400	>140~200	>100~140	n6
			—	>200~400	>140~280	p6
			—	—	>280~500	r6
		重载荷		>50~140	>50~100	n9
				>140~200	>100~140	p6[3]
				>200	>140~200	r6
				—	>200	r7

运转状态		载荷状态	深沟球轴承、调心球轴承和角接触球轴承	圆锥滚子轴承和圆柱滚子轴承	调心滚子轴承	公差带
说明	举例		轴承公称内径/mm			
内圈承受固定载荷	静止轴上的各种轮子、张紧轮绳轮、振动筛、惯性振动器	所有载荷	所有尺寸			f6 g6 h6 j6
仅有轴向载荷			所有尺寸			j6、js6
圆锥孔轴承						
所有载荷	铁路机车车辆轴箱		装在退卸套上的所有尺寸			h8(IT6)[4][5]
	一般机械传动		装在紧定套上的所有尺寸			h9(IT7)[4][5]

注:1. 凡对精度有较高要求的场合,应用 j5、k5、m5 代替 j6、k6、m6。

　　2. 圆锥滚子轴承、角接触球轴承配合对游隙影响不大,可用 k6、m6 代替 k5、m5。

　　3. 重载荷下轴承游隙应选大于 N 组。

　　4. 凡有较高精度或转速要求的场合,应选用 h7(IT5) 代替 h8(IT6) 等。

　　5. IT6、IT7 表示圆柱度公差数值。

表 7-4　向心轴承和外壳的配合　孔公差带代号（摘自 GB/T 275—2015）

运动状态		载荷状态	其他状况	公差带[1]	
说明	举例			球轴承	滚子轴承
外圈承受固定载荷	一般机械、铁路机车车辆轴箱、电动机、泵、曲轴主轴承	轻、正常、重	轴向易移动,可采用剖分式外壳	H7、G7[2]	
方向不定载荷		冲击	轴向能移动,可采用整体式或剖分式外壳	J7、JS7	
		轻、正常			
		正常、重		K7	
		冲击		M7	
外圈承受旋转载荷	张紧滑轮　轮毂轴承	轻	轴向不移动,采用整体式外壳	J7	K7
		正常		M7	N7
		重		—	N7、P7

注:1. 并列公差带随尺寸的增大从左至右选择,对旋转精度有较高要求时,可相应提高一个公差等级。

　　2. 不适用于剖分式外壳。

3. 配合表面的形位公差及表面粗糙度

　　轴颈或外壳孔的形位误差会使轴承安装后套圈变形或产生歪斜,因此为保证轴承正常运转,除了正确选择轴承与轴颈及外壳孔的尺寸公差之外,还应对其配合面的形位公差和表面粗糙度提出相应要求。国家标准 GB/T 275—2015 规定了与各种轴承配合的轴颈和外壳孔表面的圆柱度公差、轴肩及外壳孔端面的端面圆跳动公差、各表面的粗糙度要求等,如表 7-5 和表 7-6 所示。

表 7-5 轴和外壳孔的几何公差 （μm）

基本尺寸/mm		圆柱度 t				端面圆跳动 t_1			
		轴颈		外壳孔		轴肩		外壳孔肩	
		轴承公差等级							
		0	6(6X)	0	6(6X)	0	6(6X)	0	6(6X)
大于	到	公差值							
	6	2.5	1.5	4	2.5	5	3	8	5
6	10	2.5	1.5	4	2.5	6	4	10	6
10	18	3	2	5	3	8	5	12	8
18	30	4	2.5	6	4	10	6	15	10
30	50	4	2.5	7	4	12	8	20	12
50	80	5	3	8	5	15	10	25	15
80	120	6	4	10	6	15	10	25	15
120	180	8	5	12	8	20	12	30	20
180	250	10	7	14	10	20	12	30	20
250	315	12	8	16	12	25	15	40	25
315	400	13	9	18	13	25	15	40	25
400	500	15	10	20	15	25	15	40	25

表 7-6 配合面的表面粗糙度 （μm）

轴或轴承座直径/mm		轴或外壳配合表面直径公差等级								
		IT7			IT6			IT5		
		表面粗糙度								
大于	到	Rz	Ra		Rz	Ra		Rz	Ra	
			磨	车		磨	车		磨	车
	80	10	1.6	3.2	6.3	0.8	1.6	4	0.4	0.8
80	500	16	1.6	3.2	10	1.6	3.2	6.3	0.8	1.6
端面		25	3.2	6.3	25	6.3	6.3	10	6.3	3.2

7.2.3 滚动轴承配合的标注

在零件图和装配图上标注滚动轴承与轴和外壳孔的配合时,只需要标注轴和外壳孔的公差带代号。下面举例说明滚动轴承配合的互换性参数选择及其标注。

【例】 有一圆柱齿轮减速器,小齿轮轴要求较高的旋转精度,装有 0 级单列深沟球轴承,轴承尺寸为 50 mm×110 mm×27 mm,其额定动载荷 C_r = 32 000 N,轴承承受的径向当量动载荷 P_r = 3 000 N。试确定轴颈和外壳孔的公差带代号,画出公差带图,并确定孔、轴的形位公差值和表面粗糙度,再将它们分别标注在零件图和装配图上。

解:

①按照已知条件可以计算 P_r/C_r = 3 000/32 000 ≈ 0.094。

即 $P_r = 0.094C_r$，属于正常载荷。

②根据减速器的工作状况可知，轴承内圈承受循环载荷，外圈承受局部载荷，那么内圈与轴的配合应较紧，外圈与外壳孔的配合应较松。参考表 7-3 和表 7-4，考虑轴的旋转精度要求较高，应选用更紧的配合，选用轴颈公差带为 k5，外壳孔公差带为 J7。

③由表 7-1 和表 7-2 查得 0 级轴承内、外圈单一平面平均直径的上、下偏差，再由标准公差数值表和孔、轴基本偏差数值表查出 $\Phi50k5$ 和 $\Phi110J7$ 的上、下偏差，画出公差带图，如图 7-5 所示。

④从图 7-5 公差带关系可知，内圈与轴颈配合 $Y_{max} = -0.025$ mm，$Y_{min} = -0.002$ mm；外圈与外壳孔配合 $X_{max} = +0.037$ mm，$Y_{max} = -0.013$ mm。

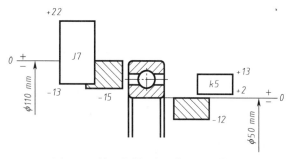

图 7-5 轴承与轴、孔配合的公差带图

⑤按表 7-5 选取几何公差值。圆柱度公差：轴颈为 0.004 mm，外壳孔为 0.01 mm；端面圆跳动公差：轴肩为 0.012 mm，外壳孔肩为 0.025 mm。

⑥按表 7-6 选取表面粗糙度数值，轴颈表面 $Ra \leqslant 0.4$ μm，轴肩端面 $Ra \leqslant 1.6$ μm；外壳孔表面 $Ra \leqslant 1.6$ μm，孔肩端面 $Ra \leqslant 3.2$ μm。

⑦将选择的各项公差标注在图上，如图 7-6 所示。

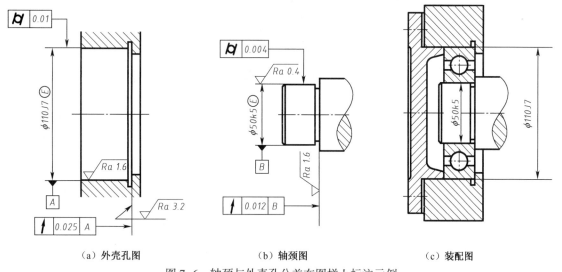

（a）外壳孔图　　　　　　（b）轴颈图　　　　　　（c）装配图

图 7-6 轴颈与外壳孔公差在图样上标注示例

思考题及练习题

一、思考题

7-1 滚动轴承的互换性有何特点？

7-2 滚动轴承的精度有几级？其代号是什么？常用的是哪些级？

7-3 滚动轴承内、外圈公差带有什么特点？与滚动轴承内外圈相结合的轴颈与外壳孔应有什么几何公差要求？

7-4 滚动轴承受载荷的类型与配合的选择有什么关系？

二、练习题

7-5 某一旋转机构中，选用中系列的 6 级单列向心球轴承 310（外径 $\phi110$ mm，内径 $\phi50$ mm），额定动载荷 $C_r = 48\,400$ N，若径向载荷为 5 kN，轴旋转，试确定：

(1) 与轴承配合的轴和外壳孔的公差带；

(2) 画出它们的公差与配合示意图；

(3) 计算极限间隙（或过盈）及平均间隙（或过盈）。

7-6 如图 7-7 所示，车床主轴某处所用的滚动轴承精度等级为 6 级，轻系列，其尺寸为：内圈孔径 $d = 65$ mm，外圈外径 $D = 120$ mm，宽度 $B = 23$ mm，圆角半径 $r = 2.5$ mm。已知该轴承的径向载荷为正常载荷，试将配合尺寸标注在装配图上，将与轴承相配合的轴颈和箱体孔的尺寸极限偏差、几何公差、表面粗糙度等要求标注在零件图上（零件图自画）。

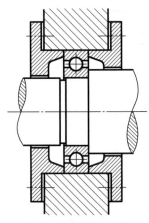

图 7-7　习题 7-6 图

第**8**章 键和花键的公差与配合

键和花键是一种可拆连接,通常应用于轴与轴上的旋转零件(齿轮、带轮等)或摆动零件(摇臂等)的连接。在连接中,通过键进行轴毂间的周向固定并传递扭矩,或以键作为导向件。键连接具有紧凑、简单、可靠、拆装方便、易加工等特点,故在各种机械中得到广泛使用。

8.1 单键连接

8.1.1 单键连接的类型与特点

键又称单键,其连接的主要类型有平键、半圆键和楔形键等几种,其中平键应用最为广泛,故这里仅讨论平键的互换性,平键的剖面尺寸参数如图 8-1 所示。

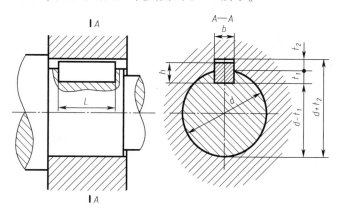

图 8-1 平键的剖面尺寸参数

平键连接是通过键的侧面分别与轴槽和轮毂槽的侧面相互接触来传递运动和扭矩的,如图 8-1 所示。因此,键宽和键槽宽 b 是决定配合性质的主要参数,是配合尺寸,为了保证键与键槽侧面接触良好而又便于拆装,键与键槽配合的过盈量或间隙量应小;而键的高度 h 和长度 L 以及轴槽深度 t_1 和轮毂槽深度 t_2 均为非配合尺寸,其公差范围也较大。键连接中,键为标准件,所以键连接采用基轴制配合。此外,在键连接中,形位误差的影响较大,也应加以限制。

8.1.2 平键连接的公差与配合

国家标准 GB/T 1095—2003《平键 键槽的剖面尺寸》及 GB/T 1096—2003《普通型 平键》规定了平键和键槽的剖面尺寸和极限偏差。对键宽只规定了一种公差带 h9,对轴槽宽与轮毂宽各规定了三种公差带,可以得到三种松紧程度不同的配合,如图 8-2 所示。各种配合可适用于不同场合,如表 8-1 所示。

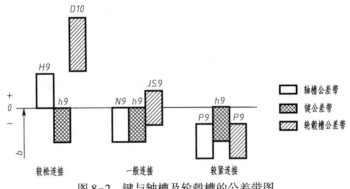

图 8-2 键与轴槽及轮毂槽的公差带图

表 8-1 键与轴槽及轮毂槽的公差与配合

配合	尺寸 b 的公差带			适 用 范 围
	键	轴槽	轮毂槽	
较松		H9	D10	用于导向键连接,连接中轮毂可在轴上滑动,也用于薄型平键
一般	h9	N9	JS9	用于传递一般载荷的普通平键或半圆键,也用于薄型平键、楔形键的轴槽和轮毂槽
较紧		P9		用于传递重载和冲击载荷,以及双向传递扭矩,也用于薄型平键

平键连接中其他尺寸的公差带中,键高 h 的公差带为 h11,键长 L 的公差带为 H14,轴槽深 t_1 和轮毂槽深 t_2 的公差带如表 8-2 所示。其中,t_1 和 t_2 的公差也适用于 $(d-t_1)$ 和 $(d+t_2)$ 尺寸的公差,但应注意对于 $(d-t_1)$ 的极限偏差应取相反符号。

表 8-2 普通型平键键槽尺寸及极限偏差(摘自 GB/T 1095—2003) (mm)

键尺寸 $b×h$	键槽										
	宽度 b					深度				半径 r	
	基本尺寸	极限偏差				轴 t_1		毂 t_2			
		正常连接		紧密连接	松连接						
		轴 N9	毂 JS9	轴和毂 P9	轴 H9	毂 D10	基本尺寸	极限偏差	基本尺寸	极限偏差	min	max
4×4	4	0 −0.030	±0.015	−0.012 −0.042	+0.030 0	+0.078 +0.030	2.5	+0.1 0	1.8	+0.1 0	0.8	0.16
5×5	5						3.0		2.3			
6×6	6						3.5		2.8		0.16	0.25
8×7	8	0 −0.036	±0.018	−0.015 −0.051	+0.036 0	+0.098 +0.040	4.0		3.3			
10×8	10						5.0		3.3			
12×8	12	0 −0.043	±0.022	−0.018 −0.061	+0.043 0	+0.120 +0.050	5.0		3.3		0.25	0.40
14×9	14						5.5		3.8			
16×10	16						6.0	+0.2 0	4.3	+0.2 0		
18×11	18						7.0		4.4			
20×12	20	0 −0.052	±0.026	−0.022 −0.074	+0.052 0	+0.149 +0.065	7.5		4.9		0.40	0.60
22×14	22						9.0		5.4			
25×14	25						9.0		5.4			
28×16	28						10.0		6.4			

键连接中的形位误差限制主要是轴槽与轮毂槽对轴线的对称度公差,根据不同的功能需求,可按 GB/T 1184—1996《形状和位置公差　未注公差值》,本书表 4-12 中对称度的公差 7~9 级选用。当键长 L 与键宽 b 之比大于或等于 8 时,则应规定键宽 b 的两工作侧面在长度方向上的平行度要求。当 $b \leqslant 6$ mm 时,公差等级取 7 级;当 $b \geqslant 8~36$ mm 时,公差等级取 6 级;当 $b \geqslant 40$ mm 时,公差等级取 5 级。

键和键槽配合面的表面粗糙度参数值一般取 $Ra = 1.6~6.3$ μm,非配合面取 $Ra = 6.3~12.5$ μm。

键槽尺寸及尺寸公差、形位公差图样标注如图 8-3 所示,图 8-3(a)所示为轴槽,图 8-3(b)所示为轮毂槽。

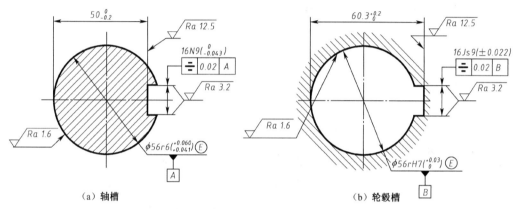

图 8-3　键槽尺寸及公差的标注示例

8.1.3　平键的检测

键和键槽的尺寸测量比较简单,需要检测的项目有键宽、轴槽和轮毂槽的宽度、深度以及槽的对称度。

在单件小批量生产时,一般采用通用测量器具(如游标卡尺、内径或外径千分尺等)测量键和键槽的宽度、深度;键槽对称度可用分度头、V 形块和百分表测量。在大批量生产时,可采用量规检测。对于键和键槽的宽度、深度等尺寸采用光滑极限量规检测,对于位置误差可用位置量规检测,如图 8-4 所示。

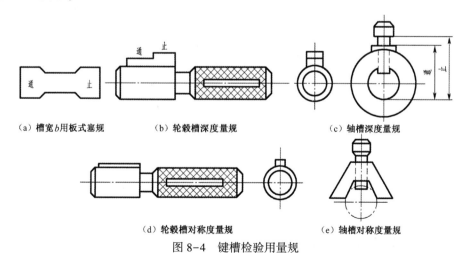

（a）槽宽 b 用板式塞规　　　（b）轮毂槽深度量规　　　　（c）轴槽深度量规

（d）轮毂槽对称度量规　　　　　（e）轴槽对称度量规

图 8-4　键槽检验用量规

8.2 矩形花键连接

由轴和轮毂孔上的多个键齿组成的连接称为花键连接,这种连接一般应用于轴与轮毂连接传递的载荷较大或对定心精度要求较高的场合。所以花键连接具有承载能力强、定心精度高和导向性好等优点,但花键的加工需要专用设备。

花键连接按其齿形不同,可分为矩形花键、渐开线花键等,其中矩形花键应用较为广泛,故这里只介绍矩形花键的互换性及检测。

8.2.1 矩形花键的主要特点和参数

国家标准 GB/T 1144—2001《矩形花键尺寸、公差和检验》规定了矩形花键连接的尺寸系列、定心方式和公差与配合、标注方法以及检测规则。矩形花键连接的主要参数有大径 D、小径 d、键宽和键槽宽 B,如图 8-5 所示。

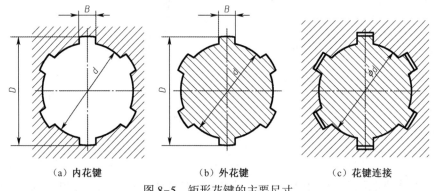

| （a）内花键 | （b）外花键 | （c）花键连接 |

图 8-5 矩形花键的主要尺寸

为了便于加工和测量,其键数规定为偶数,有 6、8、10 三种。按承载能力不同,矩形花键可分为中、轻两个系列。中系列的键高尺寸较大,承载能力强;轻系列的键高尺寸较小,承载能力较低。矩形花键的尺寸系列如表 8-3 所示。

表 8-3 矩形花键的基本尺寸系列（摘自 GB/T 1144—2001）　　　（mm）

小径 （d）	轻 系 列				中 系 列			
	规　格 （N×d×D×B）	键数 （N）	大径 （D）	键宽 （B）	规　格 （N×d×D×B）	键数 （N）	大径 （D）	键宽 （B）
11					6×11×14×3	6	14	3
13					6×13×16×3.5	6	16	3.5
16					6×16×20×4	6	20	4
18					6×18×22×5	6	22	5
21					6×21×25×5	6	25	5
23	6×23×26×6	6	26	6	6×23×28×6	6	28	6
26	6×26×30×6	6	30	6	6×26×32×6	6	32	6
28	6×28×32×7	6	32	7	6×28×34×7	6	34	7
32	8×32×36×6	8	36	6	8×32×38×6	8	38	6

小径 (d)	轻　系　列				中　系　列			
	规　　格 ($N×d×D×B$)	键数 (N)	大径 (D)	键宽 (B)	规　　格 ($N×d×D×B$)	键数 (N)	大径 (D)	键宽 (B)
36	8×36×40×7	8	40	7	8×36×42×7	8	42	7
42	8×42×46×8	8	46	8	8×42×48×8	8	48	8
46	8×46×50×9	8	50	9	8×46×54×9	8	54	9
52	8×52×58×10	8	58	10	8×52×60×10	8	60	10
56	8×56×62×10	8	62	10	8×56×65×10	8	65	10
62	8×62×68×12	8	68	12	8×62×72×12	8	72	12
72	10×72×78×12	10	78	12	10×72×82×12	10	82	12
82	10×82×88×12	10	88	12	10×82×92×12	10	92	12
92	10×92×98×14	10	98	14	10×92×102×14	10	102	14
102	10×102×108×16	10	108	16	10×102×112×16	10	112	16
112	10×112×120×18	10	120	18	10×112×125×18	10	125	18

　　由图 8-5 可以看出,矩形花键的结合面有三个,即大径结合面、小径结合面和键侧结合面,若要求这三个结合面都达到高精度的配合是非常困难的,而且也无此必要。因此,三个结合面中只需要选择一个结合面作为主要配合面,要求与其相关的尺寸达到较高的精度,作为主要配合尺寸,由此来确定内、外花键的配合性质,并起定心作用,该表面称为定心表面。

　　矩形花键的定心方式有三种:按大径 D 定心、按小径 d 定心和按键宽 B 定心。在国家标准 GB/T 1144—2001 中明确规定了矩形花键以小径 d 作为定心方式,对小径 d 采用较高的公差等级。其原因是采用小径定心,热处理后的变形可用磨削方法进行精加工,所以定心精度高,定心稳定性好,使用寿命长,利于提高产品质量,简化加工工艺,降低生产成本。

　　规定对非定心尺寸大径 D 采用较低的公差等级,一般非定心直径结合表面间留有较大的间隙,如图 8-5(c)所示,以保证它们不接触,从而可获得更高的定心精度。需要注意的是,由于矩形花键连接中的扭矩是由键和键槽的侧面传递的,所以对非定心尺寸键宽 B 应要求较高的公差等级,确保配合精度。

8.2.2　矩形花键的公差与配合

　　矩形花键连接的主要参数大径 D、小径 d、键宽和键槽宽 B 的公差带选择如表 8-4 所示。

表 8-4　矩形内、外花键的尺寸公差带(摘自 GB/T 1144—2001)

内　花　键				外　花　键			
d	D	B		d	D	B	装配形式
		拉削后不热处理	拉削后热处理				
一　般　用							
H7	H10	H9	H11	f7	a11	d10	滑　动
				g7		f9	紧滑动
				h7		h10	固　定

内 花 键				外 花 键			
d	D	B		d	D	B	装配形式
		拉削后不热处理	拉削后热处理				
精密传动用							
H5				f5	d8		滑 动
				g5	f7		紧滑动
	H10	H7、H9		h5		h8	固 定
				f6	a11	d8	滑 动
H6				g6		f7	紧滑动
				h6		h8	固 定

注:1. 精密传动用的内花键,当需要控制键侧配合间隙时,槽宽可选 H7,一般情况下可选 H9。

2. 小径 d 为 H6 和 H7 的内花键,允许与高一级的外花键配合。

矩形花键的配合精度按其使用要求分为一般用途和精密传动用两种,在选用时关键是确定连接精度和配合松紧程度。首先根据定心精度要求和传递扭矩大小选用连接精度:精密传动的花键用于机床变速箱中,其定心精度要求高或传递扭矩较大;一般传动用的花键适用于汽车、拖拉机的变速箱中。

为了减少加工和检验内花键的花键拉刀和花键量规的规格和数量,矩形花键连接采用基孔制,按不同的松紧程度,分为滑动、紧滑动和固定三种配合。根据内外花键之间是否有轴向移动来确定配合的松紧程度:较大间隙滑动连接用于内外花键有相对移动且移动距离长、频率高的场合,如汽车变速箱;紧滑动连接用于内外花键间有相对滑动,但定心要求高或传递扭矩大的场合;固定连接则用于内外花键无轴向移动,仅传递扭矩的场合。

由于矩形花键连接表面复杂,键长与键宽比值较大,因而形位误差是影响连接质量的重要因素,必须对其加以控制。国家标准 GB/T 1144—2001 规定,对小径表面所对应的轴线采用包容要求,即用小径的尺寸公差控制小径表面的形状误差。

在大批量生产时,对花键的键(键槽)宽采用最大实体要求,对键和键槽规定位置度公差,公差值如表 8-5 所示,图样标注如图 8-6 所示。

表 8-5　矩形花键位置度公差值 t_1(摘自 GB/T 1144—2001)　　　　(mm)

键槽宽或键宽 B		3	3.5~6	7~10	12~18
		t_1			
键槽宽		0.010	0.015	0.020	0.025
键宽	滑动、固定	0.010	0.015	0.020	0.025
	紧滑动	0.006	0.010	0.013	0.016

在单件小批量生产时,对键(键槽)宽规定对称度公差,并遵守独立原则,对称度公差值如表 8-6 所示,图样标注如图 8-7 所示。

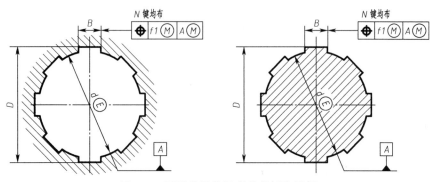

图 8-6　矩形花键位置度公差标注示例

表 8-6　矩形花键对称度公差值 t_2（摘自 GB/T 1144—2001）　　　　（mm）

键槽宽或键宽 B		3	3.5~6	7~10	12~18
t_2	一般用	0.010	0.012	0.015	0.018
	精密传动用	0.006	0.008	0.009	0.011

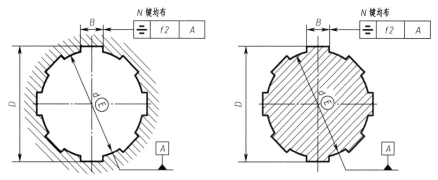

图 8-7　矩形花键对称度公差标注示例

矩形花键各结合面的表面粗糙度推荐值如表 8-7 所示。

表 8-7　矩形花键表面粗糙度推荐值　　　　（μm）

加工表面	内 花 键	外 花 键
	Ra 不大于	
大　　径	6.3	3.2
小　　径	0.8	0.8
键　　侧	3.2	0.8

矩形花键的标注代号按顺序表示为键数 N、小径 d、大径 D、键（键槽）宽 B，其各自的公差带代号或配合代号标注于各基本尺寸之后。

【例】　某矩形花键连接，各参数为键数 $N=6$，小径 $d=23$ mm，配合为 H7/f7；大径 $D=26$ mm，配合为 H10/a11；键（键槽）宽 $B=6$ mm，配合为 H11/d10。

标注如下：

花键规格：$N×d×D×B$

$$6×23×26×6$$

花键副:在装配图上标注花键规格和代号

6×23H7/f7×26H10/a11×6H11/d10　GB/T 1144—2001

内花键:在零件图上标注花键规格和尺寸公差带代号

6×23H7×26H10×6H11　GB/T 1144—2001

外花键:在零件图上标注花键规格和尺寸公差带代号

6×23f7×26a11×6d10　GB/T 1144—2001

在图样上的标注如图 8-8 所示。

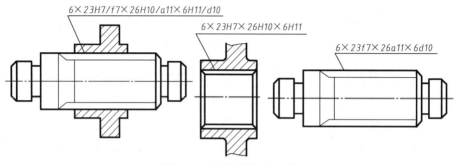

图 8-8　矩形花键标注示例

8.2.3　矩形花键的检测

矩形花键检测的主要目的是保证工件符合图纸规定的要求,确保花键连接的互换性。

花键检测一般有两种方法,即单项检验和综合检验。单件、小批量生产的单项检测主要用游标卡尺、千分尺等通用量具分别对各尺寸和形位误差进行测量,以保证尺寸偏差及形位误差在其公差范围内。大批量生产的单项检测常用专用量具,如图 8-9 所示。

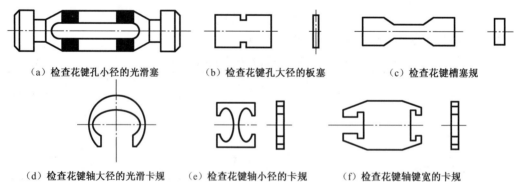

（a）检查花键孔小径的光滑塞　　（b）检查花键孔大径的板塞　　（c）检查花键槽塞规

（d）检查花键轴大径的光滑卡规　（e）检查花键轴小径的卡规　（f）检查花键轴键宽的卡规

图 8-9　花键专用塞规和卡规

综合检测适用于大批量生产,所用量具是花键综合量规,如图 8-10 所示。综合量规用于控制被测花键的最大实体边界,即综合检验小径、大径及键(槽)宽的关联作用尺寸,使其控制在最大实体边界内。然后用单项止端量规分别检验小径、大径及键(槽)宽的实际尺寸是否超其最小实体尺寸。检验时,综合量规应能通过工件,单项止规通不过工件,则工件合格。

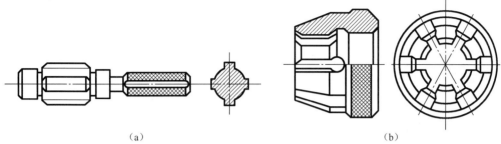

（a）　　　　　　　　　　　　　　　　　　（b）

图 8-10　花键综合量规

思考题及练习题

一、思考题

8-1　平键连接的配合采用哪种基准制？花键连接采用哪种基准制？

8-2　平键与轴槽及轮毂槽的配合有何特点？可分为哪几类？应该如何选择？

8-3　矩形花键连接的定心方式有哪几种？应如何选择？小径定心有什么特点？

二、练习题

8-4　用平键 $b=16$ 连接 $\phi58k6$ 轴与 $\phi58H7$ 轮毂孔以传递扭矩，连接方式为一般连接，试查表确定并绘制孔与轴的剖面图标注：

（1）键槽的有关尺寸和公差；

（2）键槽的形位公差；

（3）键槽各表面的粗糙度。

8-5　某机床变速箱中有一个 6 级精度齿轮的花键孔与花键轴连接，花键规格为 6×26×30×6，花键孔长 30 mm，花键轴长 75 mm，齿轮花键孔经常需要相对花键轴做轴向运动，要求定心精度较高。试确定：

（1）在装配图和零件图中的标记；

（2）小径、大径、键（键槽）宽的极限偏差；

（3）绘制公差带图。

第 9 章 螺纹公差

9.1 概 述

螺纹是各种机电设备中应用最广泛的标准件之一。它由相互结合的内、外螺纹组成,通过旋合后牙侧面的接触作用来实现其功能。为了满足普通螺纹的使用要求,保证其互换性,我国发布了一系列普通螺纹国家标准,主要有 GB/T 14791—2013《螺纹 术语》、GB/T 192—2003《普通螺纹 基本牙型》、GB/T 193—2003《普通螺纹 直径与螺距系列》、GB/T 196—2003《普通螺纹 基本尺寸》、GB/T 197—2003《普通螺纹 公差》以及 GB/T 3934—2003《普通螺纹量规 技术条件》。为了满足机床行业的需要,国家发展和改革委员会发布了 JB/T 2886—2008《机床梯形丝杠、螺母 技术条件》。

螺纹的种类很多,本章仅从互换性的角度,结合上述标准对普通螺纹的公差与配合标准进行介绍,对于梯形螺纹的公差标准只作简单介绍。

9.1.1 螺纹的种类及使用要求

螺纹的种类繁多,按螺纹结合性质和使用要求可分为以下三类。

1. 连接螺纹

连接螺纹(普通螺纹)又称紧固螺纹。其作用是使零件相互连接或紧固成一体,并可拆卸。如螺栓与螺母连接、螺钉与机体连接、管道连接。这类螺纹多用三角形牙型。对这类螺纹的要求主要是有良好的旋合性和连接可靠性。旋合性是指相同规格的螺纹易于旋入或拧出,以便装配或拆卸。连接可靠性是指有足够的连接强度,接触均匀,螺纹不易松脱。

2. 传动螺纹

传动螺纹用于实现旋转运动与直线运动的转换以及精确地传递运动。此类螺纹的要求是传递动力的可靠性和传递位移的准确性,传动比要稳定,有一定的保证间隙,以便传动和储存润滑油。传动螺纹的牙型常用梯形、锯齿形、矩形和三角形,机床的传动丝杠和螺母即为梯形螺纹。

3. 密封螺纹

密封螺纹的作用是实现两个零件紧密连接而无泄漏的结合,如管螺纹。要求结合紧密,不漏水、不漏气、不漏油。对这类螺纹结合的要求主要是具有良好的旋合性和密封性。其牙型一般为三角形。

9.1.2 普通螺纹的基本牙型和主要几何参数

圆柱螺纹的牙型是指在通过螺纹轴线的剖面上螺纹轮廓的形状,由原始三角形形成,该三角形的底边平行于螺纹轴线。圆柱螺纹的基本牙型是指按规定的高度削平原始三角形顶部和底部后形成的,如图 9-1 所示。

圆柱螺纹的几何参数是指在过螺纹轴线的剖面上沿径向或轴向计值的,如图 9-2 和图 9-3 所示。

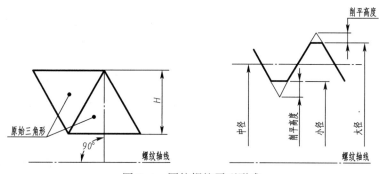

图 9-1　圆柱螺纹牙型形成

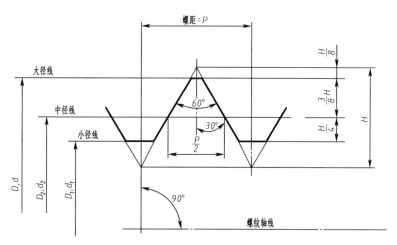

图 9-2　普通螺纹基本牙型

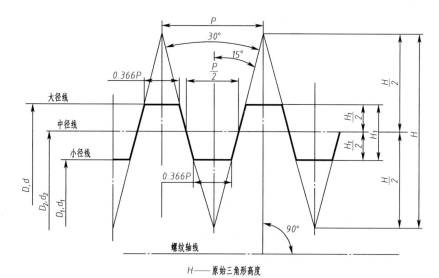

H——原始三角形高度

图 9-3　梯形螺纹基本牙型

圆柱螺纹的主要参数如下：

1. 大径

大径是指与外螺纹牙顶或内螺纹牙底相切的假想圆柱的直径（见图9-2）。内、外螺纹大径的公称尺寸分别用符号 D 和 d 表示，且 $D=d$。普通螺纹的公称直径即是螺纹大径的公称尺寸。

2. 小径

小径是指与外螺纹牙底或内螺纹牙顶相切的假想圆柱的直径（见图9-2）。内、外螺纹小径的公称尺寸分别用 D_1 和 d_1 表示，且 $D_1=d_1$。外螺纹的大径和内螺纹的小径统称顶径，外螺纹的小径和内螺纹的大径统称底径。

3. 中径

中经是一个假想圆柱的直径，该圆柱的母线通过牙型上沟槽和凸起宽度相等的地方（见图9-2）。该假想圆柱称为中径圆柱。内、外螺纹中径的公称尺寸分别用符号 D_2 和 d_2 表示，且 $D_2=d_2$。

4. 螺距

螺距是指相邻两牙在中径线上对应两点间的轴向距离（见图9-2）。螺距的基本值用符号 P 表示。

螺距与导程不同，导程是指同一条螺旋线在中径线上相邻两牙对应点之间的轴向距离，用 L 表示。对单线螺纹，导程 L 和螺距 P 相等。对多线螺纹，导程 L 等于螺距 P 与螺纹线数 n 的乘积，即 $L=nP$。

5. 单一中径

单一中径是一个假想圆柱的直径，该圆柱的母线通过牙型上沟槽宽度等于螺距基本值的 1/2 的地方，如图9-4所示。内、外螺纹的单一中径分别用符号 $D_{2单一}$ 和 $d_{2单一}$ 表示。单一中径可以用三针法测得以表示螺纹的实际中径。

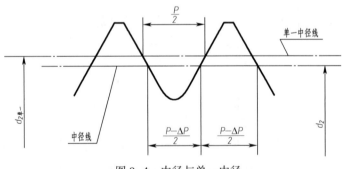

图9-4 中径与单一中径

6. 牙型角和牙型半角

牙型角是指在螺纹牙型上两相邻牙侧间的夹角，牙型半角为牙型角的一半。牙型角用符号 α 表示。普通螺纹的牙型角为60°（见图9-2）。

7. 螺纹接触高度

螺纹接触高度是指在两个相互配合螺纹的牙型上，它们的牙侧重合部分在垂直于螺纹轴线方向上的距离。普通螺纹接触高度的基本值等于 5H/8（见图9-2）。

8. 螺纹旋合长度

螺纹旋合长度是指两个相互配合的螺纹沿螺纹轴线方向相互旋合部分的长度。

普通螺纹的公称尺寸见表9-1。

表 9-1　普通螺纹公称尺寸(摘自 GB/T 196—2003)　　　　　　(mm)

公称直径 D、d			螺距 P	中径 $D_2(d_2)$	小径 $D_1(d_1)$	公称直径 D、d			螺距 P	中径 $D_2(d_2)$	小径 $D_1(d_1)$
第一系列	第二系列	第三系列				第一系列	第二系列	第三系列			
10			**1.5**	9.026	8.376	16			**2**	14.701	13.835
			1.25	9.188	8.647				1.5	15.026	14.376
			1	9.350	8.917				1	15.350	14.917
			0.75	9.513	9.188				(0.75)	15.513	15.188
			(0.5)	9.675	9.459				(0.5)	15.675	15.459
	11		(**1.5**)	10.026	9.376			17	**1.5**	16.026	15.376
			1	10.350	9.917				(1)	16.350	15.917
			0.75	10.513	10.188		18		**2.5**	16.376	15.294
			0.5	10.675	10.459				2	16.701	15.835
12			**1.75**	10.863	10.106				1.5	17.026	16.376
			1.5	11.026	10.376				1	17.350	16.917
			1.25	11.188	10.647				(0.75)	17.513	17.188
			1	11.350	10.917	20			**2.5**	18.376	17.294
			(0.75)	11.513	11.188				2	18.701	17.835
	14		**2**	12.701	11.835				1.5	19.026	18.376
			1.5	13.026	12.375				1	19.350	18.917
			(1.25)	13.188	12.647				(0.75)	19.513	19.188
			1	13.350	12.917	24			**3**	22.051	20.752
			(0.75)	13.513	13.188				2	22.701	21.835
			(0.5)	13.675	13.459				1.5	23.026	22.376
		15	**1.5**	14.026	13.376				1	23.350	22.917
			(1)	14.350	13.917				(0.75)	25.513	23.188

注:1. 直径应优先选用第一系列,其次为第二系列,第三系列尽量不用。

　　2. 括号内的螺距尽可能不用。

　　3. 加粗数字为粗牙螺距。

9.2　螺纹几何参数误差对螺纹互换性的影响

　　要实现普通螺纹的互换性,必须满足其使用要求,即保证其旋合性和连接强度。前者是指相互结合的内、外螺纹能够自由旋入,并获得指定的配合性质。后者是指相互结合的内、外螺纹的牙侧能够均匀接触,具有足够的承载能力。

　　影响螺纹互换性的几何参数有:大径、中径、小径、螺距和牙型半角等。一般螺纹的大径和小径处有间隙,不会影响螺纹的配合性质,而内、外螺纹连接是依靠旋合后的牙侧面接触的均匀性来实现的。因此影响螺纹互换性的主要因素是螺距误差、牙型半角误差和中径误差。

9.2.1　螺距误差对互换性的影响

　　对紧固螺纹来说,螺距误差主要影响螺纹的可旋合性和连接的可靠性;对传动螺纹来说,螺距误差直接影响传动精度,影响螺牙上负荷分布均匀性。

　　螺距误差包括局部误差(ΔP)和累积误差(ΔP_Σ)。前者与旋合长度无关;后者与旋合长度有关,是主要影响因素。

　　为了便于分析,假设内螺纹具有理想牙型,外螺纹的中径及牙型角与内螺纹相同,仅存在螺距误差,并假设在旋合长度内,外螺纹有螺距累积误差 ΔP_Σ,如图 9-5 所示。显然,在这种情况下,这对螺纹因产生干涉而无法旋合。

　　为了使有螺距误差的外螺纹可旋入具有理想牙型的内螺纹,应把外螺纹的中径 d_2 减小一个数值 f_p 至 d_2'。

　　同理,当内螺纹有螺距误差时,为了保证可旋合性,应把内螺纹的中径加大一个数值 f_p。这个 f_p 值是补偿螺距误差的影响而折算到中径上的数值,称为螺距误差的中径补偿值。

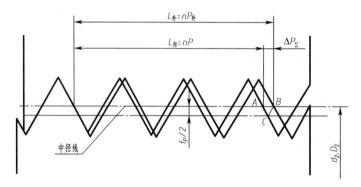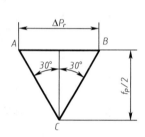

图 9-5　螺距累积误差

从 $\triangle ABC$ 中可知

$$f_p = \Delta P_\Sigma \cot(\alpha/2)$$

对于牙型角 $\alpha = 60°$ 的普通螺纹

$$f_p = 1.732\,|\Delta P_\Sigma| \tag{9-1}$$

9.2.2　牙型半角误差对互换性的影响

　　牙型半角误差是指实际牙型半角与理论牙型半角之差。它是螺纹牙侧相对于螺纹轴线的方向误差,它对螺纹的旋合性和连接强度均有影响。

　　假设内螺纹具有基本牙型,外螺纹中径及螺距与内螺纹相同,仅牙型半角有误差。此时,内、外螺纹旋合时牙侧将发生干涉,不能旋合,如图 9-6 所示。为了保证旋合性,必须将内螺纹中径增大一个数值 $f_{\frac{\alpha}{2}}$,或将外螺纹的中径减小一个数值 $f_{\frac{\alpha}{2}}$。这个数值 $f_{\frac{\alpha}{2}}$ 是补偿牙型半角误差的影响而折算到中径上的数值,称为牙型半角误差的中径补偿值。

　　在图 9-6(a)中,外螺纹的 $\Delta\frac{\alpha}{2} = \frac{\alpha}{2}(外) - \frac{\alpha}{2}(内) < 0$,则其牙顶部分的牙侧有干涉现象。此时,中径补偿值 $f_{\frac{\alpha}{2}}$ 为

$$f_{\frac{\alpha}{2}} = 0.44H\Delta\frac{\alpha}{2}/\sin\alpha \tag{9-2}$$

对于普通螺纹, $\alpha = 60°$, $H = 0866P$,则 $f_{\frac{\alpha}{2}} = 0.44P\Delta\frac{\alpha}{2}$ 。

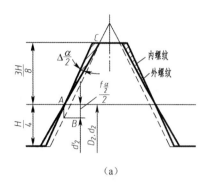
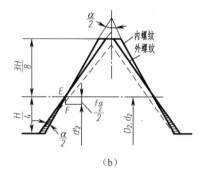

图 9-6　牙型半角误差

在图 9-6(b)中，外螺纹的 $\Delta\dfrac{\alpha}{2}=\dfrac{\alpha}{2}(外)-\dfrac{\alpha}{2}(内)>0$，则其牙根部分的牙侧有干涉现象。此时，中径补偿值 $f_{\frac{\alpha}{2}}$ 为

$$f_{\frac{\alpha}{2}}=0.291H\Delta\frac{\alpha}{2}/\sin\alpha$$

对于普通螺纹

$$f_{\frac{\alpha}{2}}=0.291P\Delta\frac{\alpha}{2} \tag{9-3}$$

式中　H——原始三角形的高度，单位为毫米（mm）；

$\dfrac{\alpha}{2}$——单位为分（′）（1 分 $=0.291\times10^{-3}$ 弧度）；

$f_{\frac{\alpha}{2}}$——单位为微米（μm）。

实际上，经常是左、右半角误差不相同，也可能一边半角误差为正，另一边半角误差为负。因此，中径补偿值应取平均值。根据不同情况，普通螺纹按下列公式之一计算。

当 $\Delta\dfrac{\alpha}{2}(左)>0,\Delta\dfrac{\alpha}{2}(右)>0$ 时，则

$$f_{\frac{\alpha}{2}}=\frac{0.291P}{2}\left(\left|\Delta\frac{\alpha}{2}(左)\right|+\left|\Delta\frac{\alpha}{2}(右)\right|\right) \tag{9-4}$$

当 $\Delta\dfrac{\alpha}{2}(左)<0,\Delta\dfrac{\alpha}{2}(右)<0$ 时，则

$$f_{\frac{\alpha}{2}}=\frac{0.44P}{2}\left(\left|\Delta\frac{\alpha}{2}左\right|+\left|\Delta\frac{\alpha}{2}右\right|\right) \tag{9-5}$$

当 $\Delta\dfrac{\alpha}{2}(左)>0,\Delta\dfrac{\alpha}{2}(右)<0$ 时，则

$$f_{\frac{\alpha}{2}}=\frac{P}{2}\left(0.291\left|\Delta\frac{\alpha}{2}(左)\right|+0.44\left|\Delta\frac{\alpha}{2}(右)\right|\right) \tag{9-6}$$

当 $\Delta\dfrac{\alpha}{2}(左)<0,\Delta\dfrac{\alpha}{2}(右)>0$ 时，则

$$f_{\frac{\alpha}{2}}=\frac{P}{2}\left(0.44\left|\Delta\frac{\alpha}{2}(左)\right|+0.291\left|\Delta\frac{\alpha}{2}(右)\right|\right) \tag{9-7}$$

9.2.3　中径偏差对互换性的影响

螺纹中径在制造过程中不可避免会出现一定的误差,即单一实际中径对其公称中径之差。如仅考虑中径的影响,那么只要外螺纹中径小于内螺纹中径就能保证内、外螺纹的旋合性,反之就不能旋合。但如果外螺纹中径过小,内螺纹中径又过大,则会降低连接的可靠性和紧密性,降低连接强度。所以,单一中径误差直接影响螺纹的旋合性和连接强度,必须加以控制。而螺距误差与牙型半角误差的存在又都对单一中径发生影响。

从前面的分析中可以看到,由于这两项误差的存在,对内螺纹相当于中径减小,对外螺纹相当于中径增大。在旋合长度内,包容实际外螺纹且具有最小牙型的理想内螺纹的中径称为外螺纹的作用中径 $d_{2\text{m}}$;在旋合长度内,包容实际内螺纹且具有最小牙型的理想外螺纹的中径称为内螺纹的作用中径 $D_{2\text{m}}$。作用中径是内外螺纹旋合时实际起作用的中径。

9.2.4　螺纹作用中径和中径合格性判断原则

1. 作用中径的概念

实际生产中,螺距误差 ΔP、牙型半角误差 $\Delta\dfrac{\alpha}{2}$ 和中径误差 $\Delta d_2(\Delta D_2)$ 总是同时存在的。前两项可折算成中径补偿值(f_p、$f_{\frac{\alpha}{2}}$),即折算成中径误差的一部分。因此,即使螺纹测得的中径合格,由于有 ΔP 和 $\Delta\dfrac{\alpha}{2}$,仍不能确定螺纹是否合格。

当外螺纹存在螺距误差和牙型半角误差时,只能与一个中径较大的内螺纹旋合,其效果相当于外螺纹的中径增大,这个增大了的假想中径称为外螺纹的作用中径 $d_{2\text{作用}}$,其值为

$$d_{2\text{作用}} = d_{2\text{实际}} + (f_P + f_{\frac{\alpha}{2}}) \tag{9-8}$$

同理,当内螺纹存在螺距误差及牙型半角误差时,只能与一个中径较小的外螺纹旋合,其效果相当于内螺纹的中径减小了。这个减小了的假想中径称为内螺纹的作用中径 $D_{2\text{作用}}$,其值为

$$D_{2\text{作用}} = D_{2\text{实际}} - (f_P + f_{\frac{\alpha}{2}}) \tag{9-9}$$

显然,为了使相互结合的内、外螺纹能自由旋合,应保证:$D_{2\text{作用}} \geqslant d_{2\text{作用}}$。

国际标准中对作用中径定义如下:螺纹的作用中径是指在规定的旋合长度内,恰好包容实际螺纹的一个假想螺纹的中径。此假想螺纹具有基本牙型的螺距、半角以及牙型高度,并在牙顶和牙底处留有间隙,以保证不与实际螺纹的大、小径发生干涉。故作用中径是螺纹旋合时实际起作用的小径。外螺纹作用中径如图 9-7 所示。

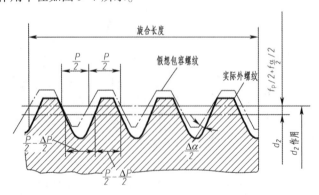

图 9-7　外螺纹作用中径

对于普通螺纹来说,国标没有单独规定螺距和牙型半角公差,只规定了内、外螺纹的中径公差(T_{D2}、T_{d2}),通过中径公差同时限制实际中径、螺距及牙型半角三个参数的误差,如图9-8所示。

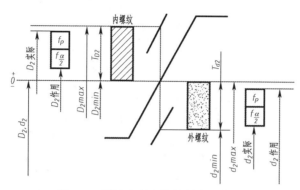

图 9-8　螺纹中径合格性判断示意图

2. 螺纹中径合格性的判断原则

根据以上分析,螺纹中径是衡量螺纹互换性的主要指标。螺纹中径合格性的判断原则与光滑工件极限尺寸判断原则(泰勒原则)类同,即实际螺纹的作用中径不能超出最大实体牙型的中径,而实际螺纹上任何部位的单一中径不能超出最小实体牙型的中径,即

外螺纹:作用中径不大于中径最大极限尺寸;任意位置的单一中径不小于中径最小极限尺寸,即

$$d_{2作用} \leqslant d_{2\max}, d_{2单一} \geqslant d_{2\min}$$

内螺纹:作用中径不小于中径最小极限尺寸;任意位置的单一中径不大于中径最大极限尺寸,即

$$D_{2作用} \geqslant D_{2\min}, D_{2单一} \leqslant D_{2\max}$$

9.3　普通螺纹的公差与配合

公称直径为 1~355 mm、螺距基本值为 0.2~8 mm 的普通螺纹的公差带由其相对于基本牙型的位置(基本偏差)和其大小(公差等级)所组成。公差值(公差带大小)的代号为 T。GB/T 197—2003 对其规定了配合最小间隙为零以及具有保证间隙的螺纹公差带、旋合长度和公差精度。螺纹的公差带由公差带的位置和公差带的大小决定;螺纹的公差精度则由公差带和旋合长度决定,如图9-9所示。

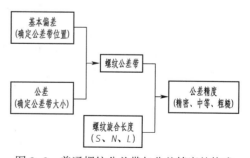

图 9-9　普通螺纹公差带与公差精度的构成

9.3.1　普通螺纹的公差与配合标准

国标对内螺纹的大径和外螺纹的小径均不规定具体公差值,而只规定内、外螺纹牙底实际轮廓的任何点,均不能超过按基本偏差所确定的最大实体牙型。按内外螺纹的中径和顶径(牙顶圆

直径即内螺纹的小径、外螺纹的大径)公差值的大小,国家标准规定了螺纹的公差等级,参见表9-2。其中3级精度最高,9级精度最低,6级为基本等级。

1. 螺纹的公差等级

螺纹公差带的大小由公差值确定,并按公差值大小分为若干等级,见表9-2。

表9-2 螺纹公差等级

螺 纹 直 径	公 差 等 级	螺 纹 直 径	公 差 等 级
外螺纹中径 d_2	3,5,6,7,8,9	内螺纹中径 D_2	4,5,6,7,8
外螺纹大径 d	4,6,8	内螺纹小径 D	4,5,6,7,8

因为内螺纹加工较外螺纹加工困难,所以同级的内螺纹中径公差值比外螺纹中径公差值大30%左右,以满足"工艺等价"原则。各级公差值见表9-3和表9-4。

表9-3 内螺纹小径公差和外螺纹大径公差(摘自 GB/T 197—2003)

公差项目	内螺纹小径公差 $T_{D_1}/\mu m$					外螺纹大径公差 $T_d/\mu m$		
公差等级 螺距 P/mm	4	5	6	7	8	4	6	8
0.75		150	190	236	—	90	140	—
0.8		160	200	250	315	95	150	236
1	150	190	236	300	375	112	180	280
1.25	170	212	265	335	425	132	212	335
1.5	190	236	300	375	475	150	236	375
1.75	212	265	335	425	530	170	265	425
2	236	300	375	475	600	180	280	450
2.5	280	355	450	560	710	212	335	530
3	315	400	500	630	800	236	375	600

表9-4 普通螺纹中径公差(摘自 GB/T 197—2003)

公称直径 D/mm		螺距 P/mm	内螺纹中径公差 $T_{D_2}/\mu m$					外螺纹中径公差 $T_{d_2}/\mu m$						
			公 差 等 级					公 差 等 级						
>	≤		4	5	6	7	8	3	4	5	6	7	8	9
5.6	11.2	0.5	71	90	112	140	—	42	53	67	85	106	—	—
		0.75	85	106	132	170	—	50	63	80	100	125	—	—
		1	95	118	150	190	236	56	71	90	112	140	180	224
		1.25	100	125	160	200	250	60	75	95	118	150	190	236
		1.5	112	140	180	224	280	67	85	106	132	170	212	295
11.2	22.4	0.5	75	95	118	150	—	45	56	71	90	112	—	—
		0.75	90	112	140	180	—	53	67	85	106	132	—	—
		1	100	125	160	200	250	60	75	95	118	150	190	236
		1.25	112	140	180	224	280	67	85	106	132	170	212	265
		1.5	118	150	190	236	300	71	90	112	140	180	224	280
		1.75	125	160	200	250	315	75	95	118	150	190	236	300
		2	132	170	212	265	335	80	100	125	160	200	250	315
		2.5	140	180	224	280	355	85	106	132	170	212	265	335

公称直径 D/mm		螺距 P/mm	内螺纹中径公差 T_{D_2} / μm					外螺纹中径公差 T_{d_2} / μm						
			公差等级					公差等级						
>	≤		4	5	6	7	8	3	4	5	6	7	8	9
22.4	45	0.75	95	118	150	190	—	56	71	90	112	140	—	—
		1	106	132	170	212	—	63	80	100	125	160	200	250
		1.5	125	160	200	250	315	75	95	118	150	190	236	300
		2	140	180	224	280	355	85	106	132	170	212	265	335
		3	170	212	265	335	425	100	125	160	200	250	315	400
		3.5	180	224	280	355	450	106	132	170	212	265	335	425
		4	190	236	300	375	415	112	140	180	224	280	355	450
		4.5	200	250	315	400	500	118	150	190	236	300	375	475

2. 螺纹的基本偏差

螺纹的基本偏差是指公差带两极限偏差中靠近零线的那个偏差。它确定了公差带相对基本牙型的位置。内螺纹的基本偏差是下偏差(EI),外螺纹的基本偏差是上偏差(es)。

国标对普通内螺纹规定了两种基本偏差,其代号为 G、H,如图 9-10(a)和图 9-10(b)所示。国标对普通外螺纹规定了四种基本偏差,其代号为 e、f、g、h,如图 9-10(c)和图 9-10(d)所示。

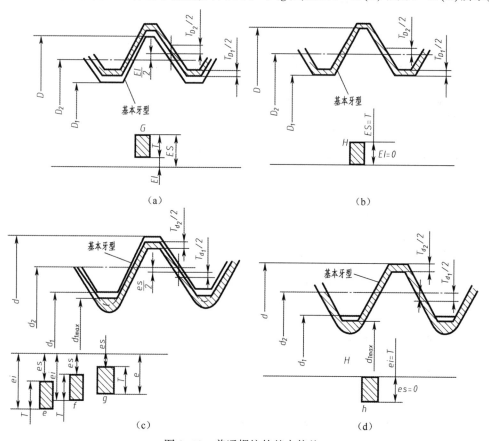

图 9-10　普通螺纹的基本偏差

内、外螺纹基本偏差值见表 9-5。

表 9-5　内、外螺纹的基本偏差值(摘自 GB/T 197—2003)

基本偏差 螺距 P/mm	内 螺 纹		外 螺 纹			
	G	H	e	f	g	h
	EI/μm		ei/μm			
0.75	+22		−56	−38	−22	
0.8	+24		−60	−38	−24	
1	+26		−60	−40	−26	
1.25	+28		−63	−42	−28	
1.5	+32		−67	−45	−32	
1.75	+34	0	−71	−48	−34	0
2	+38		−71	−52	−38	
2.5	+42		−80	−58	−42	
3	+48		−85	−63	−48	
3.5	+53		−90	−70	−53	
4	+60		−95	−75	−60	

9.3.2　螺纹的旋合长度与精度等级及其选用

1. 螺纹的旋合长度及其选用

螺纹旋合长度是指两个相互配合的螺纹,沿螺纹轴线方向相互旋合部分的长度。GB/T 197—2003 按螺纹公称直径和螺距规定了长、中、短三种旋合长度,分别用代号 L,N,S 表示。其数值见表 9-6。设计时,一般选用中等旋合长度 N;只有当结构或强度上需要时,才选用短旋合长度 S 或长旋合长度 L。

表 9-6　螺纹旋合长度(摘自 GB/T 197—2003)

公称直径 D、d		螺距 P	旋合长度				公称直径 D、d		螺距 P	旋合长度			
>	≤		S		N		L	>	≤		S		N		L
			≤	>	≤	>				≤	>	≤	>
5.6	11.2	0.5	1.6	1.6	4.7	4.7	22.4	45	0.75	3.1	3.1	9.4	9.4
		0.75	2.4	2.4	7.1	7.1			1	4	4	12	12
		1	3	3	9	9			1.5	6.3	6.3	19	19
		1.25	4	4	12	12			2	8.5	8.5	25	25
		1.5	5	5	15	15			3	12	12	36	36
11.2	22.4	0.5	1.8	1.8	5.4	5.4			3.5	15	15	45	45
		0.75	2.7	2.7	8.1	8.1			4	18	18	53	53
		1	3.8	3.8	11	11			4.5	21	21	63	63
		1.25	4.5	4.5	13	13							
		1.5	5.6	5.6	16	16							
		1.75	6	6	18	18							
		2	8	8	24	24							
		2.5	10	10	30	30							

2. 螺纹的精度等级及其选用

螺纹的精度不仅与螺纹直径的公差等级有关,而且与螺纹的旋合长度有关。当公差等级一定时,旋合长度越长,加工时产生的螺距累积误差和牙型半角误差就可能越大,加工就越困难。因此,公差等级相同而旋合长度不同的螺纹的精度等级也就不相同。GB/T 197—2003 按螺纹的公差等级和旋合长度规定了三种精度等级,分别称为精密级、中等级和粗糙级。螺纹精度等级的高低,代表了螺纹加工的难易程度。同一精度等级,随着旋合长度的增加,螺纹的公差等级相应降低,见表 9-7。

表 9-7　普通螺纹的精度等级(摘自 GB/T 197—2003)

旋合长度 \ 精度	内　螺　纹					
	G			H		
	S	N	L	S	N	L
精密	—	—	—	4H	5H	6H
中等	(5G)	6G	(7G)	5H*	6H*	7H*
粗糙	—	(7G)	(8G)	—	7H	8H

旋合长度 \ 精度	外　螺　纹											
	e			f			g			h		
	S	N	L	S	N	L	S	N	L	S	N	L
精密	—	—	—	—	—	—	(4g)	(5g4g)	(3h4h)	4h*	(5h4h)	
中等	—	6e*	(7e6e)	—	6f*	—	(5g6g)	6g*	(7g6g)	(5h6h)	6h*	(7h6h)
粗糙	—	(8e)	(9e8e)	—	—	—	8g	(9g8g)	—	—	—	

注:带星号" * "的公差带应优先选用,其次是不带星号" * "的公差带;括号内的公差带尽量不用;大量生产的精制紧固螺纹,推荐采用带方框的公差带。

9.3.3　螺纹公差带与配合的选用

按不同的公差带位置(G、H、e、f、g、h)及不同的公差等级(3~9)可以组成不同的公差带。公差带代号由表示公差等级的数字和表示基本偏差的字母组成,如 6H、5g 等。

在生产中,为了减少刀具、量具的规格和数量,对公差带的种类应加以限制。标准 GB/T 197—2003 规定了供选择常用的公差带。除有特殊要求,不应选择标准规定以外的公差带。表中只有一个公差带代号的表示中径和顶径公差带是相同的;有两个公差带代号的,则前者表示中径公差带,后者表示顶径公差带。

表 9-7 中所列内螺纹公差带和外螺纹公差带可任意组成各种配合。但为了保证足够的接触高度,内、外螺纹最好组成 H/g、H/h 或 G/h 的配合。选择时主要考虑以下几种情况:

①为了保证旋合性,内、外螺纹应具有较高的同轴度,并有足够的接触高度和结合强度,通常采用最小间隙为零的配合(H/h)。

②需要拆卸容易的螺纹,可选用较小间隙的配合(H/g 或 G/h)。

③需要镀层的螺纹,其基本偏差按所需镀层厚度确定,需要涂镀的外螺纹,当镀层厚度为 10 μm 时可采用 g,当镀层厚度为 20 μm 时可采用 f,当镀层厚度为 30 μm 时可采用 e。当内、外螺纹均需要涂镀时,则采用 G/e 或 G/f 的配合。

④在高温条件下工作的螺纹,可根据装配时和工作时的温度来确定适当的间隙和相应的基本偏差,留有间隙以防螺纹卡死。一般常用基本偏差 e,如汽车上用的 M14×1.25 规格的火花塞。温度相对较低时,可用基本偏差 g。

9.3.4　螺纹的表面粗糙度

螺纹的表面粗糙度 Ra 数值可根据表9-8中的推荐值选用。对于强度要求较高的螺纹牙侧表面,Ra 不应大于 0.4 μm。

表 9-8　螺纹表面粗糙度 Ra　　　　　　　　（μm）

工件	螺纹中径公差等级		
	4、5	6、7	7~9
	Ra 不大于		
螺纹紧固件	1.6	3.2	3.2~6.3
轴及轴套上的螺纹	0.8~1.6	1.6	3.2

9.3.5　普通螺纹的标记

完整的螺纹标记由螺纹代号、公称直径、螺距、螺纹公差带代号和螺纹旋合长度代号(或数值)组成,各代号间用"—"隔开。螺纹公差带代号包括中径公差带代号和顶径公差带代号。若中径公差带代号和顶径公差带代号不同,则应分别注出,前者为中径,后者为顶径。若中径和顶径公差带代号相同,则合并标注一个即可。旋合长度代号除 N 不注出外,对于短或长旋合长度,应注出代号 S 或 L。也可直接用数值注出旋合长度值。基本偏差代号小写为外螺纹,大写为内螺纹。

螺纹的标注示例如下:

1. 在零件图上

在零件图上,内螺纹和外螺纹的标注具体如下。

内螺纹:

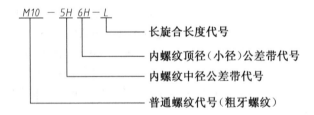

外螺纹:

2. 在装配图上

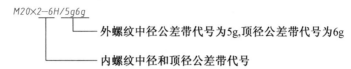

螺纹在图样上标注时,应标注在螺纹的公称直径(大径)的尺寸线上。

【例 9-1】 查出 M20×2—7g6g 螺纹上、下偏差。

解:

螺纹代号 M20×2 表示细牙普通螺纹,公称直径 20 mm,螺距 2 mm;公差代号 7g6g 表示外螺纹中径公差带代号为 7g,大径公差带代号为 6g。

由表 9-5 知,g 的基本偏差(es)= -38 μm;

由表 9-4 知,公差等级为 7 时,中径公差 T_{d_2} = 200 μm;

由表 9-3 知,公差等级为 6 时,大径公差 T_d = 280 μm;

故　　　　　　　　　　中径上偏差(es)= -38 μm

　　　　　　　中径下偏差(ei)= es- T_{d_2} = -238 μm

　　　　　　　大径上偏差(es)= -38 μm

　　　　　　　大径下偏差(ei)= es- T_d = -318 μm

【例 9-2】 加工 M20—6h 螺栓,加工后测得其单一中径 d_{2a} = 18.30 mm,ΔP_Σ = +35 μm,$\Delta \alpha/2$ = -40′,问此螺纹是否合格?

解:

根据已知条件由表 9-1、表 9-5、表 9-4 查得 P = 2.5 mm,基本中径 d_2 = 18.376 mm。

h 公差带上偏差 es = 0,则 d_{2max} = 18.376 mm;

中径公差 T_{d2} = 0.170 mm,则 d_{2min} = 18.205 mm;

计算螺距误差和牙型半角误差的中径当量值:

$$f_p = 1.732 \times 35 = 60.62 (\mu m)$$

$$f_{\alpha/2} = 0.43 \times 2.5 \times 40 = 43 (\mu m)$$

螺栓的作用中径:

$$d_{2m} = 18.30 + 0.06 + 0.043 = 18.803 （mm）$$

螺栓的单一中径:

$$d_{2a} = 18.30 \text{ mm} > d_{2min} = 18.205 \text{ mm}; d_{2a} = 18.30 \text{ mm} < d_{2max} = 18.376 \text{ mm}$$

由于 $d_{2m} > d_{2max}$,超出了公差范围,不合格。

9.4　梯形螺纹公差

9.4.1　梯形螺纹的基本参数

在各种机械中,传动螺纹的牙型均采用梯形螺纹。因为梯形螺纹具有传动精确、传动效率高及加工方便等优点。国家标准 GB/T 5796.1—2005《梯形螺纹　第 1 部分:牙型》中规定了梯形螺纹的基本牙型及几何参数,参见图 9-11 和表 9-9。

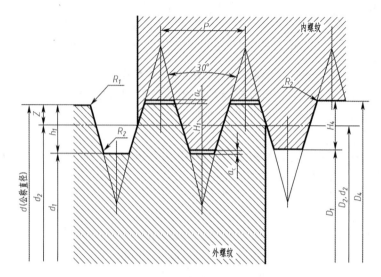

图 9-11 梯形螺纹的基本尺寸

表 9-9 梯形螺纹的几何参数

名称	代号	关系式	名称	代号	关系式
外螺纹大径	d		外螺纹中径	d_2	$d_2 = d - 2Z = d - 0.5P$
螺距	P		内螺纹中径	D_2	$D_2 = d - 2Z = d - 0.5P$
牙顶间隙	a_c		外螺纹小径	d_3	$d_3 = d - 2h_3$
基本牙型高度	H_1	$H_1 = 0.5P$	内螺纹小径	D_1	$D_1 = d - 2H_1 = d - P$
外螺纹牙高	h_3	$h_3 = H_1 + a_c = 0.5P + a_c$	内螺纹大径	D_4	$D_4 = d + a_c$
内螺纹牙高	H_4	$H_4 = H_1 + a_c = 0.5P + a_c$	外螺纹牙顶圆角	R_1	$R_{1max} = 0.5a_c$
牙顶高	Z	$Z = 0.25P = H_1/2$	牙底圆角	R_2	$R_{2max} = a_c$

　　梯形螺纹广泛采用的牙型角 $\alpha = 30°$,丝杠与螺母的中径基本尺寸是相同的,但大径和小径因在装配后要求保证具有间隙,所以大径与小径的基本尺寸是不同的,见表 9-10。

表 9-10 梯形螺纹基本尺寸(摘自 GB/T 5796.3—2005)　　　　　　　　　　(mm)

公称直径 d	螺距 P	中径 $d_2 = D_2$	大径 D_4	小径	
				d_3	D_1
20	2	19.000	20.500	17.500	18.000
	4	18.000	20.500	15.500	16.000
24	3	22.500	24.500	20.500	21.000
	5	21.500	24.500	18.500	19.000
	8	20.000	25.000	15.000	16.000
28	3	26.500	28.500	24.500	25.000
	5	25.500	28.500	22.500	23.000
	8	24.000	29.000	19.000	20.000

公称直径	螺距	中径	大径	小径	
d	P	$d_2=D_2$	D_4	d_3	D_1
32	3	30.500	32.500	28.500	29.000
	6	29.000	33.000	25.000	26.000
	10	27.000	33.000	21.000	22.000
36	3	34.500	36.500	32.500	33.000
	6	33.000	37.000	29.000	30.000
	10	31.000	37.000	25.000	26.000
40	3	38.500	40.500	36.500	37.000
	7	36.500	41.000	32.000	33.000
	10	35.000	41.000	29.000	30.000

9.4.2　梯形螺纹的公差

1. 公差等级及选用

国标 GB/T 5796.4—2005《梯形螺纹　第 4 部分:公差》规定,梯形螺纹按照用途和使用要求,各直径分别规定 4、7、8、9 四个精度等级,见表 9-11。

表 9-11　梯形螺纹选用的公差等级

直　径	公差等级
内螺纹小径 D_1	4
外螺纹大径 d	4
内螺纹中径 D_2	7、8、9
外螺纹中径 d_2	(6)*、7、8、9
外螺纹小径 d_3	7、8、9

注:6 级公差仅是为了计算 7、8、9 级公差值而列出的;7 级用于精确传动,如精密螺纹车床,精密齿轮机床;8 级用于一般传动,如普通螺纹车床,螺纹铣床;9 级用于一般分度和进给机构。

表中没有规定内螺纹的大径 D_4 的公差等级,因为在安装时须保证它与外螺纹牙顶间隙,加工时可根据 $D_4=d+a_c$ 确定其尺寸。

2. 基本偏差

国标 GB 5796.4—2005 规定了外螺纹的上偏差 es 及内螺纹的下偏差 EI 为基本偏差。对于内螺纹的大径 D_4、中径 D_2 和小径 D_1 规定了一种公差带位置 H,其基本偏差为零。对外螺纹的中径 d 规定了三种基本偏差 h、e 和 c,对大径 d 和小径 d_3 只规定了一种公差带的位置 h,其基本偏差为零,e 和 c 的基本偏差为负值。表 9-12~表 9-15 分别列出了梯形螺纹的公差。

9.4.3　旋合长度

标准中按公称直径和螺距的大小将旋合长度分为 N、L 两组。N 代表中等旋合长度,L 代表长旋合长度。旋合长度数值见表 9-16。

表 9-12　梯形螺纹的内螺纹中径公差 T_{D2}（摘自 GB/T 5796.4—2005）　　（μm）

公称直径 d/mm >	公称直径 d/mm ≤	螺距 P/mm	公差等级 7	公差等级 8	公差等级 9
11.2	22.4	2	265	335	425
		3	300	375	475
		4	355	450	560
		5	375	475	600
		8	475	600	750
22.4	45	3	335	425	530
		5	400	500	630
		6	450	560	710
		7	475	600	750
		8	500	630	800
		10	530	670	850
		12	560	710	900

表 9-13　梯形螺纹的外螺纹中径公差 T_{d2}（摘自 GB/T 5796.4—2005）　　（μm）

公称直径 d/mm >	公称直径 d/mm ≤	螺距 P/mm	公差等级 6	公差等级 7	公差等级 8	公差等级 9
11.2	22.4	2	160	200	250	315
		3	180	224	280	355
		4	212	265	335	425
		5	224	280	355	450
		8	280	355	450	560
22.4	45	3	200	250	315	400
		5	236	300	375	475
		6	265	335	425	530
		7	280	355	450	560
		8	300	375	475	600
		10	315	400	500	630
		12	335	425	530	670

表 9-14　梯形螺纹的外螺纹小径公差 T_{d3}（摘自 GB/T 5796.4—2005）　　（μm）

公称直径 d/mm >	公称直径 d/mm ≤	螺距 P mm	中径公差带位置为 c 公差等级 7	中径公差带位置为 c 公差等级 8	中径公差带位置为 c 公差等级 9	中径公差带位置为 e 公差等级 7	中径公差带位置为 e 公差等级 8	中径公差带位置为 e 公差等级 9	中径公差带位置为 h 公差等级 7	中径公差带位置为 h 公差等级 8	中径公差带位置为 h 公差等级 9
11.2	22.4	2	400	462	544	321	383	465	250	312	394
		3	450	520	614	365	435	529	280	350	444
		4	521	609	690	426	514	595	331	419	531
		5	562	656	775	456	550	669	350	444	562
		8	709	828	965	576	695	832	444	562	700

续表

公称直径 d/mm		螺距 P mm	中径公差带位置为 c			中径公差带位置为 e			中径公差带位置为 h		
			公差等级			公差等级			公差等级		
>	≤		7	8	9	7	8	9	7	8	9
22.4	45	3	482	564	670	397	479	585	312	394	500
		5	587	681	806	481	575	700	375	469	594
		6	655	767	899	537	649	781	419	531	662
		7	694	813	950	569	688	825	444	562	700
		8	734	859	1 015	601	726	882	469	594	750
		10	800	925	1 087	650	775	937	500	625	788
		12	866	998	1 223	691	823	1 048	531	662	838

表 9-15　**梯形螺纹顶径公差**（摘自 GB/T 5796.4—2005）　　　　　（μm）

螺距 P/mm	内螺纹小径公差 T_{D_1}（4 级）	外螺纹大径公差 T_d（4 级）
2	236	180
3	315	236
4	375	300
5	450	335
6	500	375
7	560	420
8	630	450
9	670	500
10	710	530
12	800	600

表 9-16　**梯形螺纹旋合长度**（摘自 GB/T 5796.4—2005）　　　　　（μm）

公称直径 d/mm		螺 距 P/mm	旋合长度组		
			N		L
>	≤		>	≤	>
11.2	22.4	2	8	24	24
		3	11	32	32
		4	15	43	43
		5	18	53	53
		8	30	85	85
22.4	45	3	12	36	36
		5	21	63	63
		6	25	75	75
		7	30	85	85
		8	34	100	100
		10	42	125	125
		12	50	150	150

9.4.4 梯形螺纹精度与公差带选用

由于标准对内螺纹小径 D_1 和外螺纹大径 d 只规定了一种公差带(4H,4h);而外螺纹的小径 d_1 的公差带位置永远为 h,且公差等级与中径公差等级相同,所以梯形螺纹仅选择并标记中径公差带,代表梯形螺纹公差带。

国家标准对梯形螺纹规定了中等和粗糙两种精度,其选用原则是:一般用途选用中等精度;对精度要求不高时采用粗糙精度。一般情况下按表 9-17 规定选用中径公差带。

表 9-17　内外螺纹选用公差带(摘自 GB/T 5796.4—2005)

精　　度	内　　螺　　纹		外　　螺　　纹	
	N	L	N	L
中　　等	7H	8H	7h　7e	8e
粗　　糙	8H	9H	8e　8c	9c

对于多线螺纹的顶径公差与底径公差与单线螺纹相同。多线螺纹的中径公差是在单线螺纹公差的基础上,按照线数不同分别乘以系数。不同线数的系数见表 9-18。

表 9-18　多线梯形螺纹线数与系数关系表

线　　数	2	3	4	≥5
系　　数	1.12	1.25	1.4	1.6

9.4.5 梯形螺纹的标记

梯形螺纹的标记由梯形螺纹代号、公差带代号及旋合长度代号组成。

GB/T 5796.2—2005《梯形螺纹　第 2 部分:直径与螺距系列》中规定:梯形螺纹的公差代号只标注中径公差带(由表示公差等级的数字及公差带位置的字母组成)。当旋合长度为 N 组时,不标注旋合长度代号。当旋合长度为 L 组时,应将组别代号 L 写在公差带代号的后边,并用"-"隔开。特殊需要时可用具体的旋合长度数字代替组别代号 L。

梯形螺纹副的公差带要分别注出内、外螺纹的公差带代号。前面是内螺纹公差带代号,后边是外螺纹的公差带代号,中间用斜线分开。

标记示例如下。

内螺纹:Tr40×6-7H

外螺纹:Tr40×6-7e

左旋外螺纹:Tr40×6LH-7e

螺旋副:Tr40×6-7H/7e

旋合长度为 L 组的多线螺纹:Tr40×12(P6)-8e-L

旋合长度为特殊需要的螺纹:Tr40×7-7e-160

9.5　普通螺纹的检测

测量螺纹的方法有两类:单项测量和综合检验。单项测量是指用指示量仪测量螺纹的实际值,每次只测量螺纹的一项几何参数,并以所得的实际值来判断螺纹的合格性。综合检验是指一次同时检验螺纹的几个参数,以几个参数的综合误差来判断螺纹的合格性。生产上广泛应用螺纹极限量规综合检验螺纹的合格性。

单项测量精度高,主要用于精密螺纹、螺纹刀具及螺纹量规的测量或生产中分析形成各参数误差的原因时使用。综合检验生产率高,适合于成批生产中精度不太高的螺纹件。

9.5.1　普通螺纹的单项测量

1. 用螺纹千分尺测量

螺纹千分尺是测量低精度外螺纹中径的常用量具。它的结构与一般外径千分尺相似,所不同的是测量头,它是成对配套的、适用于不同牙型和不同螺距的测头,如图 9-12 所示。

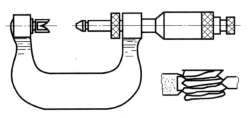

图 9-12　螺纹千分尺

2. 用三针量法测量

三针量法具有精度高、测量简便的特点,可用来测量精密螺纹和螺纹量规。三针量法是一种间接量法。如图 9-13 所示,用三根直径相等的量针分别放在螺纹两边的牙槽中,用接触式量仪测出针距尺寸 M。

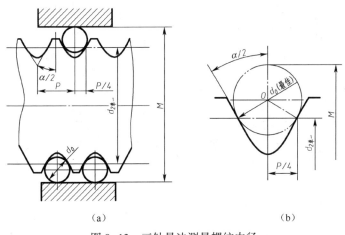

（a）　　　　　　　　　　　　　（b）

图 9-13　三针量法测量螺纹中径

当螺纹升角不大时,根据已知螺距 P、牙型半角 $\dfrac{\alpha}{2}$ 及量针直径 d_0,可用下面的公式计算螺纹的单一中径 $d_{2\text{单}-}$

$$d_{2\text{单}-} = M - d_0 \left(1 + \frac{1}{\sin \dfrac{\alpha}{2}} \right) + \frac{P}{2} \cot \frac{\alpha}{2} \tag{9-10}$$

普通螺纹 $\alpha = 60°$,最佳量针直径 $d_0 = \dfrac{P}{2\cos \dfrac{\alpha}{2}}$,故有

$$d_{2单一} = M - 3d_0 + 0.866P \qquad (9-11)$$

3. 影像法测量外螺纹几何参数

影像法测量外螺纹几何参数是指用工具显微镜将被测外螺纹牙型轮廓放大成像,按被测外螺纹的影像来测量其螺距、牙侧角和中径,也可测量其大径和小径。在计量室里常在工具显微镜上采用影像法测量精密螺纹的各几何参数,可供生产上作工艺分析用。

9.5.2 普通螺纹的综合检验

对螺纹进行综合检验时使用的是螺纹量规和光滑极限量规,它们都由通规(通端)和止规(止端)组成。光滑极限量规用于检验内、外螺纹顶径尺寸的合格性,螺纹量规的通规用于检验内、外螺纹的作用中径及底径的合格性,螺纹量规的止规用于检验内、外螺纹单一中径的合格性。检验内螺纹用的螺纹量规称为螺纹塞规。检验外螺纹用的螺纹量规称为螺纹环规。

螺纹量规按极限尺寸判断原则设计,螺纹量规的通规体现的是最大实体牙型尺寸,具有完整的牙型,并且其长度等于被检螺纹的旋合长度。若被检螺纹的作用中径未超过螺纹的最大实体牙型中径,且被检螺纹的底径也合格,那么螺纹通规就会在旋合长度内与被检螺纹顺利旋合。

螺纹量规的止规用于检验被检螺纹的单一中径。为了避免牙型半角误差和螺距累积误差对检验结果的影响,止规的牙型常做成截短形牙型,以使止端只在单一中径处与被检螺纹的牙侧接触,并且止端的牙扣只做出几牙。图 9-14 表示检验外螺纹的示例。用卡规先检验外螺纹顶径的合格性,再用螺纹环规的通端检验,若外螺纹的作用中径合格,且底径(外螺纹小径)没有大于其最大极限尺寸,通端应能在旋合长度内与被检螺纹旋合。若被检螺纹的单一中径合格,螺纹环规的止端不应通过被检螺纹,但允许旋进 2~3 牙。

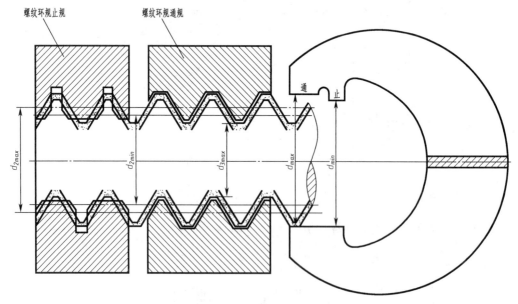

图 9-14　外螺纹的综合检验

图 9-15 表示检验内螺纹的示例。用光滑极限量规(塞规)检验内螺纹顶径的合格性。再用螺纹塞规的通端检验内螺纹的作用中径和底径,若作用中径合格且内螺纹的底径(内螺纹大径)

不小于其最小极限尺寸,通规应能在旋合长度内与内螺纹旋合。若内螺纹的单一中径合格,螺纹塞规的止端就不能通过,但允许旋进 2~3 牙。

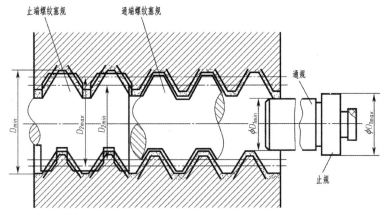

图 9-15 内螺纹的综合检验

思考题及练习题

一、思考题

8-1 影响螺纹互换性的主要几何参数有哪些?

8-2 为什么说普通螺纹的中径公差是综合公差? 如何判断内外螺纹中径的合格与否?

8-3 为什么螺纹精度由螺纹公差带和旋合长度共同决定?

二、练习题

8-4 试说明下列螺纹标注中各代号的含义:

(1)M24-6H

(2)M36×2-5g6g-20

(3)M30×2-6H/5g6g

8-5 查表确定螺母 M24×2-6H、螺栓 M24×2-6h 的小径和中径、大径和中径的极限尺寸,并画出公差带图。

8-6 有一螺栓 M24-6h,其公称螺距 $P=3$ mm,公称中径 $d_2=22.051$ mm,加工后测得 $d_{2实际}=21.9$ mm,螺距累计误差 $\Delta P_\Sigma=+0.05$ mm,牙型半角误差 $\Delta\alpha/2=52'$,此螺栓的中径是否合格?

8-7 有一螺母 M20-7H,其公称螺距 $P=2.5$ mm,公称中径 $D_2=18.376$ mm,测得其实际中径 $D_{2实际}=18.61$ mm,螺距累积误差 $\Delta P_\Sigma=+40$ μm,牙型实际半角 $\alpha/2$(左)$=30°30'$,$\alpha/2$(右)$=29°10'$,此螺母的中径是否合格?

8-8 加工 M16-6g 的螺栓,已知某种加工方法所产生的误差为:$\Delta p_\Sigma=-0.01$ mm,$\Delta\alpha/2$(左)$=+30'$,$\alpha/2$(右)$=-40'$。这种加工方法允许实际单一中径变化范围是多少?

第 **10** 章 　圆锥的公差与配合

10.1　概　　述

圆锥结合是机器、仪器及工具结构中常用的典型结合。圆锥配合与圆柱配合相比较,具有独特的优点,在工业生产中得到了广泛的应用。但是,圆锥配合在结构上比较复杂,影响其互换性的参数较多,加工和检测也较困难。为了满足圆锥配合的使用要求,保证圆锥配合的互换性,我国发布了一系列有关圆锥公差与配合及圆锥公差标注方法的标准,它们分别是 GB/T 157—2001《产品几何技术规范(GPS)　圆锥的锥度与锥角系列》、GB/T 11334—2005《产品几何量技术规范(GPS)　圆锥公差》、GB/T 12360—2005《产品几何量技术规范(GPS)　圆锥配合》、GB/T 15754—1995《技术制图　圆锥的尺寸和公差注法》等国家标准。

10.1.1　圆锥配合的特点

与圆柱配合相比,圆锥配合具有同轴度高、间隙或过盈可以调整、密封性好等优点,但其加工和检测较困难。

1. 同轴度高

相配合的内、外圆锥在轴向力作用下,能够自动对准中心,使配合件的轴线重合,保证内、外圆锥具有较高的同轴度。

2. 间隙或过盈可以调整

间隙或过盈的大小可通过改变内、外圆锥在轴向上的相对位置来调整。间隙或过盈的可调性可补偿配合表面的磨损,延长圆锥的使用寿命。

3. 密封性好

只要内、外圆锥沿轴向适当的移动,就可得到较紧密的配合,其密封性较好。此外,为了保证配合具有良好的密封性,还可将内、外圆锥配对研磨。

4. 加工和检测困难

由于圆锥配合在结构上较为复杂,且影响互换性的参数也较多,因此,其加工和检测比较困难。

10.1.2　圆锥配合的种类

圆锥配合可分为三类:间隙配合、过渡配合(紧密配合)和过盈配合。

1. 间隙配合

间隙配合具有间隙,间隙大小可以调整,零件易拆开,相互配合的内、外圆锥能相对运动。例如机床顶尖、车床主轴的圆锥轴颈与滑动轴承配合等。

2. 过渡配合(紧密配合)

过渡配合是指可能具有间隙,也可能具有过盈的配合。其中,要求内、外圆锥紧密接触,间隙为零或稍有过盈的配合称为过渡配合(紧密配合),此类配合具有良好的密封性,可以防止漏水和漏气。它用于对中定心或密封。为了保证良好的密封,对内、外圆锥的形状精度要求很高,通常将它们配对研磨,这类零件不具有互换性。

3. 过盈配合

过盈配合具有自锁性,过盈量大小可调,用以传递扭矩,而且装卸方便。例如机床主轴锥孔与刀具(钻头、立铣刀等)锥柄的配合。

10.1.3　圆锥体配合的主要参数

在圆锥配合中,影响互换性的因素很多,为了分析其互换性,必须首先掌握圆锥配合的常用术语及主要参数。

1. 圆锥配合的常用术语

(1)圆锥表面

圆锥表面是指与轴线成一定角度,且一端相交于轴线的一条直线段(母线),围绕着该轴线旋转形成的表面(见图 10-1),圆锥表面与通过圆锥轴线的平面的交线称为轮廓素线。

(2)圆锥

以与轴线成一定角度且一端相交于轴线的一条直线称为母线,围绕着该轴线旋转形成的圆锥表面与一定尺寸所限定的几何体,它可分为外圆锥和内圆锥。其中,外圆锥是指外表面为圆锥表面的几何体;内圆锥是指内表面为圆锥表面的几何体。

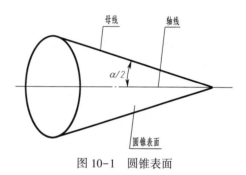

图 10-1　圆锥表面

2. 圆锥配合的主要参数

圆锥分内圆锥(圆锥孔)和外圆锥(圆锥轴)两种,其主要几何参数为圆锥角、圆锥直径和圆锥长度,如图 10-2 所示。

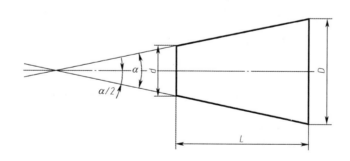

图 10-2　圆锥的主要几何参数

(1)圆锥角

圆锥角是指在通过圆锥轴线的截面内,两条素线间的夹角 α。

(2)圆锥直径

圆锥直径是指圆锥在垂直于其轴线的截面上的直径,常用的圆锥直径有最大圆锥直径 D、最小圆锥直径 d。

（3）圆锥长度

圆锥长度 L 是指最大圆锥直径截面与最小圆锥直径截面之间的轴向距离。

（4）锥度

圆锥角的大小用锥度表示。锥度 C 是指两个垂直于圆锥轴线的截面上的圆锥直径之差与两截面间的轴向距离之比。例如最大圆锥直径 D 与最小圆锥直径 d 之差对圆锥长度 L 之比。

$$C = \frac{(D - d)}{L} \tag{10-1}$$

锥度 C 与圆锥角 α 的关系为

$$C = 2\tan\frac{\alpha}{2} = 1 : \left(\frac{1}{2}\cot\frac{\alpha}{2}\right) \tag{10-2}$$

锥度一般用比例或分数表示，例如 $C = 1 : 5$ 或 $C = 1/5$。光滑圆锥的锥度已标准化（GB/T 157—2001 规定了一般用途和特殊用途的锥度与圆锥角系列）。

在零件图上，锥度用特定的图形符号和比例（或分数）来标注，如图 10-3 所示。图形符号配置在平行于圆锥轴线的基准线上，并且其方向与圆锥方向一致，在基准线上面标注锥度的数值。用指引线将基准线与圆锥素线相连。在图样上标注了锥度，就不必标注圆锥角，两者不应重复标注。

此外，对圆锥只要标注了最大圆锥直径 D 和最小圆锥直径 d 中的一个直径及圆锥长度 L、圆锥角 α（或锥度 C），则该圆锥就完全确定。

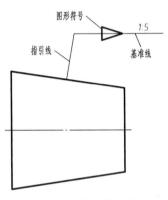

图 10-3　锥度的标注方法

（5）圆锥配合长度

圆锥配合长度 H 是指内、外圆锥配合面的轴向距离。

（6）基面距

基面距是指外圆锥基面（通常为轴肩）与内圆锥基面（通常为端面）之间的距离，用 b 表示。

基面距决定内、外圆锥的轴间相对位置。基面距的位置按圆锥的基本直径而定，若以外圆锥最小的圆锥直径 d_z 为基本直径，则基面距 b 在圆锥的小端；若以内圆锥最大圆锥直径 D_k 为基本直径，则基面距 b 在圆锥大端，如图 10-4 所示。

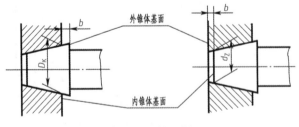

图 10-4　基面距

10.2　圆锥配合误差分析

圆锥直径和锥度的制造误差都会引起圆锥配合基面距的变化和表面接触状况的不良。下面分析其影响。

10.2.1　圆锥直径误差对基面距的影响

当内、外圆锥配合时,设以内圆锥的最大圆锥直径 D_K 为配合直径,基面距在大端(见图 10-5),内外圆锥无误差,仅直径有误差。假定内、外圆锥直径误差分别为 ΔD_K、ΔD_Z,则基面距偏差 $\Delta_1 b$ 为

$$\Delta_1 b = -\frac{\Delta D_K - \Delta D_Z}{2\tan\dfrac{\alpha}{2}} = -(\Delta D_K - \Delta D_Z)/C \tag{10-3}$$

式中　$\dfrac{\alpha}{2}$ ——斜角(锥角的一半);

　　　C ——锥度, $C = 2\tan\dfrac{\alpha}{2} = 1 : \left[\dfrac{1}{2}\cot\dfrac{\alpha}{2}\right]$。

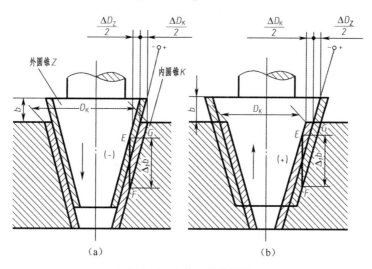

图 10-5　内外圆锥的配合

由图 10-5(a)可知,当 $\Delta D_K > \Delta D_Z$ 时,($\Delta D_K - \Delta D_Z$)的差值为正,则基面距 b 减小,$\Delta_1 b$ 为负值;同理由图 10-5(b)可知,当 $\Delta D_K < \Delta D_Z$ 时,($\Delta D_K - \Delta D_Z$)的差值为负,则基面距 b 增大,$\Delta_1 b$ 为正值。由于 $\Delta_1 b$ 与($\Delta D_K - \Delta D_Z$)值的符号相反,故式(10-3)带有负号。

10.2.2　斜角误差对基面距的影响

设基面距仍在大端,内圆锥的最大圆锥直径 D_K 为配合直径,无直径误差,仅斜角有误差(见图 10-6),将出现两种情况,现分别讨论如下。

①若外圆锥斜角误差 $\Delta\alpha_Z/2$ 大于内圆锥斜角误差 $\Delta\alpha_K/2$,即 $\alpha_Z/2 > \alpha_K/2$[见图 10-6(a)]。此时,内、外圆锥只在大端接触,由斜角误差引起的基面距变化很小,可略去不计;如果斜角误差较大,则接触面小,传递转矩将急剧减小,易磨损,且圆锥轴线可能产生较大倾斜,影响圆锥配合的同轴度。

②若外圆锥斜角误差 $\Delta\alpha_Z/2$ 小于内圆锥斜角误差 $\Delta\alpha_K/2$,即 $\alpha_Z/2 < \alpha_K/2$[见图 10-6(b)]。此时内、外圆锥将在小端接触。若斜角误差引起的基面距变化量为 $\Delta_2 b$,从 $\triangle EFG$ 可知,按正弦定律,则将

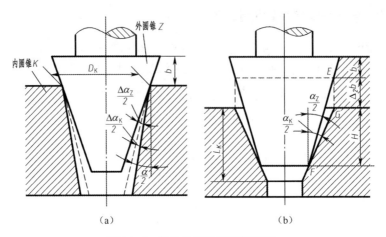

图 10-6　斜角误差对基面的影响

$$\Delta_2 b = EG = FG\sin\left[\frac{\alpha_K}{2} - \frac{\alpha_z}{2}\right] \bigg/ \sin\left(\frac{\alpha_z}{2}\right)$$

$$FG = H/\cos(\alpha_K/2)$$

代入得
$$\Delta_2 b = H\sin\left[\frac{\alpha_K}{2} - \frac{\alpha_z}{2}\right] \bigg/ \sin\left(\frac{\alpha_z}{2}\right)\cos\left(\frac{\alpha_z}{2}\right)$$

一般角度误差很小,因而 $\alpha_K/2$ 及 $\alpha_z/2$ 与斜角 $\alpha/2$ 的差别很小,即

$$\alpha_K/2 \approx \alpha_z/2 \approx \alpha/2$$

$$\cos\left(\frac{\alpha_K}{2}\right) \approx \cos\left(\frac{\alpha}{2}\right); \sin\left(\frac{\alpha_K}{2}\right) \approx \sin\left(\frac{\alpha}{2}\right)$$

则
$$\sin\left[\frac{\alpha_K}{2} - \frac{\alpha}{2}\right] \approx \frac{\alpha_K}{2} - \frac{\alpha}{2}$$

将角度单位化成“分”,得

$$\Delta_2 b = \left[0.6 \times 10^{-3}H\left(\frac{\alpha_K}{2} - \frac{\alpha}{2}\right)\right] \bigg/ \sin\alpha \qquad (10\text{-}4)$$

当锥角较小时,还可进一步简化,可认为 $\sin\alpha \approx 2\tan\dfrac{\alpha}{2} = C$,则

$$\Delta_2 b = \left[0.6 \times 10^{-3}H\left(\frac{\alpha_K}{2} - \frac{\alpha}{2}\right)\right] \bigg/ C \qquad (10\text{-}5)$$

一般情况下,直径误差和斜角误差同时存在,当 $\alpha_z/2 < \alpha_K/2$ 时,基面距最大可能变动量为

$$\Delta b = \Delta_1 b + \Delta_2 b = (\Delta D_K - \Delta D_z)C + 0.0006H\left(\frac{\alpha_K}{2} - \frac{\alpha}{2}\right) \bigg/ \sin\alpha \qquad (10\text{-}6a)$$

或
$$\Delta b = \Delta_1 b + \Delta_2 b = (\Delta D_K - \Delta D_z)C + 0.0006H\left(\frac{\alpha_K}{2} - \frac{\alpha}{2}\right) \bigg/ C \qquad (10\text{-}6b)$$

式(10-6)为圆锥配合中有关参数(直径、角度)之间的一般关系式。根据基面距公差的要求,在确定圆锥角度和圆锥直径时,通常按工艺条件先选定一个参数的公差,再由上式计算另一个参数的公差。基面距公差是根据圆锥配合的具体功能确定的。

10.3 圆锥公差与配合

10.3.1 锥度与锥角系列

为减少加工圆锥工件所用的专用工具、量具种类和规格,满足生产需要,国家标准 GB/T 157—2001 规定了机械工程一般用途圆锥的锥度与锥角系列,适用于光滑圆锥,见表 10-1。选用时优先选用第一系列,当不能满足要求时可选第二系列。

表 10-1 一般用途圆锥的锥度与圆锥角(摘自 GB/T 157—2001)

基本值		推 算 值			
系列 1	系列 2	圆 锥 角			锥度 C
		/(°)(′)(″)	/(°)	/rad	
120°		—	—	2.049 395 10	1 : 0.288 675 1
90°		—	—	1.570 796 33	1 : 0.500 000 0
	75°	—	—	1.308 996 94	1 : 0.651 612 7
60°		—	—	1.047 197 55	1 : 0.866 025 4
45°		—	—	0.785 398 16	1 : 1.207 106 8
30°		—	—	0.523 598 78	1 : 1.866 025 4
1 : 3		18°55′28.719 9″	18.924 644 42°	0.330 297 35	—
	1 : 4	14°15′0.117 7″	14.250 032 70°	0.248 709 99	—
1 : 5		11°25′16.270 6″	11.421 186 27°	0.199 337 30	—
	1 : 6	9°31′38.220 2″	9.527 283 38°	0.166 282 46	—
	1 : 7	8°10′16.440 8″	8.171 233 56°	0.142 614 93	—
	1 : 8	7°9′9.607 5″	7.152 688 75°	0.124 837 62	—
1 : 10		5°43′29.317 6″	5.724 810 45°	0.099 916 79	—
	1 : 12	4°16′18.797 0″	4.771 888 06°	0.083 285 16	—
	1 : 15	3°49′5.897 5″	3.818 304 87°	0.066 641 99	—
1 : 20		2°51′51.092 5″	2.864 192 37°	0.049 989 59	—
1 : 30		1°54′34.857 0″	1.909 682 51°	0.033 330 25	—
1 : 50		1°8′45.158 6″	1.145 877 40°	0.019 999 33	—
1 : 100		34′22.630 9″	0.572 953 02°	0.009 999 92	—
1 : 200		17′11.321 9″	0.286 478 30°	0.004 999 99	—
1 : 500		6′52.525 9″	0.144 591 52°	0.002 000 00	—

GB/T 157—2001 附录 A 中给出了特殊用途圆锥的锥度与锥角系列,摘录其中部分内容,见

表 10-2。其中包括我国早已广泛使用的莫氏锥度共有七种,从 0 号~6 号,其中,0 号尺寸最小,6 号尺寸最大。每个莫氏号的圆锥不但尺寸不同,而且锥度虽然都接近 1:20,也都不相同,所以,只有相同号的内、外莫氏圆锥才能配合。

表 10-2　部分特殊用途圆锥的锥度与圆锥角(摘自 GB/T 157—2001)

基本值	推　算　值		备　　注
	圆锥角 α	锥度 C	
11°54′	—	—	}纺织工业
8°40′	—	—	
7:24	16°35′39.444 3″	16.594 290 008°	1:3.428 571 4　机床主轴,工具配合
6:100	3°26′12.177 6″	3.436 716 00°	医疗设备
1:12.262	4°40′12.151 4″	4.670 042 05°	贾各锥度 No2
1:12.972	4°24′52.903 9″	4.414 695 52°	No1
1:15.748	3°38′13.442 9″	3.637 067 47°	No33
1:18.779	3°3′1.207 0″	3.050 335 27°	No3
1:19.264	2°58′24.864 4″	2.973 573 43°	No6
1:20.288	2°49′24.780 2″	2.823 550 06°	No0
1:19.002	3°0′52.395 6″	3.014 554 34°	莫氏锥度　No5
1:19.180	2°59′11.725 8″	2.986 590 50°	No6
1:19.212	2°58′53.825 5″	2.981 618 20°	No0
1:19.254	2°58′30.421 7″	2.975 117 13°	No4
1:19.922	2°52′31.446 3″	2.875 401 76°	No3
1:20.020	2°51′40.796 0″	2.861 332 23°	No2
1:20.047	2°51′26.928 3″	2.857 480 08°	No1

注： 7:24 行锥度 C 值 1:3.428 571 4，11°54′ 行锥度 1:4.797 451 1，8°40′ 行锥度 1:6.598 441 5。

10.3.2　圆锥公差标准

国家标准给定了四项圆锥公差项目:圆锥直径公差 T_D、圆锥角公差 AT、圆锥的形状公差 T_F 以及给定截面圆锥直径公差 T_{DS}。

1. 公称圆锥

公称圆锥是指由设计给定的理想形状圆锥(见图 10-7)。它可用两种形式确定:

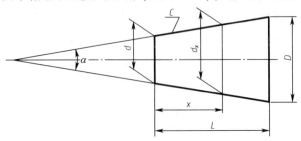

图 10-7　理想形状的圆锥

①一个公称圆锥直径(最大圆锥直径 D、最小圆锥直径 d、给定截面圆锥直径 d_x)、公称圆锥长度 L、公称圆锥角 α 或公称锥度 C。

②两个公称圆锥直径和公称圆锥长度 L。

2. 实际圆锥

实际圆锥是指实际存在并与周围介质分离的圆锥。

实际圆锥上的任一直径称为实际圆锥直径 d_a,实际圆锥的任一轴向截面内,包容其素线且距离为最小的两对平行直线之间的夹角称为实际圆锥角,如图 10-8 所示。

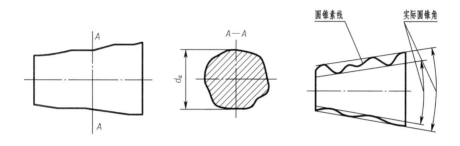

图 10-8　实际圆锥直径和实际圆锥角

3. 极限圆锥

极限圆锥是指与公称圆锥共轴且圆锥角相等,直径分别为上极限直径和下极限直径的两个圆锥。在垂直圆锥轴线的任一截面上,这两个圆锥的直径差都相等。极限圆锥上的任一直径称为极限圆锥直径。

4. 圆锥直径公差 T_D

圆锥直径公差 T_D 是指圆锥直径的允许变动量(见图 10-9),即允许的最大极限圆锥直径 D_{max}($或 d_{max}$)与最小极限圆锥直径 D_{min}($或 d_{min}$)之差,用公式表示为

$$T_D = D_{max} - D_{min} = d_{max} - d_{min} \qquad (10-7)$$

最大极限圆锥和最小极限圆锥都称为极限圆锥,它与基本圆锥同轴,且圆锥角相等。在垂直于圆锥轴线的任意截面上,该两圆锥直径差都相等。

圆锥直径公差区是在轴切面内最大、最小两个极限圆锥所限定的区域,如图 10-9 所示。

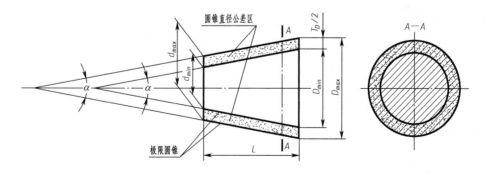

图 10-9　圆锥直径公差带

为了统一和简化公差标准,对圆锥直径公差区的标准公差和基本偏差没有专门制定标准,可

根据圆锥配合的使用要求和工艺条件,对圆锥直径公差 T_D 和给定截面直径公差 T_{DS},分别以最大圆锥直径 D 和给定截面圆锥直径 d_x 为基本尺寸,直接从圆柱体公差与配合国家标准 GB/T 1800.1—2009 选取。圆锥直径公差带用圆柱体公差与配合标准符号表示,其公差等级亦与该标准相同。对于有配合要求的圆锥,推荐采用基孔制;对于没有配合要求的内、外圆锥,最好选用基本偏差 JS 和 js。

5. 圆锥角公差 AT

圆锥角公差 AT 是指圆锥角允许的变动量,即允许的最大圆锥角 α_{max} 与最小圆锥角 α_{min} 之差,其公差带如图 10-10 所示。

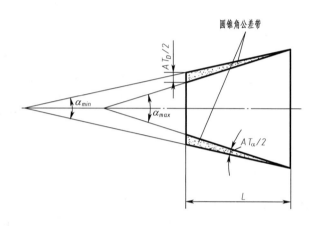

图 10-10　圆锥角公差带

(1)圆锥角公差 AT 的表达形式

圆锥角公差 AT 可以用两种形式表达:当以弧度或角度为单位时用 AT_α 表示,当以长度为单位时用 AT_D 表示。AT_α 为角度单位微弧度 $[\,1\mu rad \approx 1/5s('')\,]$,或以度、分、秒($°$、$'$、$''$)表示的圆锥角公差值。$AT_D$ 为长度单位微米(μm)表示的公差值,它是用于圆锥轴线垂直且距离为 L 的两端直径变动量之差所表示的圆锥角公差。两者之间的关系为

$$AT_D = AT_\alpha \times L \times 10^3 \tag{10-8}$$

式中,AT_α 单位为 μrad,AT_D 单位为 μm,L 单位为 mm。

(2)圆锥角公差等级

国家标准规定,圆锥角公差 AT 共分 12 个公差等级,用符号 $AT1$,$AT2$,……,$AT12$ 表示,其中 $AT1$ 为最高公差等级,等级依次降低,$AT12$ 精度最低。GB/T 11334—2005 规定的圆锥角公差的数值见表 10-3。

各级公差应用范围如下:

$AT1 \sim AT5$ 用于高精度的圆锥量规、角度样板等;

$AT6 \sim AT8$ 用于工具圆锥、传递大力矩的摩擦锥体、锥销等;

$AT8 \sim AT10$ 用于中等精度锥体零件;

$AT11 \sim AT12$ 用于低精度零件。

各个公差等级所对应的圆锥角公差值的大小与圆锥长度有关,由表 10-3 可以看出,圆锥角公差值随着圆锥长度的增加反而减小,这是因为圆锥长度越大,加工时其圆锥角精度越容易保证。

表 10-3　圆锥角公差数值（摘自 GB/T 11334—2005）

基本圆锥长度 L/mm		圆锥角公差等级								
		AT 4			AT 5			AT 6		
		AT_α		AT_D	AT_α		AT_D	AT_α		AT_D
大于	至	μrad	″	μm	μrad	″	μm	μrad	″	μm
16	25	125	26	>2.0~3.2	200	41	>3.2~5.0	315	1′05″	>5.0~8.0
25	40	100	21	>2.5~4.0	160	33	>4.0~6.3	250	52	>6.3~10.0
40	63	80	16	>3.2~5.0	125	26	>5.0~8.0	200	41	>8.0~12.5
63	100	63	13	>4.0~6.3	100	21	>6.3~10.0	160	33	>10.0~16.0
100	160	50	10	>5.0~8.0	80	16	>8.0~12.5	125	26	>12.5~20.0

基本圆锥长度 L/mm		圆锥角公差等级								
		AT 7			AT 8			AT 9		
		AT_α		AT_D	AT_α		AT_D	AT_α		AT_D
大于	至	μrad	″	μm	μrad	″	μm	μrad	″	μm
16	25	500	1′43″	>8.0~12.5	800	2′45″	>12.5~20.0	1250	4′18″	>20.0~32.0
25	40	400	1′22″1′05″	>10.0~16.0	630	2′10″	>16.0~20.5	1000	3′26″	>25.0~40.0
40	63	315	52	>12.5~20.0	500	1′43″	>20.0~32.0	800	2′45″	>32.0~50.0
63	100	250	41	>16.0~25.0	400	1′22″	>25.0~40.0	630	2′10″	>40.0~63.0
100	160	200		>20.0~32.0	315	1′05″	>32.0~50.0	500	1′43″	>50.0~80.0

为了加工和检测方便，圆锥角公差可用角度值 AT_D 或线性值 AT_α 给定，圆锥角的极限偏差可按单向取值（$\alpha_{\ 0}^{+AT_\alpha}$ 或 $\alpha_{-AT_\alpha}^{\ 0}$）或者双向对称取值（$\alpha \pm AT_D/2$）。为了保证内、外圆锥接触的均匀性，圆锥角公差带通常采用对称于基本圆锥角分布。

（3）圆锥直径公差 T_D 与圆锥角公差 AT 的关系

一般情况下，当对圆锥角公差 AT 没有特殊要求时，可不必单独规定圆锥角公差，而是用圆锥直径公差 T_D 加以限制，GB/T 11334—2005 标准的附录 A 中列出了圆锥长度 L 为 100 mm 时圆锥直径公差 T_D 所能限制的最大圆锥角误差，实际圆锥角被允许在此范围内变动，数值见表 10-4。当 $L \neq 100$ mm 时，应将表中数值 × 100/L，L 的单位是 mm。

表 10-4　$L = 100$ mm 的圆锥直径公差 T_D 所限制的最大圆锥角误差 $\Delta\alpha_{max}$
（摘自 GB/T 11334—2005）　　　　　　　　　　　　　　（μrad）

标准公差等级	圆锥直径/mm												
	≤3	>3~6	>6~10	>10~18	>18~30	>30~50	>50~80	>80~120	>120~180	>180~250	>250~315	>315~400	>400~500
IT4	30	40	40	50	60	70	80	100	120	140	160	180	200
IT5	40	50	60	80	90	110	130	150	180	200	230	250	270
IT6	60	80	80	110	130	160	190	220	250	290	320	360	400
IT7	100	120	150	180	210	250	300	350	400	460	520	570	630
IT8	140	180	220	270	330	390	460	540	630	720	810	890	970
IT9	250	300	360	430	520	620	740	870	1 000	1 150	1 300	1 400	1 550
IT10	400	480	580	700	840	1 000	1 200	1 400	1 300	1 850	2 100	2 300	2 500

如果对圆锥角公差有更高的要求时(如圆锥量规等),除规定其直径公差 T_D 外,还应给定圆锥角公差 AT。圆锥角的极限偏差可按单向或双向(对称或不对称)取值。

从加工角度考虑,圆锥角公差 AT 与尺寸公差 IT 相应等级的加工难度大体相当,即精度相当。

6. 圆锥的形状公差 T_F

圆锥的形状公差包括圆锥素线直线度公差、倾斜度公差和圆度公差等。对于要求不高的圆锥工件,其形状误差一般也用直径公差 T_D 控制。对于要求较高的圆锥工件,应单独按要求给定形状公差 T_F,T_F 的数值按 GB/T 1184—1996《形状和位置公差》选取。

7. 给定截面圆锥直径公差 T_{DS}

给定截面圆锥直径公差 T_{DS} 是指在垂直圆锥轴线的给定截面内,圆锥直径的允许变动量。其圆锥直径公差区为在给定的圆锥截面内,由两个同心圆所限定的区域,如图 10-11 所示。

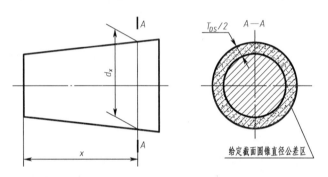

图 10-11　给定截面圆锥直径公差带

一般情况不规定给定截面圆锥直径公差 T_{DS},只有对圆锥工件有特殊要求,才规定此项目。如阀类零件要求配合圆锥在给定截面上接触良好,以保证其密封性,这时必须同时规定圆锥直径公差 T_{DS} 以及圆锥角公差 AT。

10.3.3　圆锥配合的种类

GB/T 12360—2005《产品几何量技术规范(GPS)　圆锥配合》适用于锥度 C 从 1∶3~1∶500、圆锥长度从 6~630 mm 的光滑圆锥间的配合。

圆锥配合是以基本圆锥相同的内、外圆锥直径之间,由于结合不同所形成的相互关系。在标准中规定了两种类型的圆锥配合,即结构型圆锥配合和位移型圆锥配合。

1. 结构型圆锥配合

结构型圆锥配合是指圆锥结构确定装配后的最终轴向相对位置而获得的配合。由圆锥的结构形成的两种配合,选择不同的内、外圆锥直径公差带就可以获得间隙、过盈或过渡配合。

图 10-12(a)所示为由外圆锥的轴肩和内圆锥的大端面接触来确定装配后的最终轴向相对位置,以获得指定的间隙配合;图 10-12(b)所示为由内、外圆锥基准平面之间的结构尺寸 a(即基面距)来确定装配后的最终轴向相对位置,以获得指定的过盈配合。

2. 位移型圆锥配合

位移型圆锥配合是指由内、外圆锥在装配时作一定相对轴向位移(E_a)来确定装配后的最终轴向相对位置而获得的配合。位移型圆锥配合可以是间隙配合或过盈配合。

图 10-13(a)所示为由内、外圆锥装配时的实际初始位置如 P_a 开始,沿轴向作一定量的相对

轴向位移如 E_a 达到终止位置 P_f，以获得指定的间隙配合；图 10-13(b)所示为由内、外圆锥装配时的实际初始位置如 P_a 开始，施加一定的装配力 F_s 产生轴向位移 E_a 达到终止位置 P_f，以获得指定的过盈配合。

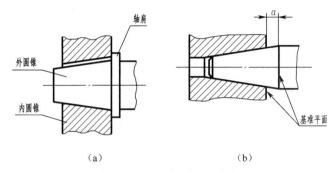

图 10-12　结构型圆锥配合

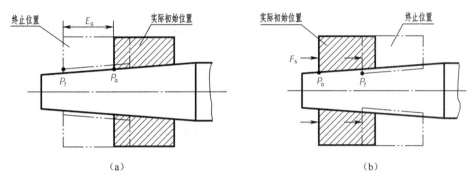

图 10-13　位移型圆锥配合

10.3.4　圆锥公差的选用

对于一个具体的圆锥工件，并不都需要给定四项公差，而是根据工件的不同要求来给公差项目。

1. 给定圆锥公差

（1）给出圆锥的理论正确圆锥角 α（或锥度 C）和圆锥直径公差 T_D

由 T_D 确定两个极限圆锥，圆锥角误差、圆锥直径误差和形状误差都应控制在此两极限圆锥所限定的区域内——即圆锥直径公差带内。所给出的圆锥直径公差具有综合性，其实质就是包容要求。

当对圆锥角公差和圆锥形状公差有更高要求时，可再加注圆锥角公差 AT 和圆锥形状公差 T_F，但 AT 和 T_F 只能占 T_D 的一部分。这种给定方法设计中经常使用，适用于有配合要求的内、外圆锥，例如圆锥滑动轴承、钻头的锥柄等。

（2）同时给出给定截面圆锥直径公差 T_{DS} 和圆锥角公差 AT

此时，T_{DS} 和 AT 是独立的，彼此无关，应分别满足要求，两者关系相当于独立原则。

当对形状公差有更高要求时，可再给出圆锥的形状公差。该法通常适用于对给定圆锥截面直径有较高要求的情况。如某些阀类零件中，两个相互结合的圆锥在规定截面上要求接触良好，以保证密封性。

2. 选用圆锥公差

根据圆锥使用要求的不同,选用圆锥公差。

(1)对有配合要求的内、外圆锥

对有配合要求的内、外圆锥,按第一种公差给定方法进行圆锥精度设计:选用直径公差。

圆锥结合的精度设计,一般是在给出圆锥的基本参数后,根据圆锥结合的功能要求,通过计算、类比,选择确定直径公差带,再确定两个极限圆锥。

通常取基本圆锥的最大圆锥直径为基本尺寸,查直径公差 T_D 的公差数值。

①结构型圆锥。其直径误差主要影响实际配合间隙或过盈,为保证配合精度,直径公差一般不低于 9 级。

选用时,根据配合公差 T_{DP} 来确定内、外圆锥的直径公差 T_{Di}、T_{De},三者存在如下关系

$$T_{DP} = T_{Di} + T_{De} \tag{10-9}$$

对于结构型圆锥配合推荐优先采用基孔制。

【例】 某结构型圆锥根据传递扭矩的需要,要求最大间隙 $\delta_{max} = 159\ \mu m$,最小过盈量 $\delta_{min} = 70\ \mu m$,基本直径为 100 mm,锥度为 $C = 1 : 50$,试确定内、外圆锥的直径公差代号。

解: 圆锥配合公差 $T_{DP} = \delta_{max} - \delta_{min} = (159 - 70)\mu m = 89\ \mu m$

由于 $T_{DP} = T_{Di} + T_{De}$

查标准公差数值表,得 IT7 + IT8 = 89 μm,一般孔的精度比轴低一级,故取内圆锥直径公差为 $\phi 100 H8 \binom{+0.054}{0}$mm,外圆锥直径公差为 $\phi 100 u7 \binom{+0.159}{+0.124}$mm。

②位移型圆锥。对于位移型圆锥,其配合性质是通过给定的内、外圆锥的轴向位移量或装配力确定的,而与直径公差带无关。直径公差仅影响接触的初始位置和终止位置及接触精度。

所以,对位移型圆锥配合,可根据对终止位置基面距的要求和对接触精度的要求来选取直径公差。如对基面有要求,公差等级一般在 IT8~IT12 之间选取,必要时,应通过计算来选取和校核内、外圆锥的公差带,若对基面距无严格要求,可选较低的直径公差等级;如对接触精度要求较高,可用给出圆锥角公差的办法来满足。为了计算和加工方便,GB 12360—2005 推荐位移型圆锥的基本偏差用 H、h 或 JS、js 的组合。

(2)对配合面有较高接触精度要求的内、外圆锥

对配合面有较高接触精度要求的内、外圆锥应按第二种给定方法进行圆锥精度设计:同时给出给定截面圆锥直径公差 T_{DS} 和圆锥角公差 AT。

(3)对非配合外圆锥

对非配合外圆锥一般选用基本偏差 js。

10.3.5 圆锥公差标注

国家标准 GB/T 15754—1995 规定了光滑正圆锥的尺寸和公差注法。生产中通常采用基本锥度法和公差锥度法进行标注。

1. 基本锥度法

基本锥度法通常适用于有配合要求的结构型内、外圆锥。基本锥度法是表示圆锥要素尺寸与其几何特征具有相互从属关系的一种公差带的标注方法,即由两同轴圆锥面(圆锥要素的最大实体尺寸和最小实体尺寸)形成两个具有理想形状的包容面公差带。

标注方法:按面轮廓度方法标注。

如图 10-14 和图 10-15 所示给出圆锥的理论正确圆锥角 α（见图 10-15）或（锥度 C）（见图 10-15）、理论正确圆锥直径(D 或 d)和圆锥长度 L,并标注面轮廓度公差值。

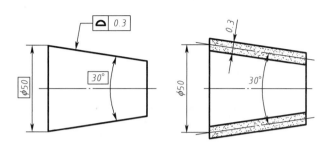

图 10-14　圆锥公差标注示例(一)

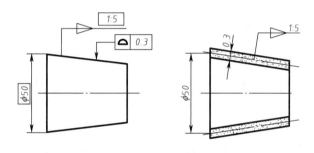

图 10-15　圆锥公差标注示例(二)

2. 公差锥度法

公差锥度法仅适用于对某些给定截面圆锥直径有较高要求的圆锥和密封及非配合圆锥。公差锥度法是直接给定有关圆锥要素的公差,即同时给出圆锥直径公差和圆锥角公差,不构成两个同轴圆锥面公差带的标注方法。图 10-16 所示为公差锥度法标注示例。

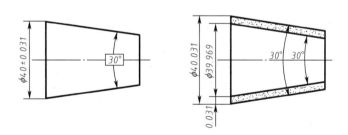

图 10-16　圆锥公差标注示例(三)

3. 未注公差角度尺寸的极限偏差

国家标准 GB/T 1804—2000《一般公差　未注公差的线性和角度尺寸的公差》对于金属切削加工件圆锥角的角度,包括在图样上标注的角度和通常无需标注的角度(如 90°等),规定了未注公差角度的极限偏差(见表 10-5)。该极限偏差值应为一般工艺方法可以保证达到的精度。未注公差角度的公差等级在图样或技术文件上用标准号和公差等级表示。例如,选用粗糙级时,表示为 GB/T 1804—2000。

表 10-5　未注公差角度的极限偏差(摘自 GB/T 1804—2000)

公差等级	长 度 分 段/mm				
	≤10	>10~50	>50~120	>120~400	>400
m(中等级)	±1°	±30′	±20′	±10′	±5′
c(粗糙级)	±1°30′	±1°	±30′	±15′	±10′
v(最粗级)	±3°	±2°	±1°	±30′	±20′

思考题及练习题

一、思考题

10-1　圆锥公差有哪几种给定方法? 如何标注?

10-2　圆锥配合有哪些种类? 应该如何选用?

10-3　与圆柱配合相比,圆锥配合有哪些优点? 对圆锥配合有哪些基本要求?

10-4　国家标准规定了哪几项圆锥公差? 对于某一圆锥工件,是否需要将几个公差项目全部标出?

10-5　常用的检测锥度与锥角的方法有哪些?

二、练习题

10-6　判断题。

(1)圆锥角的极限偏差只能按双向取值。　　　　　　　　　　　　　　　　　　　(　　)

(2)圆锥形状公差包括直线度公差和面轮廓度公差。　　　　　　　　　　　　　　(　　)

(3)国家标准规定了四种圆锥公差,所以在实际应用中,对一个具体的圆锥零件,应同时标注圆锥的全部四项公差。　　　　　　　　　　　　　　　　　　　　　　　　　(　　)

(4)结构型圆锥配合可以是间隙配合、过渡配合或过盈配合。　　　　　　　　　　(　　)

(5)标注两个相配合圆锥的尺寸及公差时,应确定标注尺寸公差的圆锥直径的基本尺寸一致。
　　　　　　　　　　　　　　　　　　　　　　　　　　　　　　　　　　　　(　　)

10-7　某圆锥的最大直径为 100 mm,最小直径为 95 mm,圆锥长度为 100 mm,试确定其锥度和基本圆锥角。

10-8　有一位移型圆锥配合,锥度为 1∶50,基本圆锥直径为 100 mm,要求配合后得到 H8/s7 的配合性质,试计算极限轴向位移及轴向位移公差。

10-9　铣床主轴端部锥孔及刀杆锥体以锥孔最大圆锥直径 ϕ70 mm 为配合直径,锥度 $C=$ 7∶24,配合长度 $H=106$ mm,基面距 $b=3$ mm,基面距极限偏差 $\Delta b=\pm0.4$ mm,试确定直径和圆锥角的极限偏差。

第11章　渐开线圆柱齿轮的公差与配合

11.1　齿轮传动的使用要求及加工误差分类

在机械产品中,齿轮传动应用极为普遍,它广泛地用于传递运动或动力以及精密分度。凡是用齿轮传动的机器产品,其传动质量和工作效率主要取决于齿轮的制造精度和齿轮副的安装精度。要保证齿轮在使用过程中传动准确平稳、灵活可靠、振动和噪声小等,就必须对齿轮误差和齿轮副的安装误差加以限制。随着生产水平的不断提高,各类机械产品对齿轮传动的性能要求也越来越高,因此了解齿轮误差对其使用性能的影响,掌握齿轮的精度标准和检测技术具有很重要的意义。

由于渐开线圆柱齿轮应用最广,本章仅介绍渐开线圆柱齿轮的精度设计及检测方法。本章涉及的圆柱齿轮公差与配合标准参考 GB/T 10095.1—2008《圆柱齿轮 精度制 第 1 部分:轮齿同侧齿面偏差的定义和允许值》及 GB/T 10095.2—2008《圆柱齿轮 精度制 第 2 部分:径向综合偏差与径向跳动的定义和允许值》。

11.1.1　齿轮传动的使用要求

按各种机器产品的用途不同,对齿轮传动使用要求也各不相同,但归纳起来主要表现在以下四个方面:

1. 传递运动的准确性

传递运动的准确性是指要求齿轮在一转范围内传动比的变化尽量小,以保证从动轮与主动轮的运动相协调。但由于各种加工误差的影响,加工后得到的齿轮,其齿廓相对于中心分布不均,而且渐开线也不是理论的渐开线,在齿轮传动中必然引起传动比的变动。传动比的变动程度通过转角误差的大小来反映。对于在一转内要求保持传动比相对恒定的齿轮,应提出传递运动准确性的要求。例如,在车床上车单头螺纹时(见图 11-1),车床要调整得使主轴转一转过程中,安装车刀的溜板箱恰好移动被切螺纹一个螺距的基本尺寸的距离,这要经过交换齿轮 a,b,c,d 和丝杠来实现。如果这四个交换齿轮中任何一个齿轮的齿距分布不均匀而有齿距累积误差,或者有安装偏心,当主轴转一转时车刀的移动量会大于或小于螺距基本尺寸,这样被车的螺纹就会产生螺距偏差。为了保证被切螺纹的螺距精度,就要求这四个交换齿轮能够准确地传递运动。

2. 传递运动的平稳性

传递运动的平稳性是指要求齿轮在一转范围内多次重复瞬时传动比的变化尽量小,以减少齿轮传动中的冲击、振动和噪声,保证传动平稳。它可以用控制齿轮转动一个齿的过程中的最大转角误差来保证。

3. 载荷分布的均匀性

载荷分布的均匀性是指要求啮合齿面能接触良好,齿面上载荷分布均匀,以保证齿轮传动有较高的承载能力和较长的使用寿命。在传动中，若齿轮工作面接触不好，承载不均匀，易使齿面产生应力集中，引起齿面磨损加剧、早期点蚀甚至折断，缩短齿轮的使用寿命。

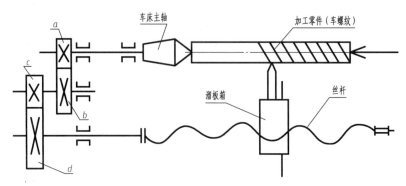

图 11-1　车床上车削螺纹示意图

4. 齿侧间隙的合理性

齿侧间隙（简称侧隙）是指要求装配好的齿轮副啮合时非工作齿面之间有适当的间隙，以保证储存润滑油和补偿制造与安装误差及热变形，使其传动灵活。过小的齿侧间隙可能造成齿轮卡死或烧伤现象，过大的齿侧间隙会引起反转时的冲击及回程误差。因此应当保证齿轮的侧隙在一个合理的数值范围之内。

不同用途和不同工作条件的齿轮及齿轮副，对上述四项要求的侧重点是不同的。例如，控制系统或随动系统的齿轮、机床分度盘机构中的分度齿轮的侧重点是传递运动的准确性，以保证主、从动齿轮的运动协调、分度准确，对第 1 项要求较高，而且还要求侧隙要小；汽车和拖拉机变速齿轮以及机床变速箱中的齿轮，其传动的侧重点是传动平稳，以降低噪声，对 2、4 项要求较高；轧钢机、矿山机械、起重机中的低速重载齿轮传动的侧重点是载荷分布的均匀性，以保证承载能力，对 3、4 项要求较高；涡轮机中高速重载齿轮传动对 1、2、3 项的要求都很高，而且要求很大的齿侧间隙，以保证较大流量的润滑油通过。

11.1.2　齿轮加工误差的来源与分类

1. 齿轮加工误差的来源

齿轮的加工方法很多，按齿廓形成原理可分为仿形法和展成法。仿形法可用成形铣刀在铣床上铣齿；展成法可用滚刀或插齿刀在滚齿机、插齿机上与齿坯作啮合滚切运动，加工出渐开线齿轮。齿轮通常采用展成法加工。

在各种加工方法中，齿轮的加工误差都来源于组成工艺系统的机床、夹具、刀具、齿坯本身的误差及其安装、调整等误差。现以滚刀在滚齿机上加工齿轮为例（见图 11-2），分析加工误差的主要原因。

（1）几何偏心 e_j

加工时，齿坯基准孔轴线 O_1 与滚齿机工作台旋转轴线 O 不重合而发生偏心，其偏心量为 e_j。几何偏心的存在使得齿轮在加工过程中，齿坯相对于滚刀的距离发生变化，切出的齿一边短而厚、一边薄而长。当以齿轮基准孔定位进行测量时，在齿轮一转内产生周期性的齿圈径向跳动误差，同时齿距和齿厚也产生周期性变化。

有几何偏心的齿轮装在传动机构中之后，就会引起每转周期性的速比变化，产生时快时慢的现象。对于齿坯基准孔较大的齿轮，为了消除此偏心带来的加工误差，工艺上有时采用液性塑料可胀心轴安装齿坯。设计上,为了避免由于几何偏心带来的径向误差,齿轮基准孔和轴的配合一般采用过渡配合或过盈量不大的过盈配合。

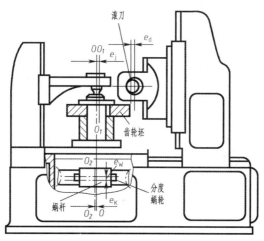

图 11-2　滚切齿轮

（2）运动偏心 e_y

运动偏心是由于滚齿机分度蜗轮加工误差和分度蜗轮轴线 O_2 与工作台旋转轴线 O 有安装偏心 e_k 引起的。运动偏心的存在使齿坯相对于滚刀的转速不均匀,忽快忽慢,破坏了齿坯与刀具之间的正常滚切运动,而使被加工齿轮的齿廓在切线方向上产生了位置误差。这时,齿廓在径向位置上没有变化。这种偏心,一般称为运动偏心,又称切向偏心。

（3）机床传动链的高频误差

加工直齿轮时,受分度传动链的传动误差（主要是分度蜗杆的径向跳动和轴向窜动）的影响,使蜗轮（齿坯）在一周范围内转速发生多次变化,加工出的齿轮产生齿距偏差、齿形误差。加工斜齿轮时,除了分度传动链误差外,还受差动传动链的传动误差的影响。

（4）滚刀的安装误差和加工误差

滚刀的安装偏心 e_d 使被加工齿轮产生径向误差。滚刀刀架导轨或齿坯轴线相对于工作台旋转轴线的倾斜及轴向窜动,使滚刀的进刀方向与轮齿的理论方向不一致,直接造成齿面沿轴向方向歪斜,产生齿向误差。

滚刀的加工误差主要指滚刀的径向跳动、轴向窜动和齿形角误差等,它们将使加工出来的齿轮产生基节偏差和齿形误差。

2. 齿轮加工误差的分类

（1）齿轮误差按其表现特征分类

①齿廓误差指加工出来的齿廓不是理论的渐开线。其原因主要有刀具本身的切削刃轮廓误差及齿形角偏差、滚刀的轴向窜动和径向跳动、齿坯的径向跳动以及在每转一齿距角内转速不均等。

②齿距误差指加工出来的齿廓相对于工件的旋转中心分布不均匀。其原因主要有齿坯安装偏心、机床分度蜗轮齿廓本身分布不均匀及其安装偏心等。

③齿向误差指加工后的齿面沿齿轮轴线方向的形状和位置误差。其原因主要有刀具进给运动的方向偏斜、齿坯安装偏斜等。

④齿厚误差指加工出来的轮齿厚度相对于理论值在整个齿圈上不一致。其原因主要有刀具

的铲形面相对于被加工齿轮中心的位置误差、刀具齿廓的分布不均匀等。

（2）齿轮误差按其方向特征分类

①径向误差指沿被加工齿轮直径方向（齿高方向）的误差。由切齿刀具与被加工齿轮之间径向距离的变化引起。

②切向误差指沿被加工齿轮圆周方向（齿厚方向）的误差。由切齿刀具与被加工齿轮之间分齿滚切运动误差引起。

③轴向误差指沿被加工齿轮轴线方向（齿向方向）的误差。由切齿刀具沿被加工齿轮轴线移动的误差引起。

（3）齿轮误差按其周期或频率特征分类

①长周期误差。在被加工齿轮转过一周的范围内，误差出现一次最大和最小值，如由偏心引起的误差。长周期误差又称低频误差。

②短周期误差。在被加工齿轮转过一周的范围内，误差曲线上的峰、谷多次出现，如由滚刀的径向跳动引起的误差。短周期误差又称高频误差。

当齿轮只有长周期误差时，其误差曲线如图 11-3(a)所示，将产生运动不均匀，是影响齿轮运动准确性的主要误差；但在低速情况下，其传动还是比较平稳的。当齿轮只有短周期误差时，其误差曲线如图 11-3(b)所示，这种在齿轮一转中多次重复出现的高频误差将引起齿轮瞬时传动比的变化，使齿轮传动不平稳，在高速运转中，将产生冲击、振动和噪声。因而，对这类误差必须加以控制。实际上，齿轮运动误差是一条复杂的周期函数曲线，如图 11-3(c)所示，它既包含有短周期误差也包含有长周期误差。

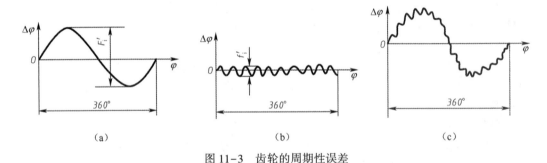

图 11-3　齿轮的周期性误差

11.2　单个齿轮的评定指标及其检测

根据齿轮误差项目对齿轮传动性能的主要影响，国家标准将单个齿轮的评定指标分为三个组：第Ⅰ组为影响齿轮传动准确性的检测项目，第Ⅱ组为影响齿轮传动平稳性的检测项目，第Ⅲ组为影响齿轮载荷分布均匀性的检测项目。

11.2.1　传递运动准确性的检测项目

1. 切向综合总偏差 F_i'

切向综合总偏差是指被测齿轮与测量齿轮单面啮合时，被测齿轮一转内，齿轮分度圆上实际圆周位移与理论圆周位移的最大差值，如图 11-4 所示。

切向综合总偏差反映齿轮一转中的转角误差，说明齿轮运动的不均匀性，在一转过程中，其转速忽快忽慢，做周期性的变化。

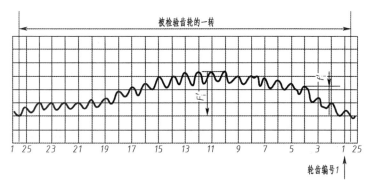

图 11-4 切向综合偏差

切向综合总偏差既反映切向误差,又反映径向误差,是评定齿轮运动准确性较为完善的综合性的指标。当切向综合总误差小于或等于所规定的允许值时,表示齿轮可以满足传递运动准确性的使用要求。

测量切向综合总偏差,可在单啮仪上进行。被测齿轮在适当的中心距下(有一定的侧隙)与测量齿轮单面啮合,同时要加上一轻微而足够的载荷。根据比较装置的不同,单啮仪可分为机械式、光栅式、磁分度式和地震仪式等。图 11-5 所示为光栅式单啮仪的工作原理图。它是由两光栅盘建立标准传动,被测齿轮与标准蜗杆单面啮合组成实际传动。仪器的传动链是:电动机通过传动系统带动标准蜗杆和圆光栅盘 I 转动,标准蜗杆带动被测齿轮及其同轴上的圆光栅盘 II 转动。

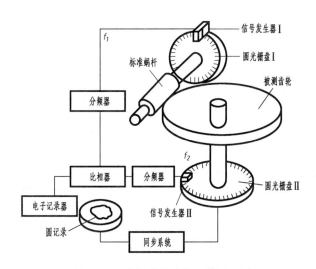

图 11-5 光栅式单啮仪工作原理图

圆光栅盘 I 和圆光栅盘 II 分别通过信号发生器 I 和 II 将标准蜗杆和被测齿轮的角位移转变成电信号,并根据标准蜗杆的头数 K 及被测齿轮的齿数 Z,通过分频器将高频电信号 f_1 作 Z 分频,低频电信号 f_2 作 K 分频,于是将圆光栅盘 I 和圆光栅盘 II 发出的脉冲信号变为同频信号。

当被测齿轮有误差时将引起被测齿轮的回转角误差,此回转角的微小角位移误差变为两电信号的相位差,两电信号输入比相器进行比相后输出,再输入电子记录器记录,便可得出被测齿轮误差曲线,最后根据定标值读出误差值。

2. 齿距累积总偏差 F_p

齿距累积偏差 F_{Pk} 是指在端平面上,在接近齿高中部的与齿轮轴线同心的圆上,任意 k 个齿距的实际弧长与理论弧长的代数差,如图 11-6 所示。理论上,它等于这 k 个齿距的各单个齿距偏差的代数和。除另有规定,齿距累积偏差 F_{Pk} 值被限定在不大于 1/8 的圆周上评定。因此,F_{Pk} 的允许值适用于齿距数 k 为 2 到小于 $Z/8$ 的弧段内。通常,F_{Pk} 取 $k=Z/8$ 就足够了,如果对于特殊的应用(如高速齿轮)还需检验较小弧段,并规定相应的 k 值。

齿距累积总偏差 F_p 是指齿轮同侧齿面任意弧段($k=1\sim Z$)内的最大齿距累积偏差。它表现为齿距累积偏差曲线的总幅值,如图 11-7 所示。

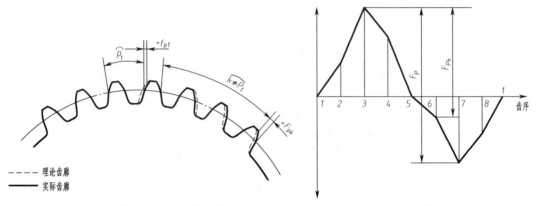

图 11-6　齿距偏差与齿距累积偏差　　　　　图 11-7　齿距累积总偏差

齿距累积总偏差能反映齿轮一转中偏心误差引起的转角误差,故齿距累积总误差可代替切向综合总偏差 F_i' 作为评定齿轮传递运动准确性的项目。但齿距累积总偏差只是有限点的误差,而切向综合总偏差可反映齿轮每瞬间传动比变化。显然,齿距累积总偏差在反映齿轮传递运动准确性时不及切向综合总偏差那样全面。因此,齿距累积总偏差仅作为切向综合总偏差的代用指标。

齿距累积总偏差和齿距累积偏差的测量可分为绝对测量和相对测量。其中,以相对测量应用最广,中等模数的齿轮多采用这种方法。测量仪器有齿距仪(可测 7 级精度以下齿轮,如图 11-8 所示)和万能测齿仪(可测 4 到 6 级精度齿轮,如图 11-9 所示)。这种相对测量是以齿轮上任意一齿距为基准,把仪器指示表调整为零,然后依次测出其余各齿距相对于基准齿距之差,称为相对齿距偏差。然后将相对齿距偏差逐个累加,计算出最终累加值的平均值,并将平均值的相反数与各相对齿距偏差相加,获得绝对齿距偏差(实际齿距相对于理论齿距之差)。最后再将绝对齿距偏差累加,累加值中的最大值与最小值之差即为被测齿轮的齿距累积总偏差。k 个绝对齿距偏差的代数和则是 k 个齿距的齿距累积。

相对测量按其定位基准不同,可分为以齿顶圆、齿根圆和孔为定位基准三种,如图 11-10 所示。采用齿顶圆定位时,由于齿顶圆相对于齿圈中心可能有偏心,将引起测量误差。用齿根圆定位时,由于齿根圆与齿圈同时切出,不会因偏心而引起测量误差。在万能测齿仪上进行测量,可用齿轮的装配基准孔作为测量基准,则可免除定位误差。

3. 径向跳动 F_r

径向跳动是指测头(球形、圆柱形、砧形)相继置于被测齿轮的每个齿槽内时,从它到齿轮轴线的最大和最小径向距离之差。

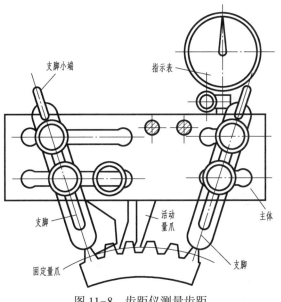

图 11-8 齿距仪测量齿距

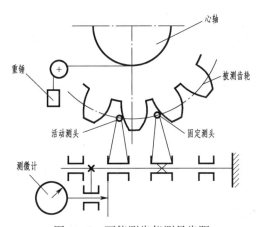

图 11-9 万能测齿仪测量齿距

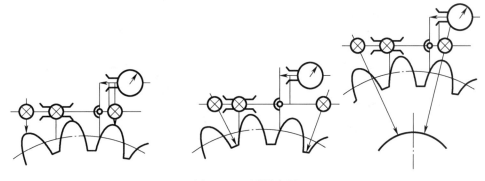

图 11-10 测量齿距

径向跳动可用齿圈径向跳动测量仪测量,测头做成球形或圆锥形插入齿槽中,也可做成 V 形测头卡在轮齿上(见图 11-11),与齿高中部双面接触,被测齿轮一转所测得的相对于轴线径向距离的总变动幅度值,即是齿轮的径向跳动,如图 11-12 所示。图中的偏心量是径向跳动的一部分。

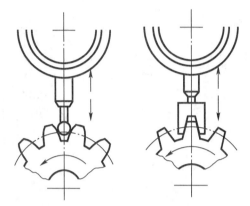

图 11-11　齿圈径向跳动测量仪测量

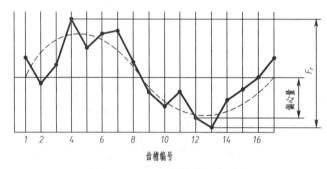

齿槽编号

图 11-12　一个齿轮的径向跳动

由于径向跳动的测量是以齿轮孔的轴线为基准,只反映径向误差,齿轮一转中最大误差只出现一次,是长周期误差,它仅作为影响传递运动准确性中属于径向性质的单项性指标。因此,采用这一指标必须与能揭示切向误差的单项性指标组合,才能评定传递运动准确性。

4. 径向综合总偏差 F_i''

径向综合总偏差是指在径向(双面)综合检验时,被测齿轮的左右齿面同时与测量齿轮接触,并转过一整圈时出现的中心距最大值和最小值之差,如图 11-13 所示。

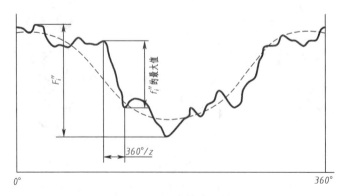

图 11-13　径向综合总偏差

径向综合总偏差是在齿轮双面啮合综合检查仪上进行测量的,该仪器如图 11-14 所示。

将被测齿轮与基准齿轮分别安装在双面啮合检查仪的两平行心轴上,在弹簧作用下,两齿轮作紧密无侧隙的双面啮合。使被测齿轮回转一周,被测齿轮一转中指示表的最大读数差值(即双啮中心距的总变动量)即为被测齿轮的径向综合总偏差 F_i''。由于其中心距变动主要反映径向误差,也就是说径向综合总偏差 F_i'' 主要反映径向误差,它可代替径向跳动 F_r,并且可综合反映齿形、齿厚均匀性等误差在径向上的影响。因此径向综合总偏差 F_i'' 也是作为影响传递运动准确性指标中属于径向性质的单项性指标。

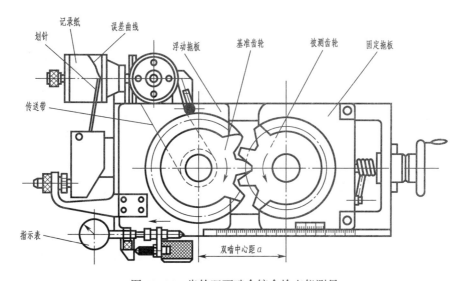

图 11-14　齿轮双面啮合综合检查仪测量

用齿轮双面啮合综合检查仪测量径向综合总偏差,测量状态与齿轮的工作状态不一致时,测量结果同时受左、右两侧齿轮和测量齿轮的精度以及总重合度的影响,不能全面地反映齿轮运动准确性要求。由于仪器测量时的啮合状态与切齿时的状态相似,能够反映齿轮坯和刀具的安装误差,且仪器结构简单,环境适应性好,操作方便,测量效率高,故在大批量生产中常用此项指标。

5. 公法线长度变动 ΔF_W

公法线即基圆的切线。渐开线圆柱齿轮的公法线长度 W 是指跨越 k 个齿的两异侧齿廓的平行切线间的距离,理想状态下公法线应与基圆相切。公法线长度变动是指在齿轮一周范围内,实际公法线长度最大值与最小值之差,如图 11-15 所示。GB/T 10095.1 和 GB/T 10095.2 均无此定义。考虑到该评定指标的实用性和科研工作的需要,对其评定理论和测量方法仍加以介绍。

公法线长度变动 ΔF_W 一般可通过公法线千分尺或万能测齿仪进行测量。公法线千分尺是用相互平行的圆盘测头,插入齿槽中进行公法线长度变动的测量,如图 11-16 所示。$\Delta F_W = W_{max} - W_{min}$。若被测齿轮轮齿分布疏密不均,则实际公法线的长度就会有变动。但公法线长度变动的测量不是以齿轮基准孔轴线为基准,它反映齿轮加工时的切向误差,不能反映齿轮的径向误差,可作为影响传递运动准确性指标中属于切向性质的单项性指标。

必须注意,测量时应使量具的量爪测量面与轮齿的齿高中部接触。为此,测量所跨的齿数 K 应按下式计算

$$K = \frac{z}{9} + 0.5$$

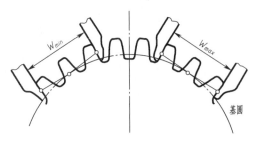

图 11-15 公法线长度变动

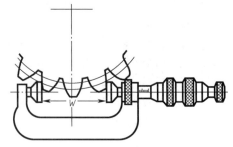

图 11-16 公法线长度变动的测量

综上所述,影响传递运动准确性的误差,为齿轮一转中出现一次的长周期误差,主要包括径向误差和切向误差。评定传递运动准确性的指标中,能同时反映径向误差和切向误差的综合性指标有:切向综合总偏差 F_i'、齿距累积总偏差 F_p(齿距累积偏差 F_{Pk});只反映径向误差或切向误差两者之一的单项指标有:径向跳动 F_r、径向综合总偏差 F_i'' 和公法线长度变动 ΔF_w。使用时,可选用一个综合性指标,也可选用两个单项性指标的组合(径向指标与切向指标各选一个)来评定,才能全面反映对传递运动准确性的影响。

11.2.2 传动工作平稳性的检测项目

1. 一齿切向综合偏差 f_i'

一齿切向综合偏差是指齿轮在一个齿距角内的切向综合总偏差,即在切向综合总偏差记录曲线上小波纹的最大幅度值(见图 11-3)。一齿切向综合偏差是 GB/T 10095.1 规定的检验项目,但不是必检项目。

齿轮每转过一个齿距角,都会引起转角误差,即出现许多小的峰谷。在这些短周期误差中,峰谷的最大幅度值即为一齿切向综合偏差 f_i'。f_i' 既反映了短周期的切向误差,又反映了短周期的径向误差,是评定齿轮传动平稳性较全面的指标。

一齿切向综合偏差 f_i' 是在单面啮合综合检查仪上,测量切向综合总偏差的同时测出的。

2. 一齿径向综合偏差 f_i''

一齿径向综合偏差是指当被测齿轮与测量齿轮啮合一整圈时,对应一个齿距($360°/z$)的径向综合偏差值。即在径向综合总偏差记录曲线上小波纹的最大幅度值(见图 11-12),其波长常常为齿距角。一齿径向综合偏差是 GB/T 10095.2 规定的检验项目。

一齿径向综合偏差 f_i'' 也反映齿轮的短周期误差,但与一齿切向综合偏差 f_i' 是有差别的。f_i'' 只反映刀具制造和安装误差引起的径向误差,而不能反映机床传动链短周期误差引起的周期切向误差。因此,用一齿径向综合偏差评定齿轮传动的平稳性不如用一齿切向综合偏差评定完善。但由于双啮仪结构简单,操作方便,在成批生产中仍广泛采用,所以一般用一齿径向综合偏差作为评定齿轮传动平稳性的代用综合指标。

一齿径向综合偏差 f_i'' 是在双面啮合综合检查仪上,测量径向综合总偏差的同时测出的。

3. 齿廓偏差

齿廓偏差是指实际齿廓对设计齿廓的偏离量,它在端平面内且垂直于渐开线齿廓的方向计值。

①齿廓总偏差 F_a。齿廓总偏差是指在计值范围内,包容实际齿廓的两条设计齿廓迹线间的距离,如图 11-17(a)所示。

②齿廓形状偏差 f_{fa}。齿廓形状偏差是指在计值范围内,包容实际齿廓迹线的两条与平均齿廓迹线完全相同的曲线间的距离,且两条曲线与平均齿廓迹线的距离为常数,如图 11-17(b)所示。

③齿廓倾斜偏差 f_{Ha}。齿廓倾斜偏差是指在计值范围内,两端与平均齿廓迹线相交的两条设计齿廓迹线间的距离,如图 11-17(c)所示。齿廓偏差的存在,使两齿面啮合时产生传动比的瞬时变动。如图 11-18 所示,两理想齿廓应在啮合线上的 a 点接触,由于齿廓偏差,使接触点由 a 变到 a',引起瞬时传动比的变化,这种接触点偏离啮合线的现象在一对轮齿啮合转齿过程中要多次发生,其结果使齿轮一转内的传动比发生了高频率、小幅度地周期性变化,产生振动和噪声,从而影响齿轮运动的平稳性。因此,齿廓偏差是影响齿轮传动平稳性中属于转齿性质的单项性指标。它必须与揭示换齿性质的单项性指标组合,才能评定齿轮传动平稳性。

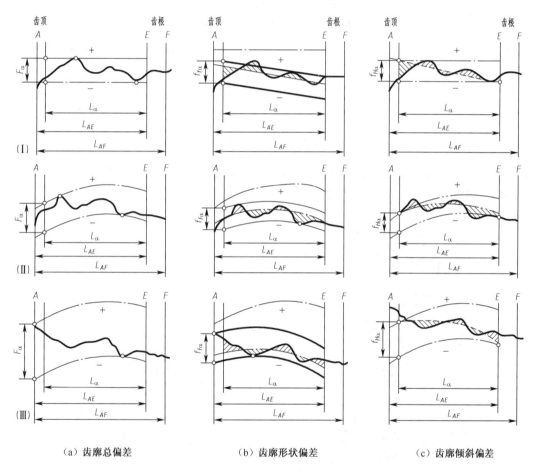

图 11-17　齿廓偏差

（a）齿廓总偏差　　　　（b）齿廓形状偏差　　　　（c）齿廓倾斜偏差

（Ⅰ）设计齿廓:未修形的渐开线;实际齿廓;在减薄区内具有偏向体内的负偏差。

（Ⅱ）设计齿廓:修形的渐开线;实际齿廓;在减薄区内具有偏向体内的负偏差。

（Ⅲ）设计齿廓:修形的渐开线;实际齿廓;在减薄区内具有偏向体外的正偏差。

渐开线齿轮的齿廓总误差,可在专用的单圆盘渐开线检查仪上进行测量。其测量方法如图 11-19 所示。被测齿轮与一直径等于该齿轮基圆直径的基圆盘同轴安装,当用手轮移动纵拖板时,直尺与由弹簧力紧压其上的基圆盘互作纯滚动,位于直尺边缘上的量头与被测齿廓接触点相对于基圆盘的运动轨迹是理想渐开线。若被测齿廓不是理想渐开线,测量头摆动经杠杆在指示表上读出其齿廓总偏差。

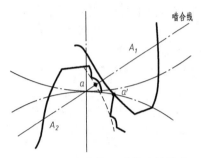

图 11-18　齿廓偏差对传动的影响

　　单圆盘渐开线检查仪结构简单,传动链短,若装调适当,可获得较高的测量精度。但测量不同基圆直径的齿轮时,必须配换与其直径相等的基圆盘。所以,这种单圆盘渐开线检查仪适用于产品比较固定的场合。对于批量生产的不同基圆半径的齿轮,可在通用基圆盘式渐开线检查仪上测量,而不需要更换基圆盘。

4. 基圆齿距偏差 f_{pb}

　　基圆齿距偏差是指实际基节与公称基节的代数差,如图 11-20 所示。GB/T 10095.1 中没有定义评定参数基圆齿距偏差,而在 GB/Z 18620.1—2008《圆柱齿轮　检验实施规范　第 1 部分:轮齿同侧齿面的检验》中给出了这个检验参数。

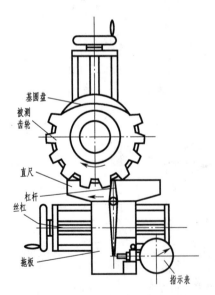

图 11-19　单圆盘渐开线检查仪测量

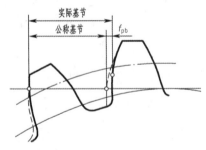

图 11-20　基圆齿距偏差

　　齿轮副正确啮合的基本条件之一是两齿轮的基圆齿距必须相等。而基圆齿距偏差的存在会引起传动比的瞬时变化,即从上一对轮齿换到下一对轮齿啮合的瞬间发生碰撞、冲击,影响传动的平稳性,如图 11-21 所示。

当主动轮基圆齿距大于从动轮基圆齿距时，如图 11-21(a)所示。第一对齿 A_1、A_2 啮合终止时，第二对齿 B_1、B_2 尚未进入啮合。此时，A_1 的齿顶将沿着 A_2 的齿根"刮行"(称顶刃啮合)，发生啮合线外的啮合，使从动轮突然降速，直到 B_1 和 B_2 齿进入啮合时，使从动轮又突然加速。因此，从一对齿啮合过渡到下一对齿啮合的过程中，瞬间传动比产生变化，引起冲击，产生振动和噪声。

当主动轮基圆齿距小于从动轮基圆齿距时，如图 11-21(b)所示。第一对齿 A_1'、A_2' 的啮合尚未结束，第二对齿 B_1'、B_2' 就已开始进入啮合。此时，B_2' 的齿顶反向撞向 B_1' 的齿腹，使从动轮突然加速，强迫 A_1' 和 A_2' 脱离啮合。B_2' 的齿顶在 B_1' 的齿腹上"刮行"，同样产生顶刃啮合。直到 B_1' 和 B_2' 进入正常啮合，恢复正常转速时为止。这种情况比前一种更坏，因为冲击力与运动方向相反，故引起更大的振动和噪声。

上述两种情况都在轮齿替换啮合时发生，在齿轮一转中多次重复出现，影响传动平稳性。因此，基圆齿距偏差可作为评定齿轮传动平稳性中属于换齿性质的单项性指标。它必须与反映转齿性质的单项性指标组合，才能评定齿轮传动平稳性。

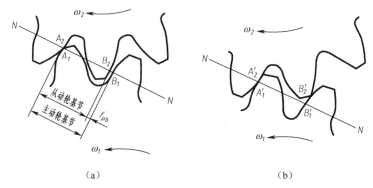

图 11-21　基圆齿距偏差对传动平稳性的影响

基圆齿距偏差通常采用基节检查仪进行测量，可测量模数为 2~16 mm 的齿轮，如图 11-22(a)所示。活动量爪的另一端经杠杆系统和与指示表相连，旋转微动螺杆可调节固定量爪的位置。

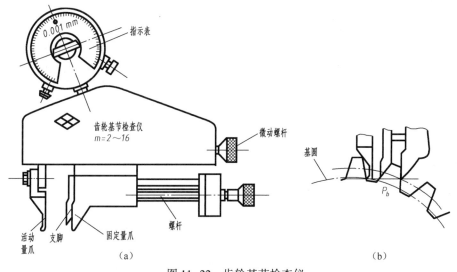

图 11-22　齿轮基节检查仪

利用仪器附件(如组合量块),按被测齿轮基节的公称值 P_b 调节活动量爪与固定量爪之间的距离,并使指示表对零。测量时,将固定量爪和辅助支脚插入相邻齿槽[见图11-22(b)],利用螺杆调节支脚的位置,使它们与齿廓接触,借以保持测量时量爪的位置稳定。摆动检查仪,两相邻同侧齿廓间的最短距离即为实际基节(指示表指示出实际基节对公称基节之差)。在相隔120°处对左右齿廓进行测量,取所有读数中绝对值最大的数作为被测齿轮的基圆齿距偏差 f_{pb}。

5. 单个齿距偏差 f_{pt}

单个齿距偏差是指在端平面上,在接近齿高中部的一个与齿轮轴线同心的圆上,实际齿距与理论齿距的代数差,如图11-23所示。它是GB/T 10095.1规定的评定齿轮几何精度的基本参数。

单个齿距偏差在某种程度上反映基圆齿距偏差 f_{pb} 或齿廓形状偏差 f_{fa} 对齿轮传动平稳性的影响。故单个齿距偏差 f_{pt} 可作为齿轮传动平稳性中的单项性指标。

单个齿距偏差也用齿距检查仪测量,在测量齿距累积总偏差的同时,可得到单个齿距偏差值。用相对法测量时,理论齿距是指在某一测量圆周上对各齿测

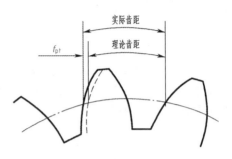

图11-23 单个齿距偏差

量得到的所有实际齿距的平均值。在测得的各个齿距偏差中,可能出现正值或负值,以其最大数字的正值或负值作为该齿轮的单个齿距偏差值。

综上所述,影响齿轮传动平稳性的误差,为齿轮一转中多次重复出现的短周期误差,主要包括转齿误差和换齿误差。评定传递运动平稳性的指标中,能同时反映转齿误差和换齿误差的综合性指标有:一齿切向综合偏差 f_i'、一齿径向综合偏差 f_i'';只反映转齿误差或换齿误差两者之一的单项指标有:齿廓偏差、基圆齿距偏差 f_{pb} 和单个齿距偏差 f_{pt}。使用时,可选用一个综合性指标,也可选用两个单项性指标的组合(转齿指标与换齿指标各选一个)来评定,才能全面反映对传递运动平稳性的影响。

11.2.3 载荷分布均匀性的检测项目

1. 螺旋线偏差

螺旋线偏差是指在端面基圆切线方向上测得的实际螺旋线偏离设计螺旋线的量。

①螺旋线总偏差 F_β。螺旋线总偏差是指在计值范围内,包容实际螺旋线迹线的两条设计螺旋线迹线间的距离,如图11-24(a)所示。

②螺旋线形状偏差 $f_{f\beta}$。螺旋线形状偏差是指在计值范围内,包容实际螺旋线迹线的两条与平均螺旋线迹线完全相同的曲线间的距离,且两条曲线与平均螺旋线迹线的距离为常数,如图11-24(b)所示。

③螺旋线倾斜偏差 $f_{H\beta}$。螺旋线倾斜偏差是指在计值范围的两端与平均螺旋线迹线相交的设计螺旋线迹线间的距离,如图11-24(c)所示。

由于实际齿线存在形状误差和位置误差,使两齿轮啮合时的接触线只占理论长度的一部分,从而导致载荷分布不均匀。螺旋线总偏差是齿轮的轴向误差,是评定载荷分布均匀性的单项性指标。

螺旋线总偏差的测量方法有展成法和坐标法。展成法的测量仪器有单盘式渐开线螺旋检查仪、分级圆盘式渐开线螺旋检查仪、杠杆圆盘式通用渐开线螺旋检查仪以及导程仪等。坐标法的

测量仪器有螺旋线样板检查仪、齿轮测量中心以及三坐标测量机等。而直齿圆柱齿轮的螺旋线总偏差的测量较为简单,图 11-25 所示为用小圆柱测量螺旋线总偏差的原理图。被测齿轮装在心轴上,心轴装在两顶针座或等高的 V 形块上,在齿槽内放入小圆柱,以检验平板作基面,用指示表分别测小圆柱在水平方向和垂直方向两端的高度差。此高度差乘上 B/L(B 为齿宽, L 为圆柱长)即近似为齿轮的螺旋线总偏差。为避免安装误差的影响,应在相隔 $180°$ 的两齿槽中分别测量,取其平均值作为测量结果。

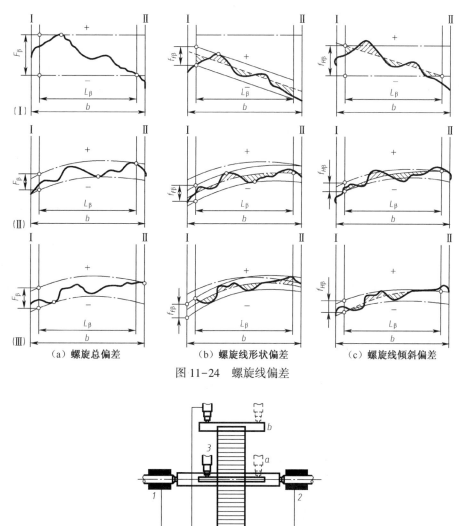

（a）螺旋总偏差　　　　（b）螺旋线形状偏差　　　　（c）螺旋线倾斜偏差

图 11-24　螺旋线偏差

图 11-25　用小圆柱测量螺旋线总偏差

2. 接触线误差 ΔF_b

接触线误差 ΔF_b 是指在基圆柱的切平面内,平行于公称接触线并包容实际接触线的两条最近的直线间的法向距离,如图 11-26 所示。

在滚齿中,接触线误差主要来源于滚刀误差。滚刀的安装误差引起接触线形状误差,滚刀的齿形角误差引起接触线方向误差。

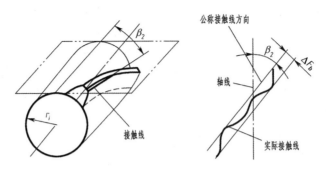

图 11-26 接触线及其误差

接触线误差可以在渐开线和螺旋线检查仪上进行测量。在测量斜齿轮的齿向误差时,如果被测斜齿轮与测头轴向相对运动的方向成被测斜齿轮的基圆螺旋角,即可测得其接触线误差。

11.2.4 影响侧隙的单个齿轮因素及其检测

1. 齿厚偏差 f_{sn}

齿厚偏差是指在齿轮的分度圆柱面上,齿厚的实际值与公称值之差,如图 11-27 所示。对于斜齿轮,指法向齿厚。该评定指标由 GB/Z 18620.2—2008《圆柱齿轮 检验实施规范 第 2 部分:径向综合偏差、径向跳动、齿厚和侧隙的检验》推荐。齿厚偏差是反映齿轮副侧隙要求的一项单项性指标。

齿轮副的侧隙一般是用减薄标准齿厚的方法来获得。为了获得适当的齿轮副侧隙,规定用齿厚的极限偏差来限制实际齿厚偏差,即 $E_{sni} < f_{sn} < E_{sns}$。一般情况下,$E_{sns}$ 和 E_{sni} 分别为齿厚的上下偏差,且均为负值。

按照定义,齿厚是指分度圆弧齿厚,为了测量方便常以分度圆弦齿厚计值。图 11-28 所示为用齿厚游标卡尺测量分度圆弦齿厚的情况。测量时,以齿顶圆作为测量基准,通过调整纵向游标卡尺来确定分度圆的高度 h;再从横向游标尺上读出分度圆弦齿厚的实际值 S_a。

对于标准圆柱齿轮,分度圆高度 h 及分度圆弦齿厚的公称值 S 用下式计算

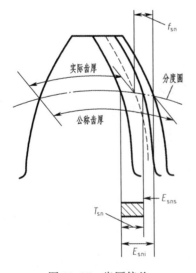

图 11-27 齿厚偏差

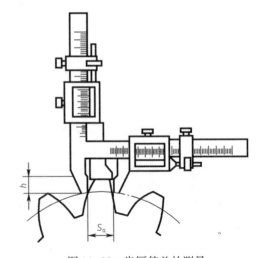

图 11-28 齿厚偏差的测量

$$h = m\left[1 + \frac{z}{2}\left(1 - \cos\frac{90°}{z}\right)\right]$$

$$S = mz\sin\frac{90°}{z}$$

$$f_{sn} = S_a - S$$

式中 m——齿轮模数；

z——齿数。

由于用齿厚游标卡尺测量时，对测量技术要求高，测量精度受齿顶圆误差的影响，测量精度不高，故它仅用在公法线千分尺不能测量齿厚的场合，如大螺旋角斜齿轮、锥齿轮、大模数齿轮等。测量精度要求高时，分度圆高度 h 应根据齿顶圆实际直径进行修正。

2. 公法线长度偏差

公法线长度偏差是指在齿轮一周内，实际公法线长度 W_a 与公称公法线长度 W 之差，如图 11-29 所示。

公法线长度偏差是齿厚偏差的函数，能反映齿轮副侧隙的大小，可规定极限偏差（上偏差 E_{bns}，下偏差 E_{bni}）来控制公法线长度偏差。

对外齿轮：

$$W + E_{bni} \leqslant W_a \leqslant W + E_{bns}$$

对内齿轮：

$$W - E_{bni} \leqslant W_a \leqslant W - E_{bns}$$

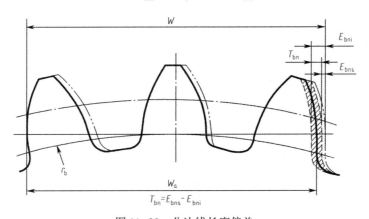

图 11-29 公法线长度偏差

公法线长度偏差的测量方法与前面所介绍的公法线长度变动的测量相同，在此不再赘述。应该注意的是，测量公法线长度偏差时，需先计算被测齿轮公法线长度的公称值 W，然后按 W 值组合量块，用以调整两量爪之间的距离。沿齿圈进行测量，所测公法线长度与公称值之差，即为公法线长度偏差。

11.3 齿轮副的评定指标及其检测

在齿轮传动中，由两个相啮合的齿轮组成的基本机构称为齿轮副。齿轮副的安装误差会影响到齿轮副的传动性能，应加以限制。另外组成齿轮副的两个齿轮的误差在啮合传动时还有可能互相补偿。齿轮副的精度评定指标，包括齿轮副的切向综合误差、一齿切向综合误差、齿轮副接触斑点的位置和大小以及侧隙要求。

如图 11-30 所示,圆柱齿轮减速器的箱体上有两对轴承孔,这两对轴承孔分别用来支撑与两个相互啮合齿轮各自连成一体的两根轴。这两对轴承孔的公共轴线应平行,它们之间的距离称为齿轮副中心距 a,箱体上支承同一根轴的两根轴承各自中间平面之间的距离称为轴承跨距 L,它相当于被支承轴的两个轴颈各自中间平面之间的距离。轴线平行度误差和中心距偏差对齿轮传动的使用要求都有影响。前者影响侧隙的大小,后者影响轮齿载荷分布的均匀性。

11.3.1 轴线的平行度误差

轴线的平行度误差的影响与向量的方向有关,有轴线平面内的平行度误差和垂直平面上的平行度误差。这是由 GB/Z 18620.3—2008《圆柱齿轮 检验实施规范 第 3 部分:齿轮坯、轴中心距和轴线平行度的检验》规定的,并推荐了误差的最大允许值。

1. 轴线平面内的平行度误差 $f_{\Sigma\delta}$

轴线平面内的平行度误差是指一对齿轮的轴线,在其基准平面上投影的平行度误差(见图 11-31)。

2. 垂直平面上的平行度误差 $f_{\Sigma\beta}$

垂直平面上的平行度误差是指一对齿轮的轴线,在垂直于基准平面,且平行于基准轴线的平面上投影的平行度误差,如图 11-31 所示。基准平面是包含基准轴线,并通过由另一轴线与齿宽中间平面相交的点所形成的平面。两条轴线中任何一条轴线都可作为基准轴线。

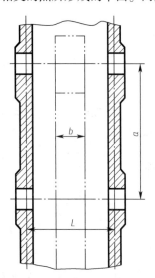

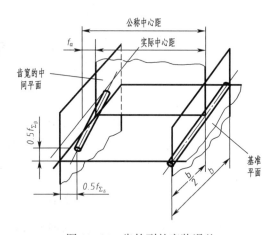

图 11-30 箱体上轴承跨距和齿轮副中心距
b—齿宽;L—轴承跨距;a—公称中心距

图 11-31 齿轮副的安装误差

$f_{\Sigma\delta}$、$f_{\Sigma\beta}$ 均在等于全齿宽的长度上测量。由于齿轮轴要通过轴承安装在箱体或其他构件上,所以轴线的平行度误差与轴承的跨距 L 有关。一对齿轮副的轴线若产生平行度误差,必然会影响齿面的正常接触,使载荷分布不均匀,同时还会使侧隙在全齿宽上大小不等。为此,必须对齿轮副轴线的平行度误差进行控制。

11.3.2 中心距偏差

中心距偏差是指在齿轮副的齿宽中间平面内,实际中心距与公称中心距之差,如图 11-31 所示。中心距偏差会影响齿轮工作时的侧隙。当实际中心距小于公称(设计)中心距时,会使侧隙减小;反之,会使侧隙增大。为保证侧隙要求,要求用中心距允许偏差来控制中心距偏差。

为了考核安装好的齿轮副的传动性能,对齿轮副的精度按下列四项指标进行评定。

1. 齿轮副的切向综合总偏差 F'_{ic}

齿轮副的切向综合总偏差是指按设计中心距安装好的齿轮副,在啮合转动足够多的转数内,一个齿轮相对于另一个齿轮的实际转角与公称转角之差的总幅度值。以分度圆弧长计值。一对工作齿轮的切向综合总偏差等于两齿轮的切向综合总偏差 F'_i 之和,它是评定齿轮副的传递运动准确性的指标。对于分度传动链用的精密齿轮副,它是重要的评定指标。

2. 齿轮副的一齿切向综合偏差 f'_{ic}

齿轮副的一齿切向综合偏差是指安装好的齿轮副,在啮合转动足够多的转数内,一个齿轮相对于另一个齿轮,在一个齿距角内的实际转角与公称转角之差的最大幅度值。以分度圆弧长计值。也就是齿轮副的切向综合总偏差记录曲线上的小波纹的最大幅度值。齿轮副的一齿切向综合偏差是评定齿轮副传递平稳性的直接指标。对于高速传动用齿轮副,它是重要的评定指标,对动载系数、噪声、振动有着重要影响。齿轮副啮合转动足够多转数的目的,在于使误差在齿轮相对位置变化全周期中充分显示出来。所谓"足够多的转数"通常是以小齿轮为基准,按大齿轮的转数 n_2 计算。计算公式如下:

$$n_2 = Z_1/x$$

式中　x ——大、小齿轮齿数 Z_2 和 Z_1 的最大公因数。

3. 接触斑点

接触斑点是指装配好的齿轮副,在轻微制动下,运转后齿面上分布的接触擦亮痕迹,如图 11-32 所示。接触痕迹的大小在齿面展开图上用百分数计算。

沿齿长方向:接触痕迹的长度 b''(扣除超过模数值的断开部分 c)与工作长度 b' 之比的百分数,即

$$\frac{b'' - c}{b'} \times 100\%$$

沿齿高方向:接触痕迹的平均高度 h'' 与工作高度 h' 之比的百分数,即

$$\frac{h''}{h'} \times 100\%$$

所谓"轻微制动"是指不使轮齿脱离,又不使轮齿和传动装置发生较大变形的制动力时的制动状态。沿齿长方向的接触斑点,主要影响齿轮副的承载能力,沿齿高方向的接触斑点主要影响工作平稳性。齿轮副的接触斑点综合反映了齿轮副的加工误差和安装误差,是齿面接触精度的综合评定指标。对接触斑点的要求,应标注在齿轮传动装配图的技术要求中。对较大的齿轮副,一般是在安装好的传动装置中检验;对成批生产的机床、

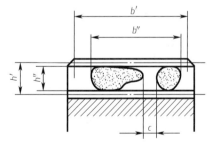

图 11-32　接触斑点

汽车、拖拉机等中小齿轮允许在啮合机上与精确齿轮啮合检验。

目前,国内各生产单位普遍使用这一精度指标。若接触斑点检验合格,则此齿轮副中的单个齿轮的承载均匀性的评定指标可不予考核。

4. 齿轮副的侧隙

齿轮副的侧隙可分为圆周侧隙 j_{wt} 和法向侧隙 j_{bn} 两种。

圆周侧隙 j_{wt} 是指安装好的齿轮副,当其中一个齿轮固定时,另一齿轮圆周的晃动量,以分度圆上弧长计值,如图 11-33(a)所示。法向侧隙 j_{bn} 是指安装好的齿轮副,当工作齿面接触时,非工作齿面之间的最小距离,如图 11-33(b)所示。圆周侧隙可用指示表测量,法向侧隙可用塞尺测量。在生产中,常检验法向侧隙,但由于圆周侧隙比法向侧隙更便于检验,因此法向侧隙除直接测量得到外,也可用圆周侧隙计算得到。法向侧隙与圆周侧隙之间的关系为

$$j_{bn} = j_{wt}\cos\beta_b\cos\alpha_n$$

式中　β_b——基圆螺旋角;

　　　α_n——分度圆法面压力角。

上述齿轮副的四项指标均能满足要求,则齿轮副即认为合格。

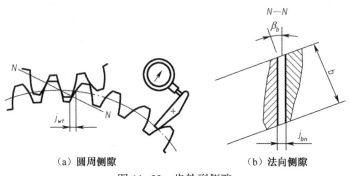

（a）圆周侧隙　　　　　　　　　　（b）法向侧隙

图 11-33　齿轮副侧隙

11.4　渐开线圆柱齿轮精度标准及应用

齿轮传动的四方面要求我们已经知道了,但要满足这四方面的使用要求来保证齿轮的传动质量,必须要正确设计齿轮各参数的公差。齿轮精度设计主要解决正确选择齿轮精度等级、正确选择评定指标(检验参数)、正确设计齿侧间隙、正确设计齿坯及箱体尺寸公差与表面粗糙度等问题。

11.4.1　齿轮的精度等级及其选择

1. 精度等级

国家标准对单个齿轮规定了 13 个精度等级(对于 F_i'' 和 f_i'',规定了 4~12 共 9 个精度等级),依次用阿拉伯数字 0、1、2、3、…、12 表示。其中 0 级精度最高,依次递减,12 级精度最低。0~2 级精度的齿轮对制造工艺与检测水平要求极高,目前加工工艺尚未达到,是为将来发展而规定的精度等级;一般将 3~5 级精度视为高精度等级;6~8 级精度视为中等精度等级,使用最多;9~12 级精度视为低精度等级。5 级精度是确定齿轮各项允许值计算式的基础级。

2. 公差组

齿轮精度将与侧隙无关的 15 项齿轮公差(或极限偏差)按其传动使用要求分为三个公差组,如表 11-1 所示。第 Ⅰ 公差组的项目主要控制齿轮传动准确性,第 Ⅱ 公差组的项目主要控制齿轮传动平稳性,第 Ⅲ 公差组的项目主要控制齿轮传动时受载后载荷分布的均匀性。

根据齿轮使用要求及工作条件的不同,对三个公差组可以选用相同的精度等级,也可以选用不同的精度等级。但在同一公差组内,各项公差与极限偏差应规定相同的精度等级。三个公差

组可以以不同的精度互相组合,使设计者能够根据所设计的齿轮传动在工作中的具体使用条件,对齿轮的制造精度规定最合适的要求,这对改善齿轮加工及经济性都是非常有利的。

表 11-1　齿轮公差组对传动性能的主要影响

公差组	误差特征	对传动性能的主要影响
I	以齿轮一转为周期的误差	传递运动准确性
II	在齿轮一转内,多次周期地重复出现的误差	传动的平稳性,噪声、振动
III	齿线的误差	载荷分布的均匀性

3. 精度等级的选择

同一齿轮的三项精度要求,可以取成相同的精度等级,也可以以不同的精度等级相组合。设计者应根据所设计的齿轮传动在工作中的具体使用条件,对齿轮的加工精度规定最合适的技术要求。

齿轮的精度等级选择的主要依据是齿轮传动的用途、使用条件及对它的技术要求,即要考虑传递运动的精度、齿轮的圆周速度、传递的功率、工作持续时间、振动与噪声、润滑条件、使用寿命及生产成本等的要求,同时还要考虑工艺的可能性和经济性。

齿轮精度等级的选择方法主要有计算法和类比法两种。一般实际工作中,多采用类比法。

计算法是根据运动精度要求,按误差传递规律,计算出齿轮一转中允许的最大转角误差,然后再根据工作条件或根据圆周速度或噪声强度要求确定齿轮的精度等级。

类比法是根据以往产品设计、性能试验以及使用过程中所累积的成熟经验,以及长期使用中已证实其可靠性的各种齿轮精度等级选择的技术资料,经过与所设计的齿轮在用途、工作条件及技术性能上作对比后,选定其精度等级。

部分机械的齿轮精度等级见表 11-2,齿轮精度等级与速度的应用情况见表 11-3,供选择齿轮精度等级时参考。

表 11-2　部分机械采用的齿轮精度等级

应用范围	精度等级	应用范围	精度等级
测量齿轮	2~5	拖拉机	6~9
汽轮机减速器	3~6	一般用途的减速器	6~9
精密切削机床	3~7	轧钢设备	6~10
一般金属切削机床	5~8	起重机械	7~10
航空发动机	4~8	矿用绞车	8~10
轻型汽车	5~8	农用机械	8~11
重型汽车	6~9		

表 11-3　齿轮精度等级与速度的应用

工作条件	圆周速度/(m/s) 直齿	圆周速度/(m/s) 斜齿	应 用 情 况	精度等级
机床	>30	>50	高精度和精密的分度链端的齿轮	4
	>15~30	>30~50	一般精度分度链末端齿轮、高精度和精密的中间齿轮	5
	>10~15	>15~30	V级机床主传动的齿轮,一般精度齿轮的中间齿轮,III级和III级以上精度机床的进给齿轮、油泵齿轮	6
	>6~10	>8~15	IV级和IV级以上精度机床的进给齿轮	7
	<6	<8	一般精度机床齿轮	8
	—	—	没有传动要求的手动齿轮	9

工作条件	圆周速度/(m/s)		应 用 情 况	精度等级
	直齿	斜齿		
动力传动	—	>70	用于很高速度的透平传动齿轮	4
		>30	用于很高速度的透平传动齿轮,重型机械进给机构,高速重载齿轮	5
		<30	高速传动齿轮、有高可靠性要求的工业齿轮、重型机械的功率传动齿轮,作业率很高的起重运输机械齿轮	6
	<15	<25	高速和适度功率或大功率和适度速度条件下的齿轮,冶金、矿山、林业、石油、轻工、工程机械和小型工业齿轮箱(通用减速器)有可靠性要求的齿轮	7
	<10	<15	中等速度较平稳传动的齿轮,冶金、矿山、林业、石油、轻工、工程机械和小型工业齿轮箱(通用减速器)的齿轮	8
	≤4	≤6	一般性工作和噪声要求不高的齿轮、受载低于计算载荷的齿轮、速度大于1m/s的开式齿轮传动和转盘的齿轮	9
航空船舶和车辆	>35	>70	需要很高的平稳性、低噪声的航空和船用齿轮	4
	>20	>35	需要高的平稳性、低噪声的航空和船用齿轮	5
	≤20	≤35	用于高速传动有平稳性低噪声要求的机车、航空、船舶和轿车的齿轮	6
	≤15	≤25	用于有平稳性和噪声要求的航空、船舶和轿车的齿轮	7
	≤10	≤15	用于中等速度较平稳传动的载重汽车和拖拉机的齿轮	8
	≤4	≤6	用于较低速和噪声要求不高的载重汽车第一挡与倒挡,拖拉机和联合收割机的齿轮	9
其他	—	—	检验7级精度齿轮的测量齿轮	4
			检验8~9级精度齿轮的测量齿轮、印刷机印刷辊子用的齿轮	5
			读数装置中特别精密传动的齿轮	6
			读数装置的传动及具有非直线的速度传动齿轮、印刷机传动齿轮	7
			普通印刷机传动齿轮	8
单级传动效率	—	—	不低于0.99(包括轴承不低于0.985)	4~6
			不低于0.98(包括轴承不低于0.975)	7
			不低于0.97(包括轴承不低于0.965)	8
			不低于0.96(包括轴承不低于0.95)	9

11.4.2　齿轮副侧隙

如前所述,齿轮副侧隙分为圆周侧隙 j_{wt} 和法向侧隙 j_{bn}。圆周侧隙便于测量,但法向侧隙是基本的,它可与法向齿厚、公法线长度、油膜厚度等建立函数关系。齿轮副侧隙应按工作条件,用最小法向侧隙来加以控制。

1. 最小法向极限侧隙 $j_{bn\,min}$ 的确定

最小法向极限侧隙的确定主要考虑齿轮副工作时的温度变化、润滑方式以及齿轮工作的圆周速度。

（1）补偿温升而引起变形所需的最小法向侧隙 j_{bn1}

$$j_{bn1} = 2a(\alpha_1 Dt_1 - \alpha_2 Dt_2)\sin\alpha_n \ (mm)$$

式中　a——齿轮副中心距；

　　α_1，α_2——分别为齿轮和箱体材料的线膨胀系数，$(1/℃)$；

　　Dt_1，Dt_2——分别为齿轮和箱体工作温度与标准温度之差，$Dt_1 = t_1 - 20\ ℃$，$Dt_2 = t_2 - 20\ ℃$；

　　α_n——法向压力角，$(°)$。

（2）保证正常润滑所必需的最小法向侧隙 j_{bn2}

j_{bn2} 取决于润滑方式和齿轮工作的圆周速度，具体数值见表 11-4。

表 11-4　j_{bn2} 的推荐值

润滑方式	圆周速度 $v/(m/s)$			
	$v \leqslant 10$	$10 < v \leqslant 25$	$25 < v \leqslant 60$	$v > 60$
喷油润滑	$0.01m_n$	$0.02m_n$	$0.03m_n$	$(0.03 \sim 0.05)m_n$
油池润滑	$(0.005 \sim 0.001)m_n$			

注：m_n 为法向模数（mm）。

最小法向极限侧隙是补偿温升而引起变形所需的最小法向侧隙 j_{bn1} 与保证正常润滑所必需的最小法向侧隙 j_{bn2} 之和。

$$j_{bn\ min} = j_{bn1} + j_{bn2}$$

2. 齿厚极限偏差的确定

（1）齿厚上偏差 E_{sns} 的确定

齿厚上偏差除保证齿轮副所需要的最小法向极限侧隙 $j_{bn\ min}$ 外，还应补偿由于齿轮副的加工误差和安装误差所引起的侧隙减小量 J_n。J_n 可按下式计算：

$$J_n = \sqrt{f_{pb1}^2 + f_{pb2}^2 + 2(F_\beta\cos\alpha_n)^2 + (f_{\Sigma\delta}\sin\alpha_n)^2 + (f_{\Sigma\beta}\cos\alpha_n)^2}$$

即侧隙减小量 J_n 与基节极限偏差 f_{pb}、螺旋线总偏差 F_β、轴线平面内的平行度偏差 $f_{\Sigma\delta}$、垂直平面上的平行度偏差 $f_{\Sigma\beta}$ 等因素有关。当 $\alpha_n = 20°$ 时，$f_{\Sigma\delta} = F_\beta$，$f_{\Sigma\beta} = 0.5f_{\Sigma\delta}$，化简后得

$$J_n = \sqrt{f_{pb1}^2 + f_{pb2}^2 + 2.104F_\beta^2}$$

齿轮副的中心距偏差 f_a 也是影响齿轮副侧隙的一个因素。中心距偏差为负值时，将使侧隙减小，故最小法向极限侧隙 $J_{bn\ min}$ 与齿轮副中两齿轮的齿厚上偏差 E_{sns1}、E_{sns2}、中心距偏差 f_a、侧隙减小量 J_n 有如下关系：

$$J_{bn\ min} = |E_{sns1} + E_{sns2}|\cos\alpha_n - 2f_a\sin\alpha_n - J_n$$

为便于设计和计算，一般取 E_{sns1} 和 E_{sns2} 相等，即 $E_{sns1} = E_{sns2} = E_{sns}$，则齿轮的齿厚上偏差为

$$E_{sns} = -f_a\tan a_n + \frac{J_{bn\ min} + J_n}{2\cos a_n}$$

（2）齿厚下偏差 E_{sni} 的确定

齿厚下偏差 E_{sni} 由齿厚上偏差 E_{sns} 与齿厚公差 T_{sn} 确定，即

$$E_{sni} = E_{sns} - T_{sn}$$

齿厚公差 T_{sn} 可由下式计算：

$$T_{sn} = 2\tan\alpha_n\sqrt{F_r^2 + b_r^2}$$

可见，齿厚公差与反映一周中各齿厚度变动的齿圈径向跳动公差 F_r 和切齿加工时的切齿径

向进刀公差 b_r 有关。b_r 的数值与齿轮的精度等级关系,如表 11-5 所示。

表 11-5　切齿径向进刀公差值

切齿工艺	磨		滚　插		铣	
齿轮的精度等级	4	5	6	7	8	9
b_r 值	1.26IT7	IT8	1.26IT8	IT9	1.26IT9	IT10

3. 计算公法线长度极限偏差 E_{Ws}、E_{Wi}

公法线长度偏差能反映齿厚减薄的情况,且测量较准确、方便,所以可用公法线长度的极限偏差代替齿厚极限偏差标注在图样上。公法线长度的上、下偏差(E_{Ws} , E_{Wi})可分别由齿厚的上、下偏差(E_{sns} , E_{sni})换算得到,其换算关系如下:

(1)对外齿轮

$$E_{Ws} = E_{sns}\cos\alpha_n - 0.72F_r\sin\alpha_n$$

$$E_{Wi} = E_{sni}\cos\alpha_n + 0.72F_r\sin\alpha_n$$

(2)对内齿轮

$$E_{Ws} = - E_{sni}\cos\alpha_n - 0.72F_r\sin\alpha_n$$

$$E_{Wi} = - E_{sns}\cos\alpha_n + 0.72F_r\sin\alpha_n$$

11.4.3　其他技术要求

由于齿坯的内孔、顶圆和端面通常作为齿轮的加工、测量和装配的基准,齿坯的加工精度对齿轮加工的精度、测量准确度和安装精度影响很大,在一定的条件下,用控制齿轮毛坯精度来保证和提高齿轮加工精度是一项积极措施。因此,标准对齿轮毛坯公差作了具体规定。

齿轮孔或轴颈的尺寸公差和形状公差以及齿顶圆柱面的尺寸公差见表 11-6。基准面径向和端面跳动公差见表 11-7。齿轮表面粗糙度要求见表 11-8 。

表 11-6　齿坯公差

齿轮精度等级		1	2	3	4	5	6	7	8	9	10	11	12
孔	尺寸公差	IT4	IT4	IT4	IT4	IT5	IT6	IT7		IT8		IT8	
	形状公差	IT1	IT2	IT3	IT4	IT5	IT6	IT7		IT8		IT8	
轴	尺寸公差	IT4	IT4	IT4	IT4	IT5		IT6		IT7		IT8	
	形状公差	IT1	IT2	IT3	IT4	IT5		IT6		IT7		IT8	
顶圆直径公差		IT6			IT7			IT8			IT9		IT11
基准面的径向跳动		见表 11-7											
基准面的端面跳动													

表 11-7　齿坯基准面径向和端面跳动公差　　　　　　　　　　　　　(μm)

分度圆直径/mm		精　度　等　级				
大于	到	1 和 2	3 和 4	5 和 6	7 和 8	9 到 12
—	125	2.8	7	11	18	28
125	400	3.6	9	14	22	36
400	800	5.0	12	20	32	50

表 11-8　齿轮各主要表面的表面粗糙度推荐值 *Ra*　　　　　　（μm）

模数/mm	精度等级							
	5	6	7	8	9	10	11	12
$m<6$	0.5	0.8	1.25	2.0	3.2	5.0	10	20
$6\leqslant m\leqslant 60$	0.63	1.00	0.6	2.5	4	6.3	12.5	25
$m>25$	0.8	1.25	2.0	3.2	5.0	8.0	16	32

国家标准规定:在技术文件需叙述齿轮精度要求时,应注明 GB/T 10095.1—2008 或 GB/T 10095.2—2008。

关于齿轮精度等级标注建议如下:若齿轮的检验项目同为某一精度等级时,可标注精度等级和标准号。如齿轮检验项目同为 7 级,则标注为:7 GB/T 10095.1—2008 或 7 GB/T 10095.2—2008。

若齿轮检验项目的精度等级不同时,如齿廓总偏差 F_a 为 6 级,而齿距累积总偏差 F_p 和螺旋线总偏差 F_β 均为 7 级时,则标注为 6(F_a)、7(F_p,F_β) GB/T 10095.1—2008。

思考题及练习题

一、思考题

11-1　对齿轮传动有哪些使用要求? 影响这些使用要求的误差有哪些?

11-2　传递运动精确性的评定指标有哪些? 按其特征可归纳为哪几类?

11-3　反映齿侧间隙的单个齿轮及齿轮副的检测指标有哪些?

11-4　接触斑点应在什么情况下检验才最能确切反映齿轮的载荷分布均匀性,影响接触斑点的因素有哪些?

11-5　试分析公法线平均长度偏差与公法线长度变动的联系与区别。

11-6　影响齿轮副侧隙大小的因素有哪些?

二、练习题

11-7　某减速器中,一标准渐开线直齿圆柱齿轮,已知模数 $m=4$ mm,齿形角 $\alpha=20°$,齿数 $z=40$,齿宽 $b=60$ mm,齿轮精度 8 级,中小批量生产。试选择其检验项目,并查表确定齿轮的各项公差与极限偏差的数值。

11-8　某 7 级精度的渐开线直齿圆柱齿轮,其模数 $m=3$ mm,齿数 $z=32$,基本齿廓角 $\alpha=20°$。该齿轮加工后测量的结果为:$\Delta F_r=25$ μm,$\Delta F_w=32$ μm,$\Delta F_p=42$ μm。试判断评定该齿轮的某项精度的上述三个指标是否都合格? 该齿轮这项精度是否合格? 为什么?

参 考 文 献

[1] 王伯平.互换性与测量技术基础[M].北京:机械工业出版社,2008.

[2] 徐茂功.公差配合与技术测量[M].北京:机械工业出版社,2008.

[3] 高晓康.互换性与测量技术[M].上海:上海交通大学出版社,1997.

[4] 刘巽尔.形状和位置公差原理与应用[M].北京:机械工业出版社,1999.

[5] 甘永立.几何量公差与检测[M].上海:上海科学技术出版社,2008.

[6] 陈于萍.互换性与测量技术基础[M].北京:机械工业出版社,1998.

[7] 俞立钧.机械精度设计基础与质量保证[M].上海:上海科学技术文献出版社,1999.

[8] 赵燕.互换性与测量技术基础[M].武汉:华中科技大学出版社,2013.

[9] GB/T 20000.1—2014 标准化工作指南 第1部分:标准化和相关活动的通用术语[S].

[10] GB/T 321—2005 优先数和优先数系[S].

[11] GB/T 1800.1—2009 产品几何技术规范(GPS)极限与配合 第1部分:公差、偏差和配合的基础[S].

[12] GB/T 1800.2—2009 产品几何技术规范(GPS)极限与配合 第2部分:标准公差等级和孔、轴极限偏差表[S].

[13] GB/T 1801—2009 产品几何技术规范(GPS)极限与配合 公差带和配合的选择[S].

[14] GB/T 1182—2008 产品几何技术规范(GPS)几何公差 形状、方向、位置和跳动公差标注[S].

[15] GB/T 1958—2017 产品几何技术规范(GPS)几何公差 检测与验证[S].

[16] GB/T 4249—2009 产品几何技术规范(GPS)公差原则[S].

[17] GB/T 16671—2018 产品几何技术规范(GPS)几何公差 最大实体要求、最小实体要求和可逆要求[S].

[18] GB/T 3505—2009 产品几何技术规范(GPS)表面结构 轮廓法 术语、定义及表面结构参数[S].

[19] GB/T 131—2006 产品几何技术规范(GPS)技术产品文件中表面结构的表示法[S].

[20] GB/T 1957—2006 光滑极限量规 技术条件[S].

[21] GB/T 307.1—2017 滚动轴承 向心轴承产品几何技术规范(GPS)和公差值[S].

[22] GB/T 307.3—2005 滚动轴承 通用技术规则[S].

[23] GB/T 275—2015 滚动轴承 配合[S].

[24] GB/T 1095—2003 平键 键槽的剖面尺寸[S].

[25] GB/T 1096—2003 普通型 平键[S].

[26] GB/T 14791—2013 螺纹 术语[S].

[27] GB/T 192—2003 普通螺纹 基本牙型[S].

[28] GB/T 193—2003 普通螺纹 直径与螺距系列[S].

[29] GB/T 196—2003 普通螺纹 基本尺寸[S].

[30] GB/T 197—2003 普通螺纹 公差[S].

[31] GB/T 5796.1—2005 梯形螺纹 第1部分:牙型[S].

[32] GB/T 5796.2—2005 梯形螺纹 第2部分:直径与螺距系列[S].

[33] GB/T 5796.3—2005 梯形螺纹 第3部分 基本尺寸[S].

[34] GB/T 5796.4—2005 梯形螺纹 第4部分:公差[S].

[35] GB/T 10095.1—2008 圆柱齿轮 精度制 第1部分:轮齿同侧齿面偏差的定义和允许值[S].

[36] GB/T 10095.2—2008 圆柱齿轮 精度制 第2部分:径向综合偏差与径向跳动的定义和允许值[S].

[37] GB/T 145—2001 中心孔[S].